内蒙古西辽河平原
苏打盐碱化耕地改良技术研究与应用

◎ 胡文明　郭富强　主编

中国农业科学技术出版社

图书在版编目（CIP）数据

内蒙古西辽河平原苏打盐碱化耕地改良技术研究与应用 / 胡文明，郭富强主编. --北京：中国农业科学技术出版社，2023. 12
ISBN 978-7-5116-6425-9

Ⅰ. ①内… Ⅱ. ①胡… ②郭… Ⅲ. ①辽河流域－平原－耕作土壤－盐碱土壤改良－研究 Ⅳ. ①S156.4

中国国家版本馆CIP数据核字（2023）第171424号

责任编辑 李 华
责任校对 李向荣
责任印制 姜义伟 王思文

出 版 者 中国农业科学技术出版社
北京市中关村南大街12号 邮编：100081
电 话 （010）82109708（编辑室） （010）82109702（发行部）
（010）82109709（读者服务部）
网 址 https: // castp.caas.cn
经 销 者 各地新华书店
印 刷 者 北京建宏印刷有限公司
开 本 170 mm × 240 mm 1/16
印 张 16.75
字 数 287千字
版 次 2023年12月第1版 2023年12月第1次印刷
定 价 95.00元

《内蒙古西辽河平原苏打盐碱化耕地改良技术研究与应用》

编委会

主　编： 胡文明　郭富强

副主编： 梅园雪　王志春　杨　帆　景宇鹏　郭晓霞　郑和祥　邬佳宾　周春生　王　伟

编　委： 陈丽芳　王　岳　安丰华　刘建波　田　露　聂朝阳　潘天遵　苏文斌　马卫华　段海文　张秀敏　温晓雨　海　珍　金　宝　王本龙　赵文生　秦　健　王　智　王新新　李景鹏　王保泽　妥德宝　程满金　张万锋　胡玲玲　丁奋谦　冯玉涛　卞威乐斯　关金山　李诗扬　赵宏燕　张　晶　孙　鹏　李方哲

前　言

内蒙古通辽市科尔沁左翼中旗是内蒙古自治区产粮第一旗，国家重点商品粮基地，但由于盐碱地面积较大，严重制约了粮食产量的进一步提升。据统计，全旗盐碱地面积458.5万亩，其中盐碱化耕地面积193.7万亩，约占西辽河平原盐碱化耕地面积的1/2。科尔沁左翼中旗盐碱化耕地属于典型的苏打盐碱化耕地，其主要特性是pH值高、碱化度高、土壤板结严重、结构差、肥力低、作物保苗难、生长慢、产量低，是改良利用难度较大的一类土壤。

2019年10月，内蒙古自治区原主席布小林深入科尔沁左翼中旗调研时指出，要积极开展盐碱地改良试点工作，把中低产田改造成高产良田，带动更多农牧民脱贫致富奔小康。2019年12月，内蒙古自治区出台了《内蒙古自治区2020年盐碱化耕地改良实施方案》和《关于推进全区盐碱化耕地改良具体工作的通知》，确定在科尔沁左翼中旗建设2万亩中度盐碱化耕地改良试点示范区，并开展试验研究与监测评价工作，项目建设周期为3年。

“科尔沁左翼中旗苏打盐碱化耕地改良技术模式研究与监测评价”项目由内蒙古恒源水利工程有限公司主持，联合国家、自治区和地方三级部门共同组成科研团队，汇聚了众多全国知名的盐碱地治理专家，群策群力，联合攻关。项目以“改碱、节水、增效”为总体目标，采取工程带科研、科研为工程的总体思路，将盐碱化耕地改良与高标准农田建设相结合、政产学研用相结合，用地与养地相结合，采取边试验、边总结、边示范、边推广的技术路线，针对西辽河流域盐碱地在农牧业发展中存在的瓶颈问题，开展了土壤改良技术、耐盐碱作物品种鉴选、盐碱地作物高产栽培技术、高效节水灌溉技术和效益监测与评价5个科研课题的研究与监测工作。

通过3年的试验研究，项目取得了多项研究成果。创建苏打盐碱化耕地综合利用系列模式图10套，制订苏打盐碱化耕地改良系列地方标准11项，获发明与实用新型专利7件，获软件著作权13项，制作土壤改良视频宣传片5

部，编制土壤改良技术培训手册5册，发表学术论文10余篇。在项目实施过程中，注重成果的及时整理与汇总，通过编制培训手册、举办培训班、制作宣传片等形式开展盐碱地改良技术培训与宣传工作。

本书针对西辽河平原苏打盐碱化耕地的类型和特点，在总结试验研究技术成果的基础上，形成了苏打盐碱化耕地土壤改良技术、粮—经—饲（草）合理轮作技术、适宜粮食盐碱地与经济作物鉴选及耐盐增产种植技术、盐碱地秸秆还田与有机肥增施改土增产技术、苏打盐碱化耕地优选饲草高产栽培技术和苏打盐碱化耕地浅埋滴灌高效节水灌溉技术等，可供从事盐碱地改良、农业栽培及农牧业节水灌溉方面技术人员参考。

本书由项目科研团队共同撰写而成，由胡文明、郭富强负责审定统稿。在项目实施和本书编写过程中，得到了内蒙古自治区农牧厅、通辽市农牧局、科尔沁左翼中旗农牧业局等单位的大力支持及中国科学院东北地理与农业生态研究所、水利部·中国水科院牧区水利科学研究所、内蒙古自治区农牧业科学院、内蒙古财经大学、内蒙古农业大学、科尔沁左翼中旗农业技术推广中心等单位的大力配合，在此一并表示衷心感谢！内蒙古恒源水利工程有限公司斯琴董事长对本研究给予了大力支持和及时指导，在此表示感谢！内蒙古自治区水利科学研究院原副院长、教授级高级工程师程满金同志在本研究工作中付出了大量心血，因病不幸离世，值此之际，以示追念！

由于编者水平所限，书中可能存在疏漏和不当之处，敬请读者批评指正。

编　者

2023年7月

目　录

1　综述

1.1　内蒙古西辽河平原盐碱化耕地概况

1.1.1　内蒙古西辽河平原盐碱化耕地现状

西辽河平原区盐碱化耕地面积累计达到392.02万亩①，其中重度盐碱化耕地面积40.09万亩，中度盐碱化耕地面积62.64万亩，轻度盐碱化耕地面积289.29万亩。主要分布在赤峰市、通辽市、兴安盟3个盟（市），涉及17个旗县。盐渍化土壤类型以苏打盐化土为主，其次还分布有草甸碱化土、钠质碱化土等。

科尔沁左翼中旗总土地面积9 811km^2（1 471.55万亩），其中耕地面积450万亩、草牧场559万亩、林地327万亩。全旗盐碱化耕地面积193.7万亩，其中轻度盐碱化耕地99.02万亩，占51.1%；中度盐碱化耕地71.79万亩，占37.1%；重度盐碱化耕地22.89万亩，占11.8%。盐碱化耕地主要分布在宝龙山镇、保康镇、代力吉镇、丰库牧场、图布信苏木、架玛吐镇等地。

1.1.2　科尔沁左翼中旗盐碱化耕地存在的问题

（1）土壤理化性质差。科尔沁左翼中旗盐碱化耕地以苏打盐化土为主，土壤0～50cm含盐量一般为0.1%～1.0%，阴离子中的HCO_3^-+CO_3^{2-}（毫克当量/百克土）占其阴离子总量的55%～95%，阳离子K^++Na^+（毫克

① 1亩≈667m^2，1hm^2=15亩，全书同。

当量/百克土）占其阳离子总量的50%～90%，pH值在8.5～10.6。该地区除苏打盐化土外，还有大量钠质碱化土，而且盐碱相伴相生，多呈现斑块状零星分布。土的质地多为壤质和沙质，土壤分散度高，且见蜂窝状孔隙，土壤的物理性质很差，湿时分散、干时坚硬，是一种缺乏结构的土壤，土壤所具有的胀缩性、吸温能力及黏结性和可塑性等均不利于耕作的特性。

（2）农田产量及效益低下。受土壤盐碱化的影响，农田土壤肥力低，抓苗率低，作物生长受限，从而导致农田作物粮食单产不高、总产不稳定、综合效益低下，而且大部分农田属于中低产田，严重制约了农民的增产增收。根据调查，玉米产量仅200～400kg/亩，农田建设标准低，均属于中低产田范畴。

（3）农田配套建设差。科尔沁左翼中旗田间道路、农田林网等建设滞后，未达到高标准农田建设的要求。

（4）田间水利工程未充分发挥效益。由于灌溉方式落后，灌溉制度不合理，导致地下水开采严重，造成地下水位明显下降，加上管理的滞后，配套的大型喷灌系统、膜下滴灌系统等并未完全发挥出节水灌溉的优势和效益。

（5）地下水资源开采严重。科尔沁左翼中旗位于西辽河平原“漏斗区”，地下水开采严重，水资源供需不平衡，是国家节水行动推广高效节水灌溉的重点地区。

1.2 科尔沁左翼中旗苏打盐碱化耕地改良技术模式研究与监测评价项目概况

根据《内蒙古自治区2020年盐碱化耕地改良实施方案》（内政办发〔2019〕30号）和《关于推进全区盐碱化耕地改良具体工作的通知》（内农牧种植发〔2019〕358号）对内蒙古农牧业高质量发展要求，要坚持生态优先、绿色发展，聚焦全区盐碱化耕地改良，加快全区高标准农田建设，扎实推进内蒙古农牧业高质量发展和黄河流域生态保护，提出了盐碱地项目建成后需要达到的土壤pH值、全盐含量、有机质的要求指标，以及3年后粮食产量平均提高指标。鼓励试点地区开展盐碱地改良技术攻关、模式集成、水盐运行规律和盐碱水循环利用等方面的试验研究与示范，综合评价改良效果，储备和完善改良技术。

围绕西辽河平原灌区盐碱地类型的特点及科尔沁左翼中旗苏打盐碱化耕地种植的关键问题，重点开展苏打盐碱化耕地改良关键技术与集成模式研究、适宜盐碱地的粮经饲（草）作物鉴选及优化栽培技术研究、盐碱地改良条件下甜菜浅埋滴灌灌溉制度研究、盐碱化耕地水盐运移规律及盐碱平衡研究、苏打盐碱化耕地改良利用效果综合监测与评价5个方面的试验研究与监测评价工作，同时针对苏打盐碱化耕地改良技术、适宜盐碱化耕地种植作物的栽培技术、高效节水灌溉技术等开展技术培训工作，为西辽河平原区苏打盐碱地改良提供科学依据、示范样板和技术支撑。

2 苏打盐碱化耕地土壤改良技术研究与示范

2.1 苏打盐碱化耕地土壤改良技术研究试验设计

2.1.1 不同盐碱程度盐碱化耕地土壤适宜改良关键技术试验设计

研究试验于2021年4月至2022年11月进行，采用田间控制模拟试验，顺序区组排列。按pH值将土壤分为轻、中和重度3个盐碱程度，轻、中和重度各设置4个处理，共设置12个处理，每个处理3次重复。各区之间使用聚乙烯框间隔，减少各处理之间的相互影响。聚乙烯框放置深度为40cm，上部露出地面约10cm。

供试土壤过筛去除碎石和较大土块，按盐碱程度轻、中、重的顺序，将780kg土样分0～20cm和20～40cm两层装入聚乙烯框中，20～40cm土层土样无改良剂和腐熟牛粪添加。将2m^3/亩腐熟牛粪及调理剂与土样混合均匀后装入0～20cm聚乙烯框中，并压至距聚乙烯框顶部10cm处。

作物为玉米，品种为迪卡159，垄上种植，玉米人工点播，行距60cm，株距20cm，种植密度5 556株/亩。灌溉方式采用浅埋滴灌，因不涉及灌溉影响，故灌水次数和灌水量与当地相同。底肥选用腐熟牛粪，施用量2m^3/亩；磷酸二铵，施用量30kg/亩，一次性施入，后期无追肥，对照施肥量与改良剂处理的施肥量相同。其他田间管理措施与当地一致。具体研究处理详见表2-1。

表2-1　研究处理

盐碱程度	pH值	EC（mS/cm）	处理	外源物料	用量（kg/亩）
轻度	8～8.3	0.15～0.2	NF	腐熟牛粪	5m^3/亩
			JF	生物菌肥	4
			FA	腐殖酸	400
			CK1	对照	0
中度	8.6～8.8	0.17～0.21	T1	脱碱3号	1 000
			T2	脱碱3号	1 500
			SG	脱硫石膏	1 000
			CK2	对照	0
重度	9.2～9.4	0.4～0.8	TF1	脱碱3号+腐殖酸	1 000+400
			TF2	脱碱3号+腐殖酸	1 500+400
			SF	脱硫石膏+腐殖酸	1 000+400
			CK3	对照	0

2.1.2　苏打盐碱化耕地有机物料改良关键技术试验设计

研究试验始于2020年4月，采用田间小区试验，每个小区长30m，宽6m，面积为180m^2，随机区组排列，共设置10个处理，即对照处理；脱碱3号处理［1t/亩、1.5t/亩、2t/亩（T1、T2、T3）］；腐殖酸处理［200kg/亩、400kg/亩、800kg/亩（F1、F2、F3）］；黄腐酸处理［0.2kg/亩、0.4kg/亩、0.6kg/亩（H1、H2、H3）］。腐殖酸基有机物料和腐殖酸均在播种前与腐熟牛粪和磷酸二胺作为底肥施入，并进行25cm浅翻和30cm深松，一次性施入，后期无追肥，腐熟牛粪施用量为5m^3/亩，各处理腐熟牛粪用量相同。黄腐酸施肥是在向日葵和玉米生长期各进行两次，两次施肥间隔30d。2020年6月19日向日葵播种，品种为正博3号，株行距60cm×110cm，种植密度为1 010株/亩；2021年玉米采用宽窄行种植模式，品种为迪卡159，平均行距60cm，株距20cm，种植密度为5 556株/亩。灌溉方式采用浅埋滴灌，其他田间管理措施相同。

2.1.3 苏打盐碱化耕地土壤化学改良关键技术试验设计

研究试验始于2020年4月，采用田间小区试验，每个小区长30m，宽6m，面积为180m^2，随机区组排列，设置9个处理，即对照处理；脱硫石膏处理［1t/亩、1.2t/亩（G1、G2）］；过磷酸钙处理［50kg/亩、60kg/亩（C1、C2）］；硫酸亚铁处理［40kg/亩、48kg/亩（E1、E2）］；硫黄处理［30kg/亩、36kg/亩（S1、S2）］。各种化学改良剂均在播种前与腐熟牛粪和磷酸二胺作为底肥施入，并进行25cm浅翻和30cm深松，一次性施入，后期无追肥，腐熟牛粪施用量为5m^3/亩，各处理腐熟牛粪用量相同。具体研究处理见表2-2。

表2-2　研究处理

处理	编号	施用量（kg/亩）
对照	CK	—
脱硫石膏	G1	1 000
	G2	1 200
过磷酸钙	C1	50
	C2	60
硫酸亚铁	E1	40
	E2	48
硫黄	S1	30
	S2	36

2020年6月19日向日葵播种，品种为正博3号，株行距60cm×110cm，种植密度为1 010株/亩；2021年玉米采用宽窄行种植模式，品种为迪卡159，平均行距60cm，株距20cm，种植密度为5 556株/亩。灌溉方式采用浅埋滴灌，其他田间管理措施相同。2022年于4月19日播种，品种及播种方式、田间管理措施与2021年相同。

2.1.4 苏打盐碱化耕地土壤耕作改良关键技术试验设计

增加耕层厚度以及降低碱斑对耕层影响是苏打盐碱化耕地亟待解决的问

题，因此采用客土改良与化学改良相结合的方法，通过运用深松和粉垄两种土壤耕作技术，并将土壤调理剂脱碱3号与粉垄技术结合，探索适宜当地的耕作技术。本试验为大田试验，设置6个处理，顺序排列。深松和粉垄在播种前进行，均为机械操作。脱碱3号在深松和粉垄后使用撒肥机撒施，并进行30cm浅翻使调理剂与耕层土壤充分混合。所有处理均施用5m³/亩腐熟牛粪作为底肥，供试作物为玉米。2020年4月29日播种，10月12日收获；2021年5月6日播种，10月1日收获；2022年4月29日播种，9月15日收获。采用浅埋滴灌，株行距20cm×60cm，亩密度为5 556株。田间进行统一管理，田间管理措施与当地一致，研究设计详见表2-3。

表2-3　研究设计

编号	耕作措施	有机物料	用量（kg/亩）
SS1	深松30cm	—	—
SS2	深松35cm	—	—
SS3	深松40cm	—	—
FT1	粉垄40cm	脱碱3号	1 000
FT2	粉垄40cm	脱碱3号	1 500
FT3	粉垄40cm	脱碱3号	2 000

2.1.5　苏打盐碱化耕地改良技术模式试验设计

研究试验开始于2020年4月，采用大田试验，顺序排列，具体试验设计见表2-4所示。整个试验区面积45亩，种植前平整土地，均匀撒施5m³/亩腐熟牛粪和30kg/亩磷酸二铵作为底肥，改良物料按处理依次均匀撒施，后期无追肥。深松和施加土壤改良剂综合处理在底肥和改良物料撒施完毕后进行30cm深松，25cm浅翻。粉垄和施加土壤改良剂处理在撒施完毕后仅进行40cm粉垄。对照处理施入腐熟牛粪底肥后仅做浅翻25cm处理，底肥施用量与各处理相同。供试玉米品种为迪卡159。采用宽窄行种植模式，平均行距60cm，株距20cm，种植密度为5 556株/亩。2020年4月29日播种，10月10日收获；2021年5月6日播种，10月1日收获；2022年4月29日播种，9月15日收获。灌溉方式为浅埋滴灌，其他田间管理措施与当地常规方式一致，研究设计见表2-4。

表2-4　研究设计

处理	耕作措施	土壤改良剂	用量（kg/亩）
CK	深松30cm	—	—
SG		脱硫石膏	1 000
SF		腐殖酸	400
ST		脱碱3号	1 500
STF		脱碱3号+腐殖酸	1 500+400
FG	粉垄40cm	脱硫石膏	1 000
FF		腐殖酸	400
FT		脱碱3号	1 500
FTF		脱碱3号+腐殖酸	1 500+400

2.2　不同盐碱程度盐碱化耕地土壤适宜改良关键技术研发

2.2.1　不同物料添加对苏打盐碱化耕地土壤物理性质的影响

2.2.1.1　不同物料添加对土壤容重的影响

在不同盐碱程度苏打盐碱化土壤中，不同物料添加影响了土壤容重。由图2-1可以看出，各处理的土壤容重与土壤深度大致呈正相关关系，即土壤的容重随着土壤深度的增加而增加。轻度苏打盐碱化土壤中，0～20cm土壤深度，各处理的容重与对照并无显著差异，随着深度的增加，在20～30cm，JF处理的土壤容重最低；30～40cm土层中，JF处理的土壤容重显著低于对照，较对照下降0.083g/cm^3，JF和NF处理的土壤容重虽低于对照但无显著差异。在中度苏打盐碱化土壤中，在0～10cm深度土壤容重SG处理高于对照，其余各处理均不同程度低于对照；在10～40cm，各处理的土壤容重均不同程度低于对照，但差异不显著。在重度苏打盐碱化土壤中，物料添加对表层土壤容重影响较大，0～30cm深度各处理的土壤容重较对照皆呈下降趋势，但随着深度增加到30～40cm，各处理之间及其与对照之间差异逐渐减小，整体上TF2处理对土壤容重的降低作用明显高于其他处理。

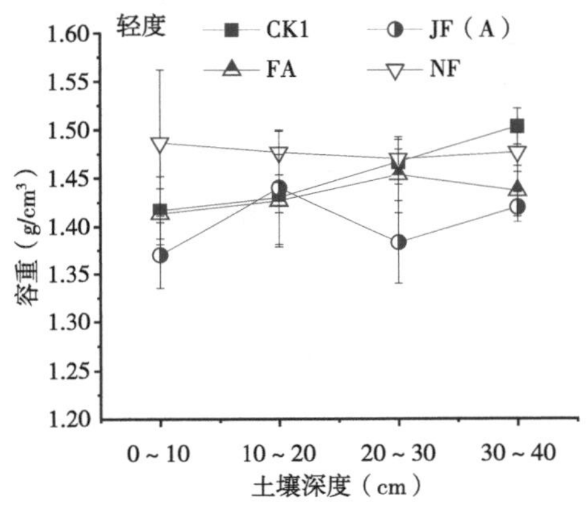

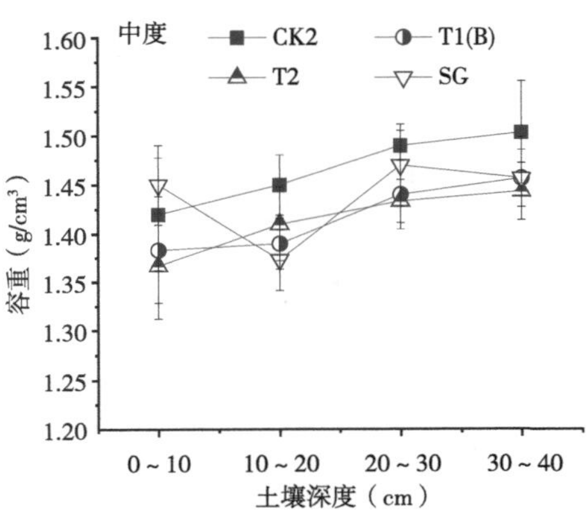

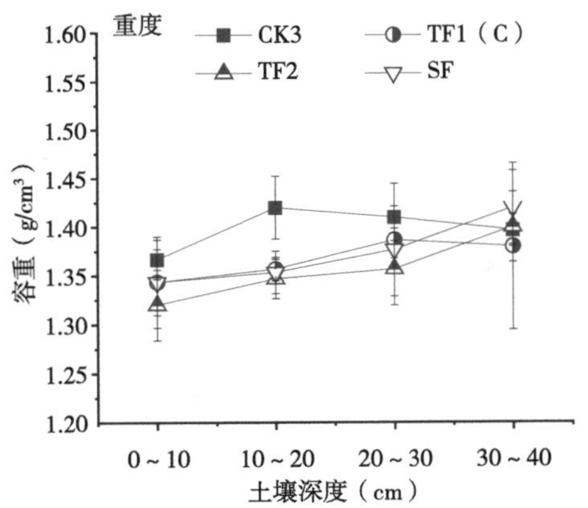

图2-1 不同处理土壤容重变化

2.2.1.2 不同物料添加对土壤硬度的影响

如图2-2所示，在不同盐碱程度苏打盐碱化土壤中，随着土壤深度的增加，各处理的土壤硬度呈逐渐增大的趋势，其中轻度苏打盐碱化土壤各处理土壤硬度增大幅度最为明显。

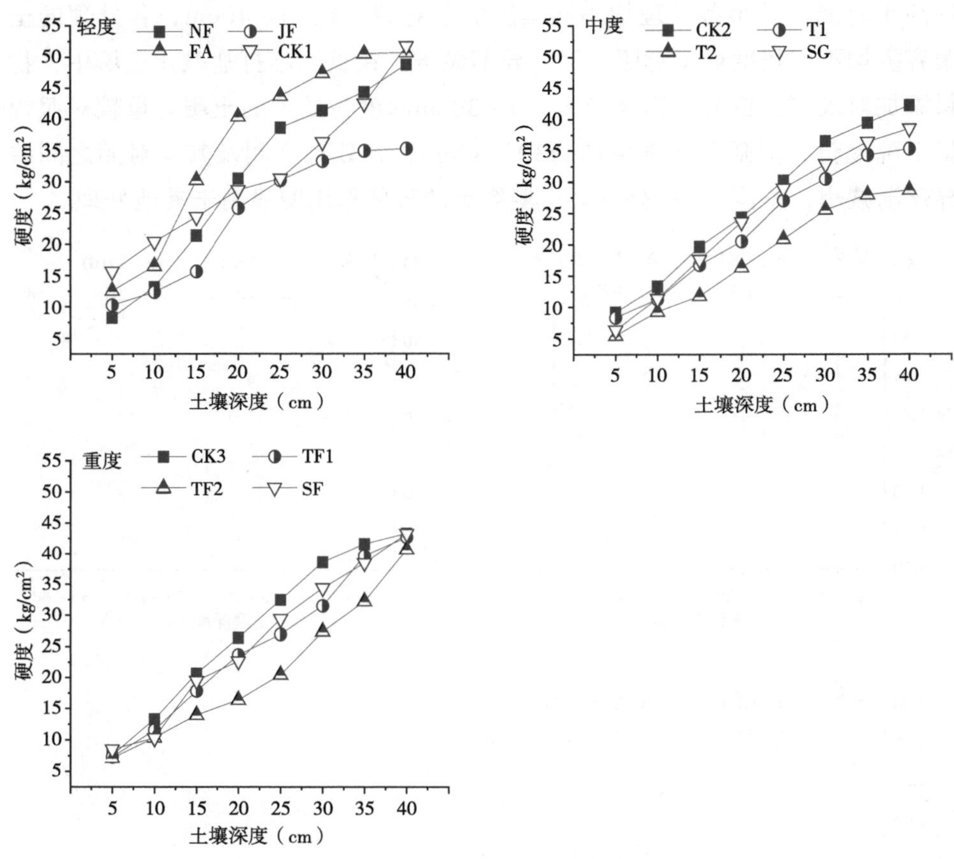

图2-2 不同处理土壤硬度变化

在轻度苏打盐碱化土壤中，JF处理的土壤硬度小于其他处理，NF和FA处理较对照有高有低，但与对照相比，NF和JF处理在20～35cm深度土壤硬度高于对照，整体上JF处理土壤硬度优于其他处理。在中度苏打盐碱化土壤中，不同处理的土壤硬度的变化规律在0～40cm内可分为0～15cm、15～40cm两个土壤层段。在0～15cm土层中，各处理的土壤硬度差异表现为CK2>SG，T1>T2；在15～40cm土层中，SG和T1处理的土壤硬度增大明显，T2处理小于各处理，整体呈现出CK2>SG>T1>T2。在重度苏打盐碱化土壤中，根据各处理土壤硬度变化特点，TF2处理的土壤硬度要小于各处理，但各处理之间无显著差异。在40cm深度时，各处理硬度相近。

2.2.1.3 不同物料添加对土壤孔隙度的影响

如图2-3所示，不同物料添加对土壤孔隙度产生明显影响，随着土壤深度的增加土壤孔隙度呈下降趋势。在轻度苏打盐碱化土壤中，0～20cm深度，各处理的土壤孔隙度较对照有所提高，随着土壤深度的增加，在20～30cm深度，NF处理的土壤孔隙度高于对照和其他处理，较对照提高了7.2%；30～40cm深度，与对照相比各处理均提高了土壤孔隙度，但差异不显著。在中度苏打盐碱化土壤中，0～10cm土壤孔隙度SG处理低于对照，10～40cm各处理与对照相比土壤孔隙度皆有所提高，但与对照均无显著差异。在重度苏打盐碱化土壤中，在0～30cm各处理的土壤孔隙度均高于对照，其中TF2处理较对照分别提高了3.81%、5.65%、4.24%，但各处理之间及与对照之间均无显著差异。

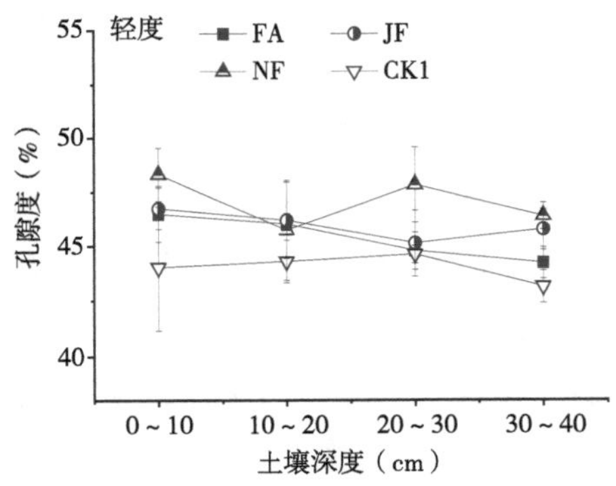

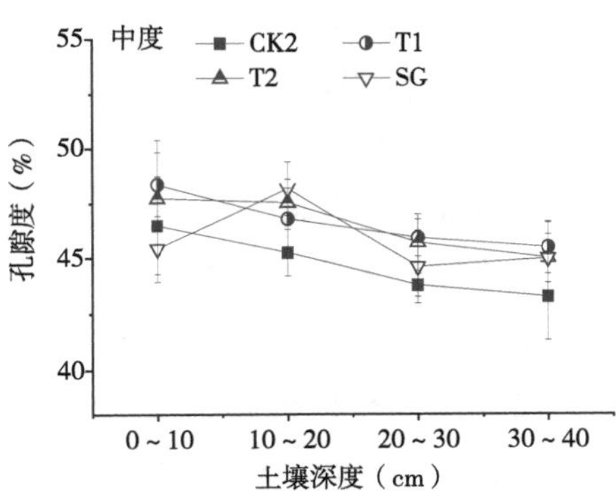

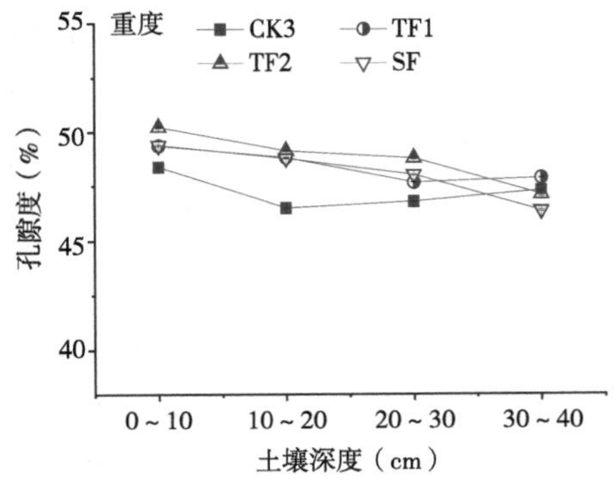

图2-3 不同处理土壤孔隙度变化

2.2.1.4 不同物料添加对土壤三相比的影响

通常认为理想的土壤三相比是固相50%，液相和气相各占25%，物料添加能够调节土壤三相比，为作物生长提供良好的水、热、气、肥条件。由图3-4可以看出，不同盐碱程度苏打盐碱化土壤三相比在物料添加下大致趋势表现为，随着土壤深度的增加土壤固相比呈增加趋势，土壤气相比呈降低趋势。在轻度苏打盐碱化土壤中，在0～10cm深度，与对照相比，JF和NF处理降低了土壤固相比，各处理土壤液相比有不同程度提高，其中JF提高幅度最大，提高了6.1%；FA、JF和NF的处理均降低了土壤气相比。在10～20cm深度，与对照相比，FA、JF和NF均降低了土壤固相比，平均降低2.7%；各处理土壤液相比均不同程度提高，土壤气相比在FA和JF处理中增加，其中FA处理增加幅度最大。在20～30cm深度，FA、JF和NF与对照相比土壤固相比均降低，其中FA处理降低幅度最大，降低4%；液相比在FA和NF处理降低明显，与对照相比，FA、JF和NF气相比均不同程度增加。在30～40cm深度，与对照相比，FA、JF和NF处理的土壤固相比均降低，液相比明显提高；气相比在FA和JF处理中降低，分别降低3.9%和5.6%。在中度苏打盐碱化土壤中，在0～10cm深度，T1、T2和SG处理的土壤固相比较对照均不同程度下降，液相比均不同程度提高，其中T2处理的土壤固相比下降幅度和液相比提高幅度均最大；土壤气相仅在T2处理中降低，降低了1.2%。在10～20cm深度，与对照相比，T2和SG处理土壤固相比降低，液相比提高，T2处理的土壤固相比降低幅度最大，为2.4%；土壤气相比在T2处理中增加明显，较对照增加1.5%。在20～30cm深度，与对照相比，仅T2处理的土壤固相比降低，其他处理均不同程度提高；SG处理的土壤液相比较对照提高，提高了1.6%；土壤气相比在T1和T2处理中明显提高，分别较对照提高了1.6%和2.8%；在30～40cm深度，与对照相比，T2和SG处理的土壤固相比不同程度降低，T1、T2和SG处理的土壤液相比均提高，其中SG处理提高幅度最大，为4.2%；土壤气相比在各处理均不同程度降低。在重度苏打盐碱化土壤中，在0～10cm深度，TF1、TF2和SF处理的土壤固相比较对照均不同程度下降，液相比和气相比均不同程度提高。在10～20cm深度，与对照相比，TF1、TF2和SF处理土壤固相比和气相比降低，液相比提高，其中TF1处理的土壤固相比降低幅度和气相比提高幅度均最大，分别降低了

2.0%和提高了6.7%。在20～30cm深度，与对照相比，仅TF2处理的土壤固相比降低，其他处理均不同程度提高；TF1、TF2和SF处理的土壤液相比较对照提高，其中TF2提高显著，提高了1.4%；土壤气相比各处理均不同程度降低；在30～40cm深度，与对照相比，TF1、TF2和SF处理的土壤固相比和气相比均不同程度提高，土壤气相比降低。

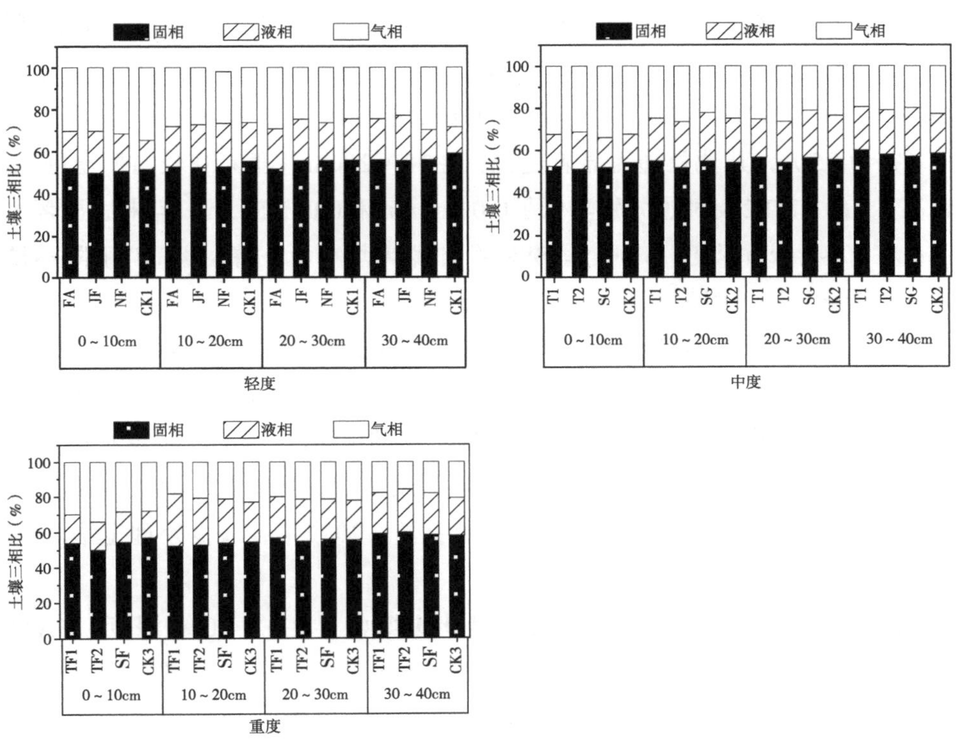

图2-4 不同处理土壤三相比变化

2.2.2 不同物料添加对苏打盐碱化耕地土壤化学性质的影响

2.2.2.1 不同物料添加对苏打盐碱化耕地土壤pH值和EC的影响

图2-5A为不同外源物料添加对土壤EC的影响。由图2-5A可知，2022年各处理耕层土壤EC整体低于对照组，说明经过2022年的土壤改良，土壤EC呈下降趋势。轻度苏打盐碱化土壤在0～10cm深度，3种外源物添加

均降低了土壤EC，但JF处理较对照无显著差异，而FA、NF处理土壤EC显著低于对照（$P<0.05$），较对照分别下降了0.03mS/cm和0.04mS/cm；在10～20cm深度，FA处理显著低于对照，其余处理无明显变化；在20～40cm深度，JF和NF较对照显著降低了土壤EC（$P<0.05$），分别下降了0.03mS/cm和0.02mS/cm。中度苏打盐碱化土壤在0～20cm深度，T1和SG的土壤EC较对照都有显著提高（$P<0.05$），而T2无显著变化；在20～40cm深度，T1和T2的土壤EC较对照都有下降，但差异不显著。重度苏打盐碱化土壤在0～10cm深度，TF1处理的土壤EC较对照降低了0.03mS/cm，达显著水平（$P<0.05$），其他处理无显著变化；在10～20cm深度，SF较对照土壤EC升高，TF1和TF2较对照分别降低了0.01mS/cm和0.02mS/cm，但未达显著水平；在20～40cm深度，3种处理较对照土壤EC均有所下降，但TF1下降不显著，TF2和SF较对照都下降了0.03mS/cm。

图2-5B至图2-5D为不同外源物料添加对土壤pH值的影响。由图2-5B至图2-5D可知，在不同外源物料添加处理下，苏打盐碱化土壤的pH值随盐碱程度的增大而提高，重度苏打盐碱化土壤的pH值显著高于轻度和中度。整体趋势上各处理的土壤pH值随着土层深度的加深而变大，其中重度苏打盐碱化土壤各土层深度土壤pH值变化最明显。2022年各改良处理土壤pH值较对照均有显著降低（$P<0.05$）。

由图2-5B可知，在轻度苏打盐碱化土壤中，在0～10cm深度，FA处理的土壤pH值较对照显著下降了0.17个单位（$P<0.05$），其余各处理及各土层深度之间土壤pH值并无显著差异。在中度苏打盐碱化土壤中，如图3-5C所示，T2处理在0～10cm、10～20cm深度土壤pH值均显著低于对照（$P<0.05$），较对照分别降低0.16个单位、0.11个单位；而在20～40cm深度的土壤pH值各处理与对照无显著差异。在重度苏打盐碱化土壤中，TF1与TF2处理的各土层深度土壤pH值均显著低于对照（$P<0.05$），在0～10cm、10～20cm和20～40cm深度较对照分别降低0.3个单位、0.34个单位、0.34个单位和0.4个单位、0.47个单位、0.36个单位；SF处理在0～10cm和20～40cm深度的土壤较对照分别下降了0.28个单位和0.18个单位，达显著水平（$P<0.05$），10～20cm深度无显著变化（图2-5D）。

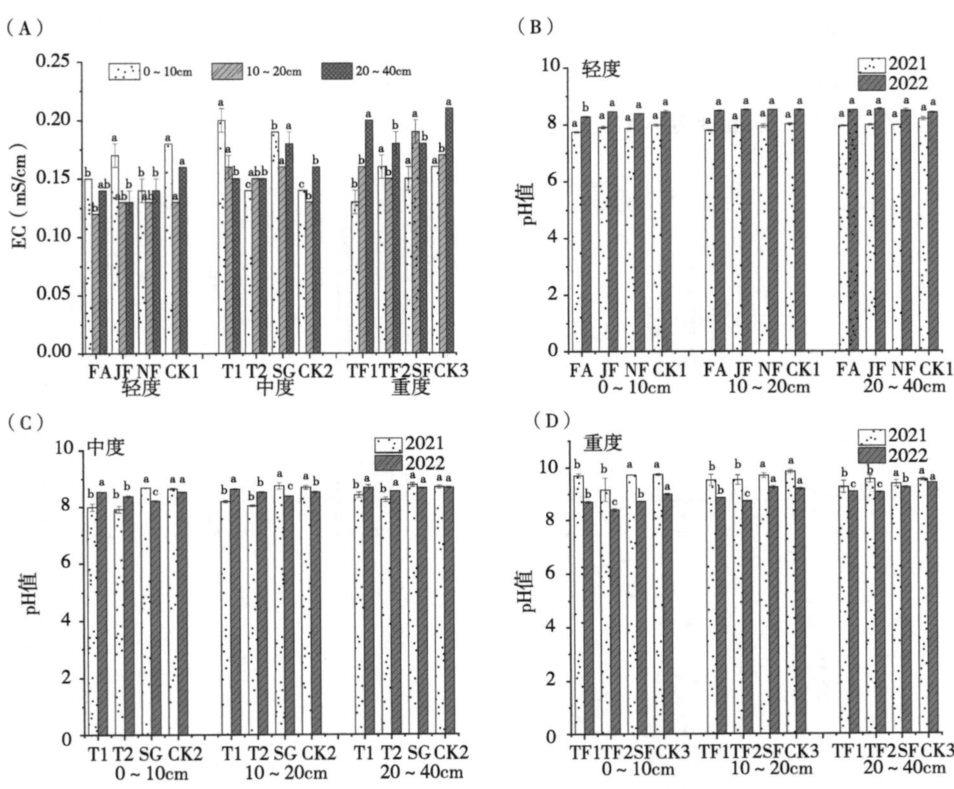

图2-5　不同物料添加对土壤EC及pH值的影响

注：图中不同字母表示相同土壤类型相同土壤深度处理之间在0.05水平差异显著。下同。

2.2.2.2　不同物料添加对苏打盐碱化耕地土壤SAR的影响

图2-6为外源物料添加对苏打盐碱化土壤钠吸附比（SAR）的影响。由图2-6可知，2021年在不同外源物料处理下，苏打盐碱化土壤SAR随盐碱程度的增大而提高，重度苏打盐碱化土壤的SAR显著高于轻度和中度，各土层深度之间土壤SAR并无显著差异。在轻度苏打盐碱化土壤中，各处理之间无显著差异。在中度苏打盐碱化土壤中，T1和T2处理的各土层SAR较对照均明显降低。在重度苏打盐碱化土壤中TF2处理的各土层SAR显著低于对照（$P<0.05$），在0～10cm、10～20cm和20～40cm深度较对照分别降低0.41个单位、0.79个单位和0.99个单位。2022年各处理较2021年SAR显著降低。在轻度苏打盐碱化土壤中，在0～10cm、10～20cm和20～40cm深度，FA处

理SAR最低，较对照分别下降了0.15个单位、0.33个单位和0.28个单位，较2021年下降了0.478个单位、0.399个单位和0.71个单位，达显著水平。其余各处理在10～20cm土层SAR较对照下降最为明显。

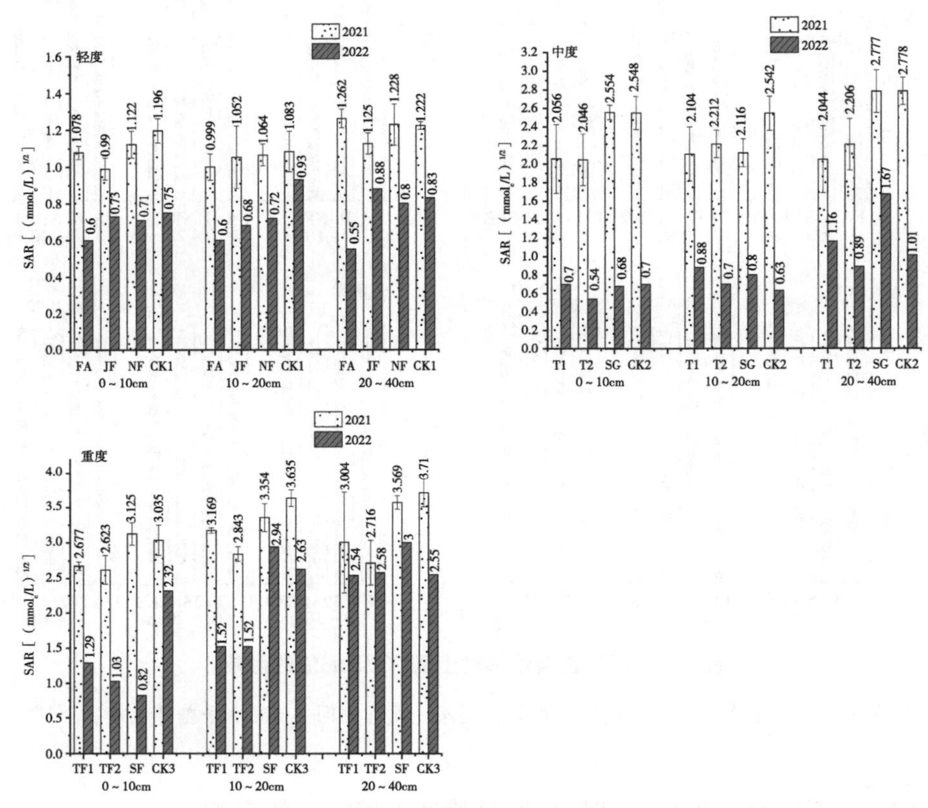

图2-6　不同物料添加对土壤SAR的影响

2.2.2.3　不同物料添加对苏打盐碱化耕地土壤碱化度的影响

图2-7所示，土壤深度与土壤碱化度呈正相关趋势，即随着土层深度的增加土壤碱化度也不断增加。由图2-7可知，2022年不同处理的土壤碱化度较2021年都有显著降低，经过两年的改良发现，在轻度苏打盐碱化耕地土壤中，与2021年相比，FA处理土壤碱化度降低水平最显著，3层土壤深度较2021年分别降低了8.52%、7.03%和9.65%。JF处理3层深度土壤碱化度较2021年分别降低了6.51%、5.78%和4.64%。NF处理3层深度土壤碱化度较

2021年分别降低了6.82%、5.18%和5.81%。在中度苏打盐碱化耕地土壤中，与2021年相比，T2处理土壤碱化度降低水平最显著，其次是T1。在重度苏打盐碱化耕地土壤中，总的来看TF2处理土壤碱化度降低水平最显著，其次是TF1。

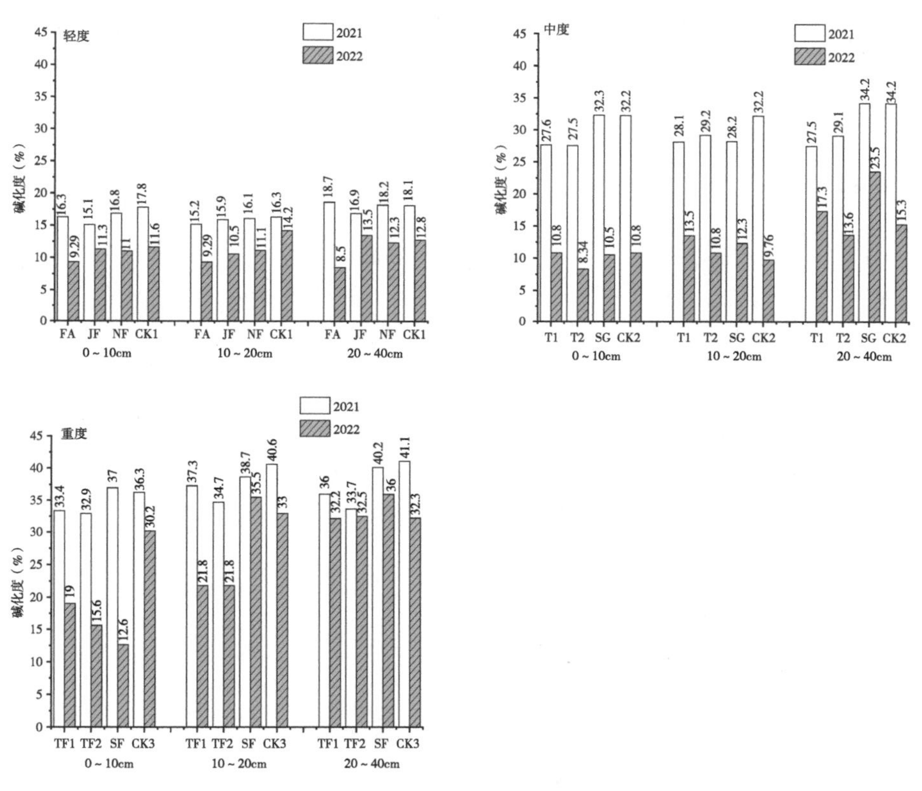

图2-7 不同物料添加对土壤碱化度的影响

2.2.2.4 不同物料添加对苏打盐碱化耕地土壤总碱度的影响

由图2-8可知，2021年土壤总碱度随着苏打盐碱化土壤盐碱程度的提高而增大，中、重度苏打盐碱化土壤总碱度要显著高于轻度。土壤总碱度与土层深度呈正相关。在轻度苏打盐碱化土壤中，各处理及各土层深度均无显著差异。在中度苏打盐碱化土壤中，与对照相比T1和T2处理显著降低了各土层的总碱度。在重度苏打盐碱化土壤中，TF2处理的各土层总碱度较对照显著降低（$P<0.05$），在0～10cm、10～20cm和20～40cm深度较对照分

别降低1.1mmol/L、0.39mmol/L和1mmol/L。2022年与2021年相比重度苏打盐碱化土壤总碱度下降最显著。轻度苏打盐碱化土壤中，0～10cm深度土壤总碱度FA处理2022年比2021年下降0.6mmol/L。中度苏打盐碱化土壤中，SG处理较2021年有显著降低，在20～40cm深度，各处理较2021年皆显著下降，与对照相比，SG处理降低土壤总碱度要优于其他处理。重度苏打盐碱化土壤中，土壤总碱度降低趋势总体呈现TF2>TF1>SF，TF2处理优于其他处理。

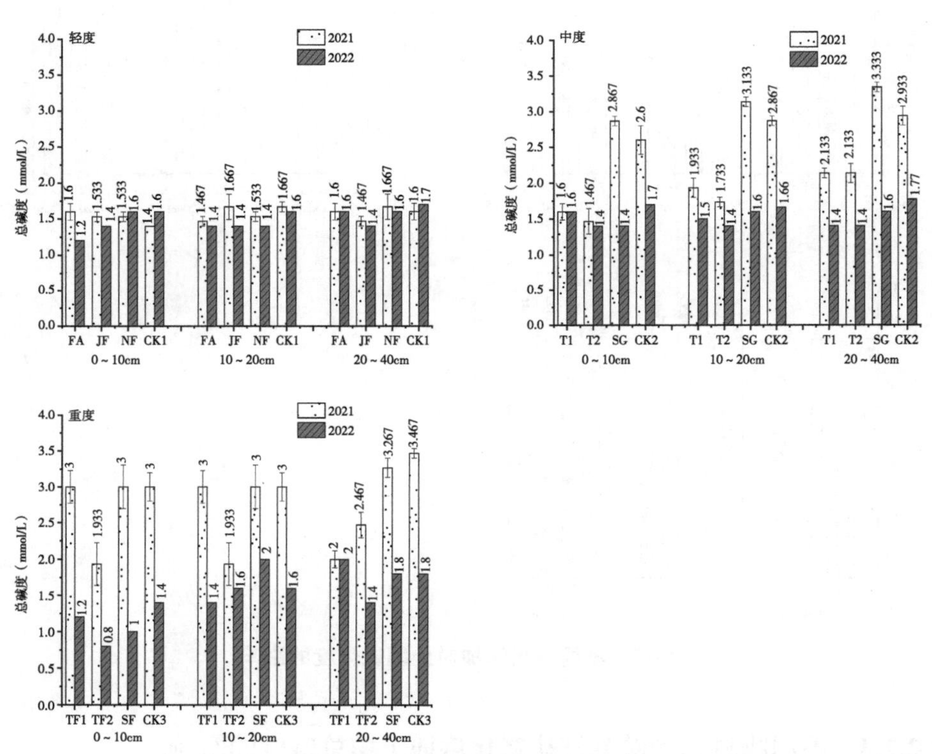

图2-8　不同物料添加对土壤总碱度的影响

2.2.2.5　不同物料添加对苏打盐碱化耕地土壤氧化还原电位的影响

土壤氧化还原电位（Eh）是以电位反映土壤溶液中氧化还原状况的一项指标，土壤Eh与土壤通气性、土壤水分含量、土壤易分解有机质含量及土壤酸碱性等性质密切相关。旱田的土壤Eh正常值范围是200～750mV，Eh

高于750mV则土壤完全处于氧化状态，会加速有机质和部分养分的消耗；Eh低于200mV则表明旱田土壤通气性差，土壤水分过多，同样不利于旱作植物生长。

图2-9为不同物料添加对玉米拔节期土壤Eh的影响，由图2-9可知，与对照相比，在3种盐碱度土壤中物料添加均在适宜范围内提高了土壤Eh。在轻度苏打盐碱化土壤中，土壤Eh从大到小依次为FA>JF>NF>CK1；在中度苏打盐碱化土壤中，土壤Eh从大到小依次为T2>T1>SG>CK2；在重度苏打盐碱化土壤中，土壤Eh从大到小依次为TF2>SF>TF1>CK3。

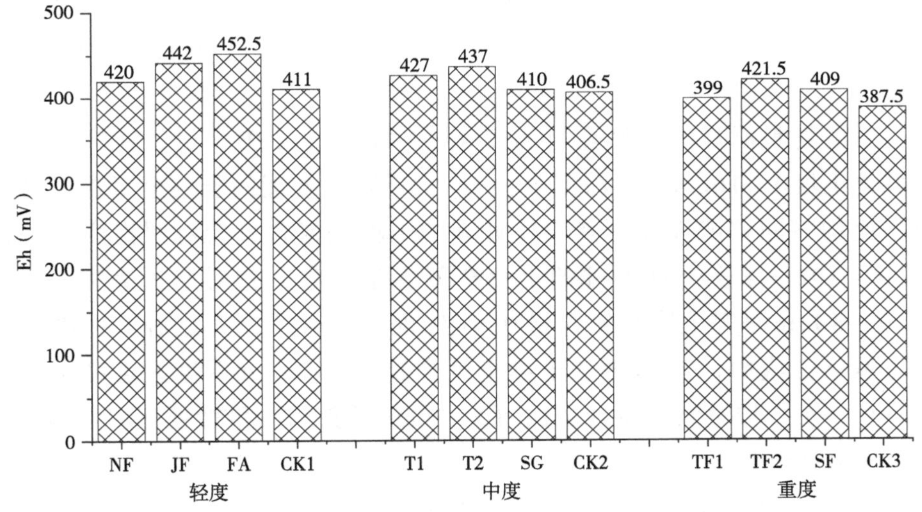

图2-9　不同物料添加对土壤氧化还原电位的影响

2.2.3　不同物料添加对苏打盐碱化耕地土壤养分的影响

施用物料对不同盐碱程度苏打盐碱化土壤有机质、总氮、有效磷和速效钾含量的变化如图2-10所示。整体上，不同物料添加均提高了耕层土壤有机质、总氮、有效磷和速效钾含量，不同盐碱程度苏打盐碱化土壤之间均存在显著差异。

图2-10A为不同物料添加对土壤有机质含量的影响，由图2-10A可知，在轻度苏打盐碱化土壤0～10cm土层深度中，JF和FA处理的土壤有机质含量与对照相比显著增加（$P<0.05$），土壤有机质含量分别增加0.16%和

0.34%；在10～20cm深度，JF处理的土壤有机质含量最高，土壤中有机质提高0.32%。土壤有机质含量在20～40cm深度各处理与对照无显著差异。在中度苏打盐碱化土壤中，T1和T2处理的土壤有机质含量在0～10cm和10～20cm深度显著高于对照（$P<0.05$），T1两个土层深度土壤有机质分别提高0.27%和0.52%，T2分别提高0.23%和0.49%；20～40cm深度各处理与对照之间无显著差异。在重度苏打盐碱化土壤中，TF1、TF2和SF处理的土壤有机质含量在不同土层深度均有所增加，其中在0～10cm深度，TF2处理的土壤有机质含量较对照显著提高（$P<0.05$）；10～20cm深度，与对照相比，TF1和TF2处理的土壤有机质含量显著提高（$P<0.05$），分别提高0.48%和0.4%；20～40cm深度，各处理土壤有机质含量与对照之间无显著差异。

不同物料添加对土壤全氮的变化规律如图2-10B所示，在轻度苏打盐碱化土壤0～10cm土层深度中，FA、JF和NF处理的土壤全氮含量与对照相比均不同程度提高，其中JF处理的土壤全氮含量较对照提高显著；在10～20cm深度，JF处理的土壤全氮含量最高，较对照提高15.8%；在20～40cm深度土壤全氮含量在NF处理中较对照提高显著。在中度苏打盐碱化土壤中，T1处理的土壤全氮含量在0～10cm深度显著高于对照（$P<0.05$），较对照提高21.7%；10～20cm深度，T1和T2处理的土壤全氮含量显著高于对照，分别较对照提高15.5%和14.2%。在重度苏打盐碱化土壤中，TF1处理的土壤全氮含量在0～10cm和20～40cm深度显著低于对照，TF2、SF处理的土壤全氮含量在不同土层深度与对照均无显著差异。

图2-10C为不同物料添加对土壤有效磷含量的影响，由图2-10C可以看出，在轻度苏打盐碱化土壤中，与对照相比，FA处理显著降低了耕层土壤有效磷含量，JF和NF处理的土壤有效磷在不同土层深度与对照均无显著差异。在中度苏打盐碱化土壤中，各处理的土壤有效磷含量与对照之间均无显著差异。在重度苏打盐碱化土壤中，各处理的土壤有效磷含量在不同土层深度与对照之间均无显著差异。

由图2-10D可以看出，在轻度苏打盐碱化土壤中，各处理的土壤速效钾含量在0～10cm深度与对照相比无显著差异。在10～20cm深度，JF和NF处理的土壤速效钾显著高于对照，分别较对照提高17.4%和21%；在20～40cm

深度，NF处理的土壤速效钾较其他处理提高显著（$P<0.05$）。在中度苏打盐碱化土壤中，与对照相比，T1、T2和SG处理的土壤速效钾含量在0～10cm土层深度显著高于对照，分别较对照提高15.8%、8.8%和6.3%；10～20cm深度，T1和T2处理的土壤速效钾含量较对照分别提高23.8%和20.9%，提高显著（$P<0.05$）；在20～40cm深度，各处理与对照之间并无显著差异。在重度苏打盐碱化土壤中，与对照相比，除TF1显著降低了0～10cm土层深度土壤速效钾含量外，TF2和SF处理的土壤速效钾含量在不同土层深度中与对照无显著差异。

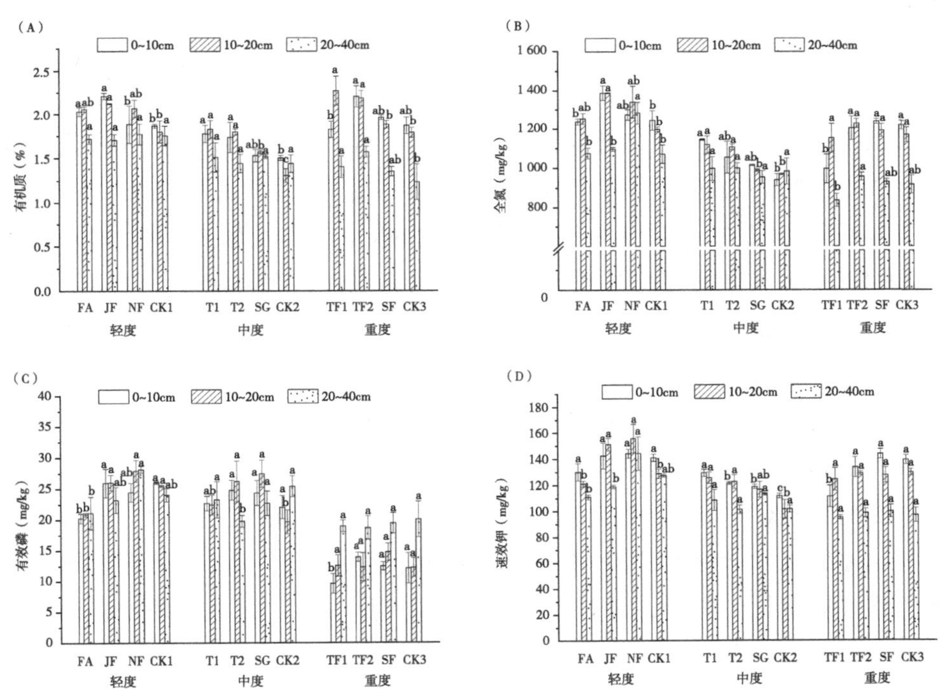

图2-10 物料添加对土壤养分的影响

2.2.4 不同物料添加对玉米生长及产量的影响

2.2.4.1 不同物料添加对玉米生长的影响

由图2-11A可知，2021年，轻度苏打盐碱化土壤中各处理的玉米株高与对照无显著差异。在中、重度苏打盐碱化土壤中，各处理均提高了玉米株高。在中度苏打盐碱化土壤中，T2处理的玉米株高最高，为241.3cm，较对照提高13.7%，提高显著（P<0.05）；其次为T1处理的玉米株高，较对照提高了11.6%，SG处理的玉米株高较对照有所提高，但提高并不显著。在重度苏打盐碱化土壤中，TF1、TF2和SF处理的玉米株高均显著高于对照，分别较对照提高了9.1%、14%和5.5%。2022年，各处理之间及各处理与对照间并无显著差异，但较2021年有明显的提升，其中重度苏打盐碱化土壤玉米株高提升最大，TF1、TF2和SF处理的玉米株高较2021年分别提升了24.92%、17.84%和24.74%，提高显著（P<0.05）。

由图2-11B可以看出，2021年，在不同盐碱化程度苏打盐碱化土壤中，各处理的玉米茎粗较对照均有不同程度的提高。在轻度苏打盐碱化土壤中，FA和JF处理的玉米茎粗显著高于对照（P<0.05）。在中度苏打盐碱化土壤中，T1、T2和SG处理的玉米茎粗均高于对照，但差异并不显著。在重度苏打盐碱化土壤中，TF2玉米茎粗最大为2.69cm，其次为SF处理为2.6cm，TF2和SF较对照分别提高30%和25.8%，提高显著（P<0.05）。TF1处理的玉米茎粗较对照有所提高，但无显著性差异。2022年在轻度和重度苏打盐碱化土壤中，玉米茎粗虽较对照有所升高但并无显著差异，在中度苏打盐碱化土壤中T1处理的玉米茎粗为2.6cm，显著高于其他处理（P<0.05），较对照增加了0.3cm。玉米茎粗整体呈现出T1>T2>SG的趋势。

由图2-11C可知，2021年，在轻度和中度苏打盐碱化土壤中，与对照相比各处理的玉米叶绿素（SPAD值）均不同程度提高，但无显著性差异。在重度苏打盐碱化土壤中，仅TF2处理较对照有所提高，其他处理均显著低于对照（P<0.05）。2022年，由于测定叶绿素时期为玉米拔节期，在玉米整个生育时期内处于叶绿素含量上升期，故较2021年叶绿素SPAD值低。在轻度和中度苏打盐碱化土壤中，与对照相比各处理的玉米叶绿素均不同程度提高，但无显著性差异。在重度苏打盐碱化土壤中，3种处理较对照叶绿素均显著提高（P<0.05），其中TF2处理较对照提高最大，叶绿素含量整体表现出TF2>TF1>SF>CK3。

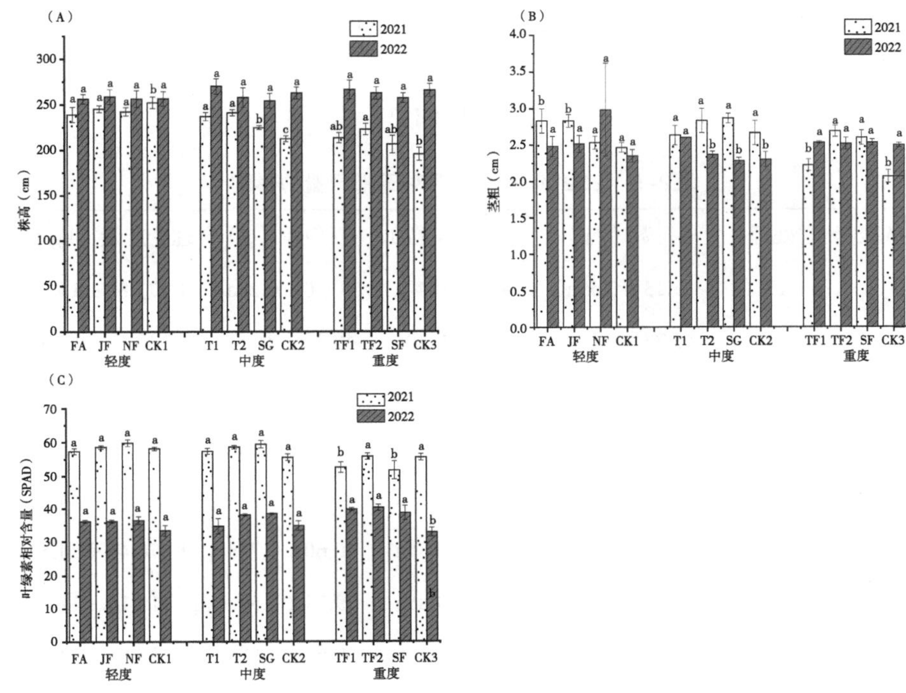

图2-11 不同物料对玉米生长的影响

2.2.4.2 不同物料添加对玉米产量及产量构成因素的影响

由表2-5可知，2021年，在轻度苏打盐碱化土壤中，各处理均提高了玉米行粒数、百粒重和理论产量，但除行粒数外，其他均无显著差异，玉米产量从大到小依次为NF>FA>JF>CK1。在中度苏打盐碱化土壤中，T1和T2处理与对照相比均不同程度地提高了玉米的产量构成要素和理论产量，其中T1和T2处理的玉米理论产量较对照显著提高（$P<0.05$），玉米产量从大到小依次为T1>T2>CK2>SG。在重度苏打盐碱化土壤中，TF2处理的产量构成要素和理论产量较对照均显著提高（$P<0.05$），其中理论产量较对照提高22.4%，产量从大到小依次为TF2>TF1>SF>CK3。

由表2-6可知，2022年，在轻度苏打盐碱化土壤中，各处理均显著提高了玉米产量构成要素，玉米产量从大到小依次为FA>JF>NF>CK1。在中度苏打盐碱化土壤中，T1、T2和SG处理与对照相比均不同程度提高了玉米的产量构成要素，T2处理的玉米百粒重较对照显著提高（$P<0.05$），玉米

产量从大到小依次为T2>T1>SG>CK2。在重度苏打盐碱化土壤中，TF1、TF2和SF处理的玉米穗行数、行粒数较对照均有增加，理论产量无显著性差异，产量从大到小依次为SF>TF2>TF1>CK3。

表2-5　2021年不同物料对玉米产量的影响

盐碱程度	处理	穗行数（行）	行粒数（粒）	百粒重（g）	理论产量（kg/亩）
轻度	FA	15.13 ± 0.59a	39.20 ± 0.44a	40.20 ± 0.28a	1 171.88 ± 15.83a
	JF	15.73 ± 0.13a	38.87 ± 0.30a	40.38 ± 0.15a	1 130.11 ± 12.97a
	NF	15.66 ± 0.27a	39.50 ± 0.44a	41.66 ± 1.05a	1 193.36 ± 52.20a
	CK1	16.00 ± 0.20a	37.37 ± 0.38b	38.73 ± 0.54a	1 093.40 ± 17.18a
中度	T1	16.07 ± 0.24a	39.30 ± 0.21a	41.48 ± 0.71a	1 237.97 ± 44.43a
	T2	15.73 ± 0.13a	39.00 ± 0.36a	40.60 ± 0.71a	1 176.46 ± 24.52ab
	SG	15.47 ± 0.24a	38.83 ± 0.88a	39.33 ± 0.57a	1 115.16 ± 24.64b
	CK2	15.46 ± 0.24a	39.33 ± 0.44a	39.68 ± 0.68a	1 138.88 ± 7.94b
重度	TF1	14.33 ± 0.44a	39.80 ± 0.50a	34.67 ± 0.77a	934.29 ± 40.39ab
	TF2	15.20 ± 0.31a	39.43 ± 1.02a	38.48 ± 0.25b	1 090.52 ± 50.61a
	SF	14.72 ± 0.71a	37.62 ± 0.73ab	34.92 ± 1.36a	914.27 ± 66.19ab
	CK3	14.50 ± 0.45a	35.19 ± 0.99b	36.82 ± 1.98ab	891.11 ± 83.12c

综上，2022年玉米理论产量与2021年相比，轻度、中度和重度苏打盐碱化土壤的玉米产量均有较高提升，分别以FA、T2和SF处理的玉米产量最大。

表2-6　2022年不同物料对玉米产量的影响

盐碱程度	处理	穗行数（行）	行粒数（粒）	百粒重（g）	理论产量（kg/亩）
轻度	FA	15.33 ± 0.64a	36.93 ± 2.11a	43.46 ± 2.02ab	1 388.90 ± 264.98a
	JF	15.47 ± 0.64a	37.57 ± 0.49a	45.18 ± 2.61a	1 368.83 ± 159.86a
	NF	15.40 ± 0.40a	35.30 ± 2.01a	43.42 ± 0.72ab	1 364.20 ± 241.11a
	CK1	15.00 ± 0.00a	32.10 ± 0.72b	39.54 ± 2.35b	1 341.06 ± 115.77a

（续表）

盐碱程度	处理	穗行数（行）	行粒数（粒）	百粒重（g）	理论产量（kg/亩）
中度	T1	14.53 ± 0.31a	35.13 ± 1.19a	41.40 ± 2.13b	1 283.96 ± 66.18a
	T2	15.67 ± 1.03a	36.20 ± 2.10a	45.25 ± 1.28a	1 287.04 ± 80.19a
	SG	15.27 ± 0.61a	34.27 ± 0.98a	42.01 ± 2.36ab	1 259.27 ± 144.34a
	CK2	14.53 ± 0.58a	33.67 ± 0.91a	41.48 ± 1.54b	1 179.02 ± 92.75a
重度	TF1	15.23 ± 0.32a	34.97 ± 0.67a	43.32 ± 0.62a	1 166.67 ± 162.83a
	TF2	15.50 ± 0.89a	35.87 ± 1.86a	41.14 ± 1.77a	1 216.06 ± 271.23a
	SF	15.57 ± 0.47a	35.33 ± 1.35a	43.78 ± 0.34a	1 253.09 ± 91.47a
	CK3	14.87 ± 0.12a	34.57 ± 0.38a	41.69 ± 1.98a	1 098.77 ± 74.12a

2.3 苏打盐碱化耕地土壤耕作改良关键技术研发

2.3.1 不同耕作措施对苏打盐碱化土壤物理性质的影响

2.3.1.1 不同耕作措施对土壤容重的影响

由图2-12A可以看出，在0～30cm土层深度，各处理土壤容重随土壤深度的加深而变大，整体上粉垄处理的土壤容重小于深松处理，其中FT2和FT3处理显著小于各深松处理。在30～40cm土层深度，SS1和SS2处理的土壤容重有下降趋势，其他处理呈上升趋势。整体上，在0～40cm耕层土壤中，土壤容重从小到大依次为FT3<FT2<FT1<SS2<SS1<SS3。由图2-12B可以看出，在0～20cm土层深度，各处理土壤容重随土壤深度的加深而变大，其中FT2处理显著小于各深松处理。在20～40cm土层深度，SS2和SS3处理的土壤容重有先下降后上升趋势，粉垄FT1和FT2处理呈上升趋势。整体上耕层土壤容重从小到大依次为FT2<SS2<SS3<FT3<SS1<FT1。

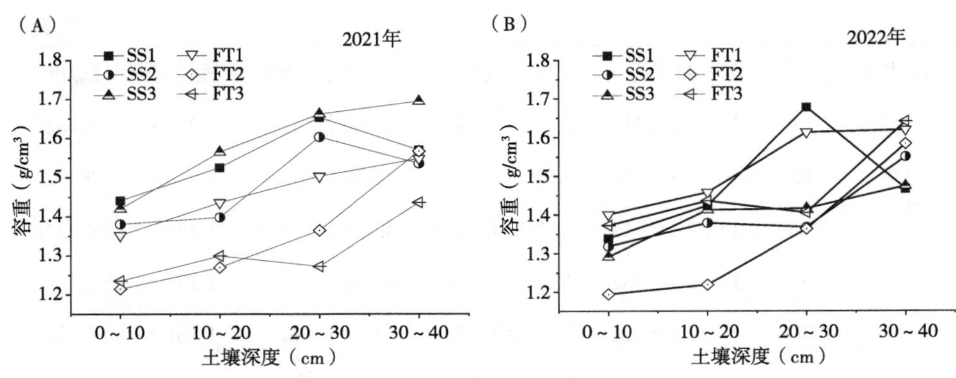

图2-12　不同处理对土壤容重的影响

注：SS1为深松30cm；SS2为深松35cm；SS3为深松40cm；FT1为粉垄40cm+脱碱3号1.0t/亩；FT2为粉垄40cm+脱碱3号1.5t/亩；FT3为粉垄40cm+脱碱3号2t/亩。下同。

2.3.1.2　不同耕作措施对土壤硬度的影响

由图2-13A可知，各处理的土壤硬度随土壤深度的加深而增大。根据测得数据土壤硬度的变化规律，可将土壤深度分为0～20cm和20～40cm两个深度范围，在0～20cm土层深度，各处理土壤硬度随着土壤深度的加深而增大，但各处理的土壤硬度之间无显著差异。在20～40cm深度，各处理土壤硬度随土壤深度增加而增大的同时，各处理之间差异逐渐增大，主要体现在粉垄处理的土壤硬度小于深松处理，但又随着深度的加深各处理的土壤硬度差异缩小。整体上，在耕层土壤中，粉垄处理的土壤硬度小于深松处理，其中FT2处理降低土壤硬度效果最为明显。由图2-13B可知，各处理的土壤硬度随土壤深度的加深而增大。根据测得数据土壤硬度的变化规律，在0～20cm土层深度，SS1处理土壤硬度增长缓慢，其他各处理土壤硬度随着土壤深度的加深迅速增大，但整体上粉垄处理的土壤硬度低于深松处理，其中FT2、SS1和SS3土壤硬度较低。在0～20cm土壤深度时，深松与粉垄无较大差异，20～40cm土壤深度粉垄较深松处理的土壤硬度平均低5kg/cm^{3}以上。

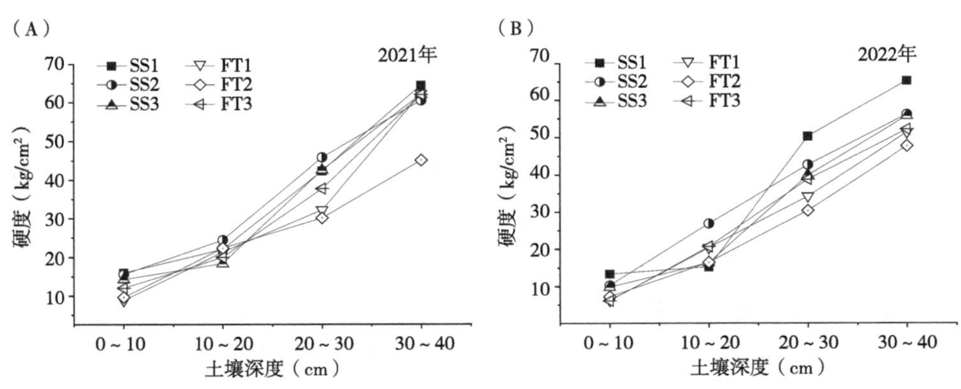

图2-13　不同处理对土壤硬度的影响

2.3.1.3　不同耕作措施对土壤孔隙度的影响

由图2-14A可知，各处理的土壤孔隙度随土壤深度的加深而减小。整体上，在耕层土壤中粉垄处理的土壤孔隙度大于深松处理。在耕层土壤中，土壤孔隙度从大到小依次为FT3>FT2>FT1>SS2>SS1>SS3。由图2-14B可知，2022年，SS1处理在30～40cm时土壤孔隙度上升，其他处理的土壤孔隙度随土壤深度的加深而减小，耕层土壤孔隙度从大到小依次为FT2>SS2>SS3>SS1>FT3>FT1。

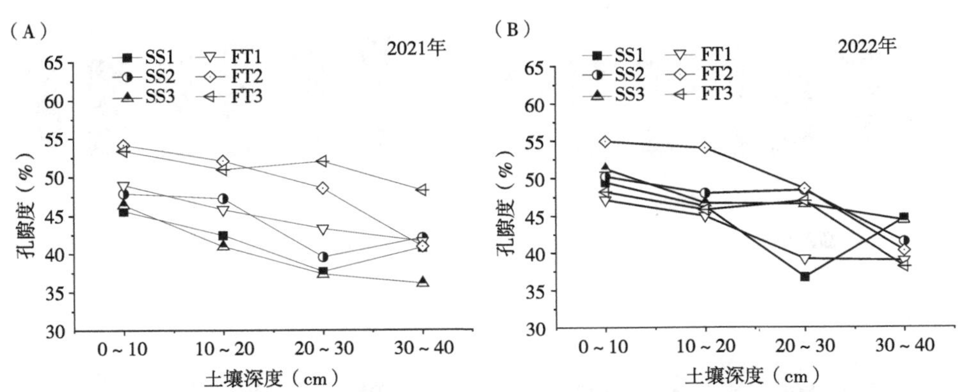

图2-14　不同处理对土壤孔隙度的影响

2.3.1.4　不同耕作措施对土壤三相比的影响

由图2-15可以看出，在0～10cm土层深度中，粉垄处理的土壤固相比整体小于深松处理，粉垄处理的土壤固相比深松处理平均降低17.6%，其中FT3处理的土壤固相比最低；整体上，粉垄处理的土壤液相比大于深松处理，粉垄处理较深松处理平均提高22.8%，其中FT1处理的土壤液相比最大，达23.2%；土壤气相比各处理之间并无明显差异。在10～20cm土层深度中，粉垄处理的土壤固相比整体小于深松处理，粉垄处理的土壤固相比较深松处理平均降低19.3%，其中FT3处理的土壤固相比最低；整体上，粉垄处理的土壤液相比大于深松处理，粉垄处理较深松处理平均提高47.5%，其中FT1处理的土壤液相比最大，达27.1%；粉垄处理的土壤气相比与深松处理并无显著差异，在深松处理中，SS2处理和FT3处理的气相比明显大于其他处理，分别为33.4%和35.8%。在20～30cm深度，粉垄处理的土壤固相比整体小于深松处理，粉垄处理的土壤固相比较深松处理平均降低25.9%，其中FT1处理的土壤固相比最低，为48.1%；整体上，粉垄处理的土壤液相比大于深松处理，粉垄处理较深松处理平均提高54%，其中FT1处理的土壤液相比最大，达39.7%；土壤气相比粉垄处理整体大于深松处理，粉垄处理较深松处理提高15%。在30～40cm深度，粉垄处理的土壤固相比和气相比与深松

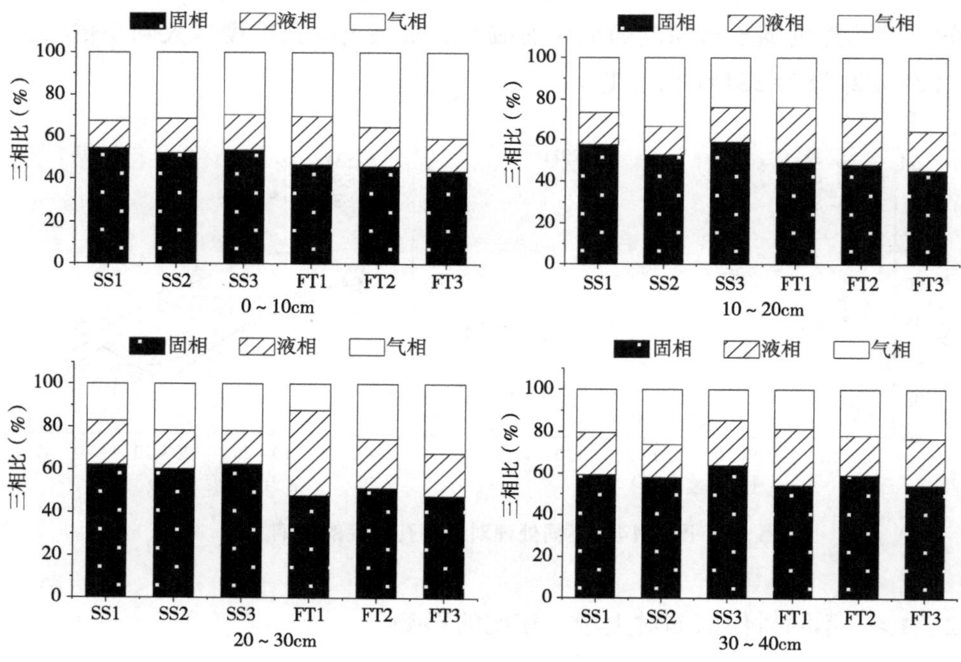

图2-15　不同处理对土壤三相比的影响

处理并无显著差异；整体上，粉垄处理的土壤液相比大于深松处理，粉垄处理较深松处理平均提高19.3%，其中FT1处理的土壤液相比最大，达27.2%。

2.3.2 不同耕作措施对苏打盐碱化土壤化学性质的影响

2.3.2.1 不同耕作措施对土壤pH值和EC的影响

由图2-16可知，经2021年的改良，各处理的耕层土壤pH值整体呈下降趋势，其中在0～20cm，FT3处理下降幅度最大，较2020年下降0.65个单位；在20～40cm，SS1和SS2处理下降明显，较2020年分别下降了0.77个单位和0.71个单位。各处理在不同年份和不同土层深度存在显著差异，0～20cm深度，TF1处理的土壤pH值在2020年和2021年较其他处理存在显著差异，pH值分别为7.93和8.53，较其他处理显著降低。在20～40cm，TF1处理的土壤pH值在2020年和2021年均显著低于其他处理。经2022年的改良，

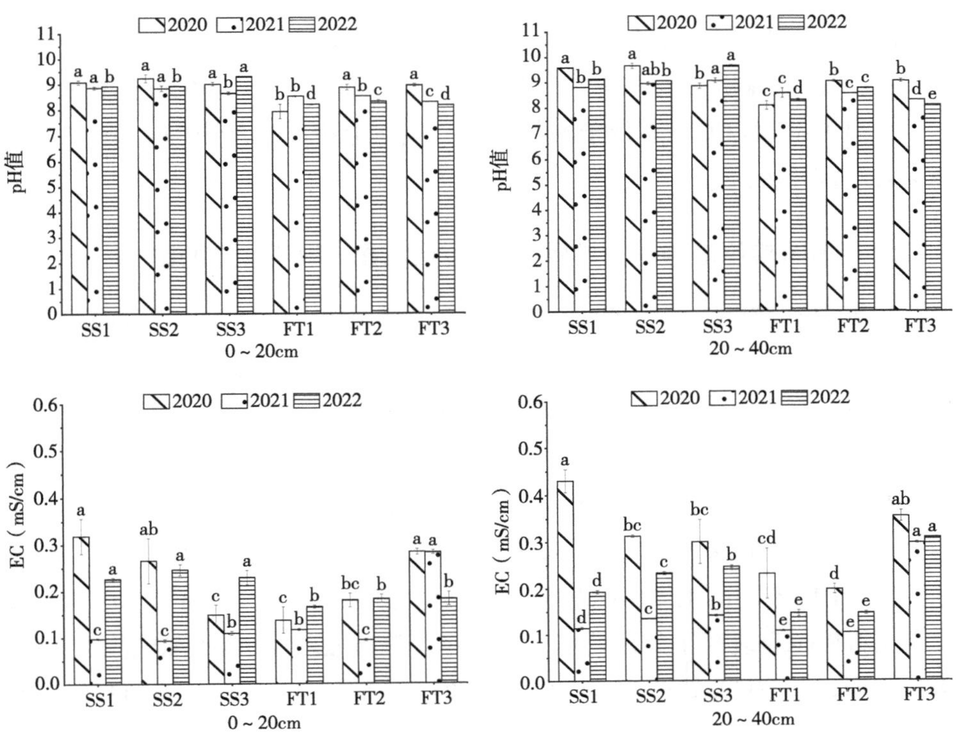

图2-16 不同处理对土壤pH值、EC的影响

深松处理的土壤pH值较2021年呈上升趋势，粉垄处理的土壤pH值较2021年呈下降趋势，且粉垄处理的土壤pH值显著低于深松处理。在0～20cm，FT1和FT3处理pH值最低，分别较2021年降低了0.32个单位和0.12个单位。在20～40cm，同样FT1和FT3处理pH值最低，分别较2021年降低了0.26个单位和0.19个单位。整体上，不同年份和不同土壤深度，粉垄处理的土壤pH值均低于深松处理。

由图2-16可知，2021年各处理耕层土壤EC整体低于2020年，说明经过一年的改良处理耕层土壤EC呈下降的趋势。其中在0～20cm，SS1和SS2处理下降幅度最大，较2020年分别下降0.22mS/cm和0.17mS/cm；在20～40cm，SS1和SS2处理下降幅度最大，较2020年分别下降了0.32mS/cm和0.18mS/cm。在不同年份和不同土层深度各处理之间存在显著差异，在0～20cm土壤深度，SS3、FT1和FT2处理在2020年和2021年土壤EC均较低，尤其2020年，显著低于其他耕作措施。在20～40cm，各处理的土壤EC年度差异较大，FT1和FT2处理的土壤EC在2020年和2021年低于其他处理。2022年，土壤EC较2021年有所增加，在0～20cm土壤深度，粉垄处理的土壤EC显著低于深松处理，其中FT1的土壤EC最低；在20～40cm土壤深度，FT1和FT2的土壤EC显著低于其他处理。整体上粉垄处理中FT1和FT2处理显著优于深松处理。

2.3.2.2 不同耕作措施对土壤钠吸收比（SAR）和总碱度的影响

根据图2-17可知，经2021年的改良，耕层土壤SAR整体呈下降的趋势。其中在0～20cm，SS1和SS2处理下降幅度最大，较2020年分别下降1.65个单位和0.84个单位；在20～40cm，SS1处理下降明显，较2020年分别下降2.81个单位。各处理在不同年份和不同土层深度之间存在显著差异，0～20cm深度，2020年SS1和SS2处理的土壤SAR显著高于其他处理，到2021年深松和粉垄处理的土壤SAR差异逐渐缩小，但整体上粉垄处理的土壤SAR低于深松处理，其中FT2处理的土壤SAR显著小于其他处理。在20～40cm，2020年SS1处理土壤SAR显著高于其他处理，2021年，粉垄处理的土壤SAR整体上小于深松处理，其中FT2处理SAR最小。2022年，土壤SAR各处理较2021年有所增加。在0～40cm深度，SS3处理显著高于其他处理，粉垄3个处理中FT1显著高于其他两个处理，其中FT2与FT3的土壤SAR显著低于深松处理。由图2-17可知，耕层土壤总碱度并无整体变化趋势。经过2021年的改良，SS1和SS2处理的土壤总碱度不同程度下降，但SS3和粉垄处理的土壤总碱度不同程度上升。在0~20cm土壤深度，2020年粉垄处理的土壤总碱度整体小于深松处理，较深松处理平均降低22.1%；在2021年，粉垄处理的土壤总碱度显著升高。在20~40cm，粉垄处理的土壤总碱度在2020年和2021年均小于深松处理，分别降低40.9%和11.8%。经2022年的改良后，粉垄处理的土壤总碱度较2021年都有不同程度的降低，而深松处理有增有减，且深松处理较粉垄处理的土壤总碱度高。整体上，经过3年的改良，土壤总碱度最低的是FT1和FT2处理。

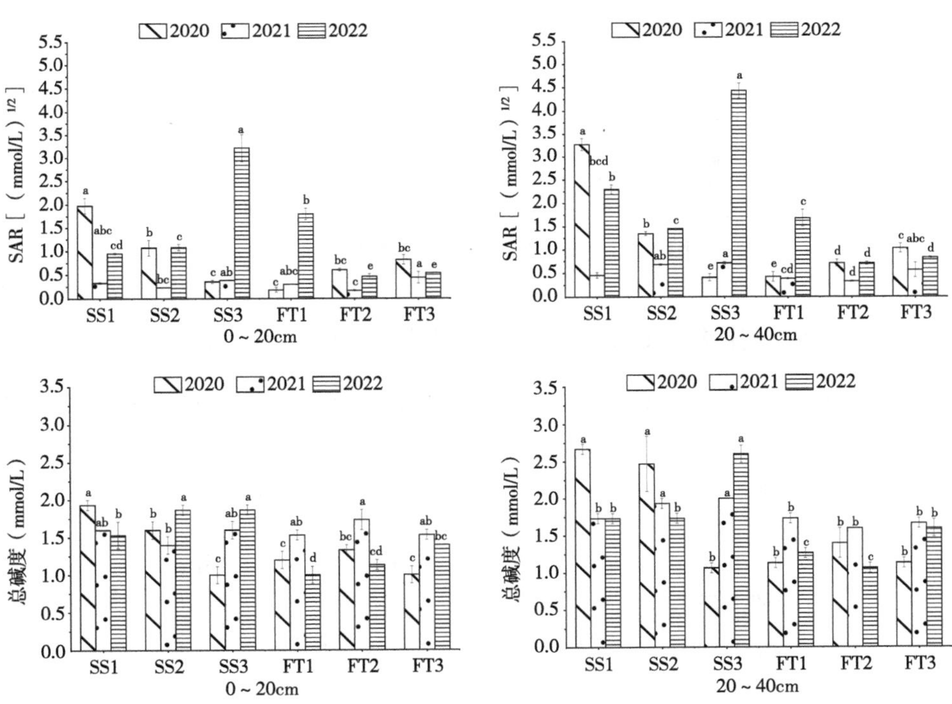

图2-17 不同处理对土壤SAR、总碱度的影响

2.3.2.3 不同耕作措施对土壤碱化度（ESP）的影响

如图2-18所示，不同耕作措施对土壤碱化度的影响存在差异。两种耕作措施之间，深松的碱化度显著高于粉垄处理。2020年，在0~20cm土层，土壤碱化度从大到小依次是SS1>SS2>FT3>FT2>SS3>FT1。2022年比2020年，SS1处理碱化度降低了12.3%，FT2处理碱化度降低了2.27%，FT3处理碱化度降低了4.32%。在20～40cm土层，SS1处理土壤碱化度2022年比2020年降低了8.1%，FT3处理碱化度降低了2.8%，SS1优于其他处理。

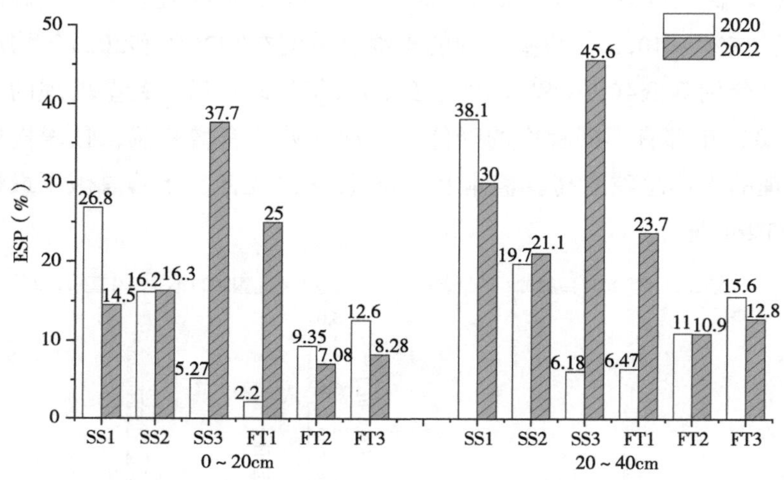

图2-18　不同处理对土壤碱化度的影响

2.3.2.4　不同耕作措施对土壤氧化还原电位（Eh）的影响

图2-19为不同处理对玉米拔节期土壤Eh的影响，各处理土壤Eh从大到小依次为FT2>FT1>FT3>SS2=SS3>SS1。处理间表现出粉垄耕作处理土壤Eh高于深松处理。

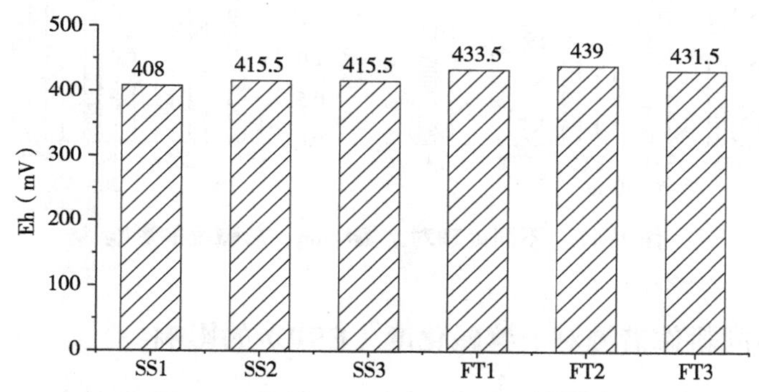

图2-19　不同处理对土壤氧化还原电位的影响

2.3.3 不同耕作措施对土壤有机质含量的影响

由图2-20可知，2022年不同耕作措施对土壤有机质的变化差异明显。处理间有机质变化规律表现为SS3>SS2>SS1，FT3>FT2>FT1；深松与粉垄处理相比，深松处理的有机质量高于粉垄处理，整体来看SS3处理有机质含量最大。在0～20cm土层土壤有机质含量为2.28%，在20～40cm土层土壤有机质含量为2.02%。所有处理土壤有机质含量从大到小依次为SS3>SS2>FT3>FT2>SS1>FT1。由于SS3处理与FT2、FT3处理间无显著性差异，故有机质含量水平两种耕作处理一致。

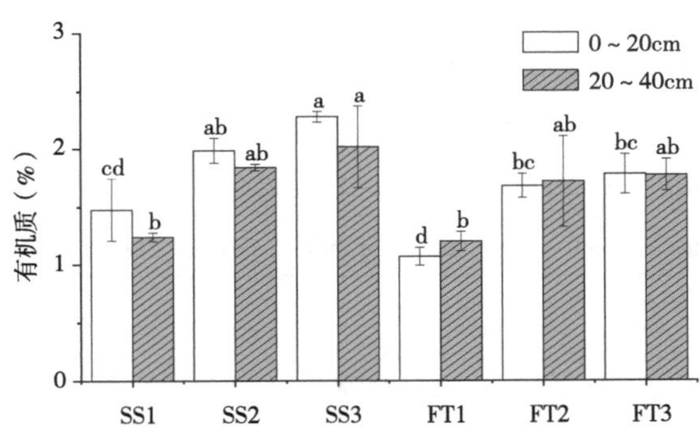

图2-20 不同耕作处理对土壤有机质含量的影响

2.3.4 不同耕作措施对作物生长及产量的影响

2.3.4.1 不同耕作措施对作物生长的影响

由表2-7可知，在2020年，与深松处理相比粉垄处理的玉米株高明显提高，较深松处理平均提高9.8%，其中FT3处理的玉米株高最高达274.7cm；深松处理的茎粗高于粉垄处理，较粉垄处理平均提高6.1%；通过分析2020年粉垄和深松处理的玉米叶绿素数据发现，粉垄处理的玉米叶绿素整体高于深松处理，较深松处理平均提高5%，其中FT2处理的玉米叶绿素最高。由2021年玉米的生长情况可以看出，玉米株高各处理之间差异较为显著，其中SS1处理的玉米株高显著低于其他处理，与玉米株高最高的SS3处理低20.1%，整体上深松处理和粉垄处理的玉米株高并无显著差异；通过分析

2021年玉米茎粗数据发现，SS1处理的玉米茎粗显著小于其他处理，粉垄处理的玉米茎粗整体高于深松处理；通过分析叶绿素数据可知，粉垄处理的玉米叶绿素整体高于深松处理，FT2处理较SS1显著提高，提高约16.78%。

表2-7　不同耕作措施对玉米生长的影响

处理	2020年玉米			2021年玉米		
	株高（cm）	茎粗（cm）	叶绿素（SPAD值）	株高（cm）	茎粗（cm）	叶绿素（SPAD值）
SS1	230.7 ± 12.9b	3.4 ± 0.5	57.5 ± 4.8b	218.7 ± 6.0c	2.1 ± 0.1b	43.5 ± 1.6b
SS2	276.0 ± 10.4a	3.2 ± 0.3	60.7 ± 2.3ab	247.7 ± 2.9ab	2.6 ± 0.1a	46.0 ± 1.0ab
SS3	239.0 ± 15.1ab	3.2 ± 0.2	58.3 ± 6.6b	262.7 ± 5.2a	2.7 ± 0.2a	48.3 ± 0.3ab
FT1	272.0 ± 14a	3.0 ± 0.5	57.5 ± 4.5b	248.3 ± 7.3ab	2.6 ± 0.1a	47.7 ± 0.9ab
FT2	272.3 ± 2.5a	3.3 ± 0.5	65.0 ± 4.2a	236.3 ± 6.9bc	2.5 ± 0.1a	50.8 ± 2.5a
FT3	274.7 ± 4.2a	3.0 ± 0.3	60.7 ± 4.3ab	239.0 ± 9.5bc	2.7 ± 0.1a	48.7 ± 1.7ab

2.3.4.2　不同耕作措施对作物产量的影响

通过分析2020年及2021年玉米产量和产量构成要素可知（表2-8），各处理玉米产量之间并无显著差异，玉米理论产量从大到小排列依次为SS1>SS2>FT1>FT2>FT3>SS3，SS1处理穗行数和百粒重与其他处理并无显著差异，但其行粒数较大，因此使得SS1处理的玉米理论产量最高。分析2021年玉米产量和产量构成要素可以看出，各处理之间玉米理论产量存在显著差异，其中SS1处理的玉米理论产量显著高于FT2处理，较FT2处理提高20%，各处理的玉米理论产量从大到小排列为SS1>SS2>SS3>FT3>FT1>FT2，SS1处理的玉米穗行数和百粒重与其他处理并无显著差异，但其行粒数显著高于其他处理，达35.9粒，这使得SS1处理的玉米的理论产量高于其他处理。对年际间玉米产量和产量构成要素比较可以发现，2021年玉米的产量、穗行数和行粒数要明显低于2020年，但百粒重明显提高，一方面2021年按青贮玉米收获，玉米生长时期短于正常生长时期，导致玉米穗行数、行粒数和产量均较低；另一方面由于收获提前，玉米籽粒含水率远大于正常收获玉米籽粒含水率，进而造成百粒重之间的差异。

表2-8 不同耕作措施对2020年及2021年玉米产量的影响

处理	玉米穗行数（行）	行粒数（粒）	百粒重（g）	产量（kg/亩）
	2020年玉米			
SS1	22.8 ± 0.5	41.1 ± 0.5a	27.1 ± 5.5	797.4 ± 54.2
SS2	21.5 ± 1.2	38.1 ± 2.9ab	30.4 ± 1.2	783.4 ± 86.6
SS3	22.4 ± 0.2a	37.8 ± 0.9b	27.9 ± 0.5	745.2 ± 19.1
FT1	21.9 ± 0.8	38.9 ± 1.2ab	29.4 ± 1.5	774.8 ± 38.0
FT2	22.1 ± 0.3	39.5 ± 1.5ab	28.2 ± 0.9	753.5 ± 38.8
FT3	22.2 ± 0.2	37.2 ± 0.8b	29.2 ± 1.2	750.3 ± 31.2
	2021年玉米			
SS1	15.2 ± 0.4	35.9 ± 0.4a	31.1 ± 1.1bc	612.6 ± 30.5a
SS2	15.1 ± 0.2	31.3 ± 1.1bc	35.8 ± 0.4a	611.9 ± 15.3a
SS3	14.6 ± 0.4	32.9 ± 0.3b	34.5 ± 1.2abc	597.4 ± 11.4a
FT1	14.9 ± 0.1	30.6 ± 0.2bc	32.9 ± 1.0abc	540.9 ± 12.5ab
FT2	15.3 ± 0.1	29.6 ± 0.3bc	31.2 ± 1.0bc	510.4 ± 18.6b
FT3	15.0 ± 0.2	31.0 ± 0.6bc	34.1 ± 0.5abc	574.5 ± 15.9ab

通过分析2022年玉米产量和产量构成要素可知（表2-9），各处理之间产量要素指标中仅百粒重存在显著性差异，其中SS2处理百粒重最高，达35.8g，FT2处理百粒重最低，为32.4g。理论产量各处理之间无显著性差异，但深松处理的玉米产量整体高于粉垄处理，从大到小依次是SS3>SS2>FT1>FT2>SS1>FT3，但各处理产量之间差异不显著，属同一产量水平。各处理产量较2021年产量显著提升。

表2-9 不同耕作措施对2022年玉米产量的影响

处理	穗行数（行）	行粒数（粒）	百粒重（g）	产量（kg/亩）
SS1	15.7 ± 0.5	34.0 ± 0.9	32.5 ± 1.9b	794.4 ± 60.0
SS2	15.6 ± 0.3	33.5 ± 1.9	35.8 ± 1.7a	882.0 ± 95.3
SS3	15.8 ± 0.5	34.6 ± 1.1	34.2 ± 0.3ab	885.7 ± 5.5
FT1	15.7 ± 0.5	33.5 ± 1.2	33.7 ± 2.1ab	839.7 ± 64.5
FT2	15.8 ± 0.3	32.6 ± 0.6	32.4 ± 0.6b	799.5 ± 22.2
FT3	15.3 ± 0.5	32.8 ± 1.5	33.2 ± 1.8ab	793.5 ± 52.4

2.4 苏打盐碱化耕地有机物料改良关键技术研发

2.4.1 不同有机物料添加对苏打盐碱化土壤物理性质的影响

2.4.1.1 不同有机物料添加对苏打盐碱化土壤容重的影响

由表2-10可知，在0～10cm，F3、T2处理的土壤容重较对照显著降低（$P<0.05$），分别较对照下降了12.5%和13.2%。在10～20cm，各处理与对照均无显著性差异，其中F3处理下降最大，较对照下降8.8%。在20～40cm，各处理的土壤容重均显著低于对照（$P<0.05$），其中20～30cm深度H1和T2较对照下降最大，均下降了16.67%，各处理土壤容重从大到小顺序为CK>H2>F2>F1>H3>T1>T3>F3>T2>H1；在30～40cm，T2处理的土壤容重较对照降低最为显著，较对照下降12.15%。综上所述，在各土层综合分析后，施用脱碱3号1.5t（T2）处理的土壤容重降低效果要显著优于施用黄腐酸和腐殖酸处理。

表2-10 不同处理对苏打盐碱化土壤容重（g/cm^3）的影响

处理	土壤深度（cm）			
	0～10	10～20	20～30	30～40
CK	1.59 ± 0.02a	1.58 ± 0.01ab	1.86 ± 0.02a	1.81 ± 0.01a
T1	1.50 ± 0.07ab	1.68 ± 0.11a	1.59 ± 0.09b	1.60 ± 0.09b
T2	1.39 ± 0.09b	1.59 ± 0.10ab	1.55 ± 0.12b	1.59 ± 0.04b
T3	1.40 ± 0.14ab	1.69 ± 0.06a	1.59 ± 0.04b	1.61 ± 0.09b
F1	1.46 ± 0.10ab	1.61 ± 0.12ab	1.64 ± 0.08b	1.63 ± 0.05b
F2	1.43 ± 0.07ab	1.58 ± 0.09ab	1.65 ± 0.05b	1.69 ± 0.10ab
F3	1.38 ± 0.11b	1.45 ± 0.10b	1.57 ± 0.06b	1.60 ± 0.08b
H1	1.41 ± 0.05ab	1.55 ± 0.07ab	1.55 ± 0.08b	1.66 ± 0.02b
H2	1.44 ± 0.23ab	1.55 ± 0.21ab	1.68 ± 0.07b	1.62 ± 0.05b
H3	1.46 ± 0.12ab	1.56 ± 0.07ab	1.61 ± 0.03b	1.71 ± 0.10ab

注：不同字母表示相同深度中不同处理在0.05水平差异显著。下同。

2.4.1.2 不同有机物料添加对苏打盐碱化土壤硬度的影响

由表2-11可以看出，在0～10cm，除F1处理的土壤硬度较对照降低不显著外，其他处理较对照均显著下降（$P<0.05$），其中H1和F2分别较对照下降40.65%和39.02%，改善效果最优异。在10～20cm，与对照相比，各处理的土壤硬度下降均达显著水平，T1至H3分别较对照下降41%、43.66%、27.73%、24.78%、34.51%、31.86%、48.97%、35.1%和43.95%，其中H1、H3、T2改善效果最优异。在20～30cm，T1、T2、F1、F2处理的土壤硬度与对照相比下降显著（$P<0.05$），分别较对照下降31.80%、36.61%、30.96%和36.82%。在30～40cm，各处理的土壤硬度较对照下降均达显著水平。综上所述，3种有机物料的添加对耕层土壤的硬度都具有明显的降低作用，而20～40cm深度施加黄腐酸处理后土壤硬度的改善效果弱于施加脱碱3号和腐殖酸处理。

表2-11 不同处理对苏打盐碱化土壤硬度（kg/cm^2）的影响

处理	土壤深度（cm）			
	0～10	10～20	20～30	30～40
CK	12.3 ± 0.1a	33.9 ± 2.7a	47.8 ± 2.7a	62.3 ± 2.7a
T1	8.2 ± 1.4cd	20.0 ± 1.0b	32.6 ± 2.1bc	48.3 ± 1.0cd
T2	7.7 ± 0.1cd	19.1 ± 1.2b	30.3 ± 3.5c	46.9 ± 2.0d
T3	8.6 ± 0.7cd	24.5 ± 6.2b	37.5 ± 2.1abc	49.7 ± 1.8bcd
F1	11.1 ± 1.5ab	25.5 ± 8.6b	33.0 ± 7.3bc	49.8 ± 2.2bcd
F2	7.5 ± 1.3d	22.2 ± 5.8b	30.2 ± 9.1c	49.7 ± 1.5bcd
F3	9.6 ± 1.0bc	23.1 ± 3.6b	40.8 ± 4.2abc	50.8 ± 0.4bc
H1	7.3 ± 1.0d	17.3 ± 2.2b	43.0 ± 7.0ab	50.5 ± 2.8bcd
H2	8.8 ± 1.1cd	22.0 ± 5.5b	39.4 ± 7.7abc	51.2 ± 2.3bc
H3	9.2 ± 0.7cd	19.0 ± 2.1b	42.9 ± 9.0ab	53.3 ± 2.0b

2.4.1.3 不同有机物料添加对苏打盐碱化土壤孔隙度的影响

由表2-12可以看出，在0～10cm，各处理的土壤孔隙度较对照皆有不同程度的升高，但未达显著水平，其中T2和F3处理的土壤孔隙度增加效果更优异。在10～20cm，各处理的土壤孔隙度较对照无显著变化。在20～30cm，各处理的土壤孔隙度显著高于对照（$P<0.05$），且各处理之间无显著差异。在30～40cm，除F2和H3处理外，各处理均提高了土壤孔隙度，且较对照增加达显著水平（$P<0.05$）。综上所述，T2和F3能够较好提高耕层土壤孔隙度，改善土壤结构。20～40cm深度各处理都有较好的改善效果。

表2-12　不同改良处理苏打盐碱化土壤孔隙度（%）变化

处理	土壤深度（cm）			
	0～10	10～20	20～30	30～40
CK	40.00 ± 0.81b	40.43 ± 0.46ab	29.98 ± 0.70b	31.79 ± 0.24b
T1	43.33 ± 2.62ab	36.49 ± 3.99b	39.91 ± 3.45a	39.71 ± 3.28a
T2	47.59 ± 3.28a	40.10 ± 3.72ab	41.61 ± 4.45a	40.06 ± 1.56a
T3	47.10 ± 5.46ab	36.14 ± 2.14b	39.90 ± 1.37a	39.16 ± 3.29a
F1	44.83 ± 3.81ab	39.14 ± 4.61ab	38.13 ± 3.14a	38.59 ± 1.87a
F2	46.19 ± 2.62ab	40.43 ± 3.26ab	37.56 ± 1.79a	36.08 ± 3.96ab
F3	47.95 ± 4.28a	45.29 ± 3.82a	40.73 ± 2.28a	39.54 ± 3.01a
H1	46.94 ± 1.92ab	41.49 ± 2.76ab	41.67 ± 3.01a	37.19 ± 0.65a
H2	45.52 ± 8.56ab	41.58 ± 8.08ab	36.54 ± 2.57a	38.76 ± 1.89a
H3	45.08 ± 4.50ab	41.23 ± 2.49ab	39.21 ± 1.18a	35.56 ± 3.80ab

2.4.1.4　不同有机物料添加对苏打盐碱化土壤三相比的影响

由图2-21可以看出，在0～10cm，施用不同有机物料均降低了土壤固相比，其中H3处理下降幅度最大，较对照下降7.1%；除T1和H3处理的土壤液相比大于对照，其余较对照均不同地降低；土壤气相比在不同有机物料处理中与对照相比均有所提高，其中H2处理提高幅度最大，较对照提高13.7%。在10～20cm，除T3处理的土壤固相比较对照略有提高外，其他处理均不同程度降低，其中F3处理下降幅度最大，较对照下降9.8%；土壤液相比在H2和H3处理中提高明显，较对照分别提高2.1%和5.2%；不同有机物料处理的土壤气相比较对照均有所提高，其中F3处理的土壤气相比与对照相比增长幅度最大，较对照提高9.6%。在20～30cm，施用不同有机物料的土壤固相比与对照相比均不同程度降低，其中H2处理降低幅度最大，较对照下降9.1%；土壤液相比在H3处理中提高明显，较对照提高13.8%；H1处理的土壤气相比较对照提高幅度最大，较对照提高5.9%。在30～40cm，施用不同有机物料的土壤固相比与对照相比均不同程度降低，其中H2处理降低幅度最大，较对照下降9%；土壤液相比在T2处理中提高明显，较对照提高6.8%；F3处理的土壤气相比较对照提高幅度最大，较对照提高10.9%。

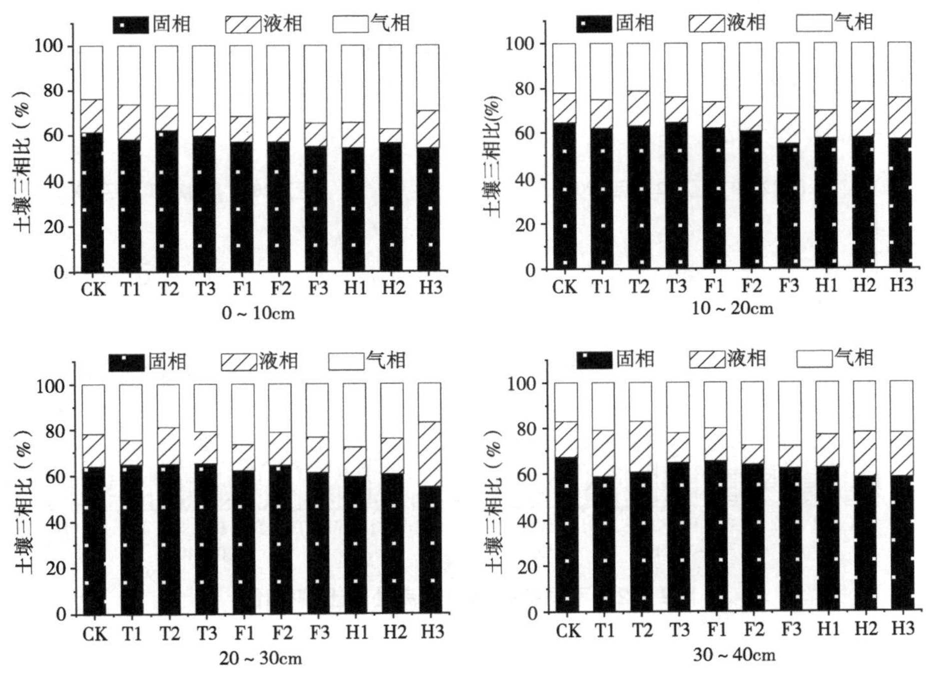

图2-21 不同改良处理土壤三相比

2.4.2 不同有机物料添加对苏打盐碱化土壤化学性质的影响

2.4.2.1 不同有机物料添加对苏打盐碱化土壤pH值的影响

由图2-22可知，与对照相比，2022年除F1处理外，各处理均显著降低了土壤pH值（$P<0.05$）。各处理的耕层土壤pH值整体呈下降趋势，其中在0～20cm，T3和H1处理下降幅度最大，较2020年对照分别下降1.03个单位和0.85个单位；在20～40cm，各处理较对照皆显著降低（$P<0.05$），其中T1、T2、T3下降最为显著，较2020年对照分别下降了1.68个单位、1.47个单位和2.25个单位。各处理与对照之间在不同年份和不同土层深度存在显著差异（$P<0.05$）。在2020年，除T2处理与对照存在显著差异外，其余处理与对照无显著差异；2021年各处理的土壤pH值较对照均显著降低（$P<0.05$），较对照降低0.38～1.3个单位。2022年各处理的土壤pH值较对照均显著降低（$P<0.05$）。综上所述，2022年在0～20cm，F1与对照差异不显著，T2、T3、H1、F3处理的土壤pH值下降最为显著，0～20cm深度的土壤pH值下降了0.28～1.54个单位，20～40cm深度的土壤pH值下降了0.45～2.21个单位。

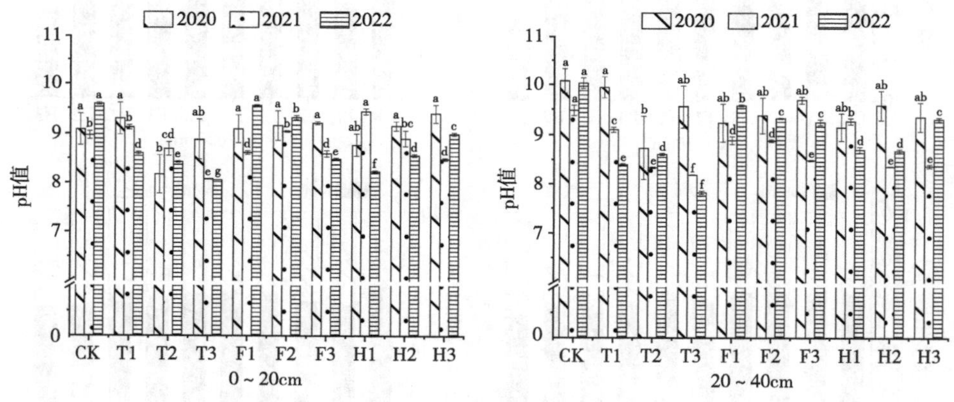

图2-22　不同有机物料改良处理土壤pH值

注：不同字母表示不同处理相同年份在0.05水平差异显著。下同。

2.4.2.2　不同有机物料添加对苏打盐碱化土壤电导率（EC）的影响

由图2-23可知，2021年各处理耕层土壤EC整体低于2020年，说明经过一年的改良处理耕层土壤EC整体呈下降的趋势。其中在0～20cm，T2处理下降幅度最大，较2020年分别下降0.41mS/cm；在20～40cm，H2处理下降最为明显，较2020年分别下降了0.16mS/cm和0.15mS/cm。在不同年份和不同土层深度各处理与对照之间存在差异，0～20cm深度，腐殖酸和黄腐酸处理的土壤EC在2020和2021年均低于对照，其中在2021年较对照下降显著（$P<0.05$）；在20～40cm，2020年腐殖酸和黄腐酸处理的土壤EC与对照无显著差异，经一年改良，2021年腐殖酸和黄腐酸处理的土壤EC较对照显著下降（$P<0.05$），其中F3、H2和H3下降显著，较对照下降0.35mS/cm、0.34mS/cm和0.33mS/cm。

2022年，0～20cm各处理土壤EC普遍高于2021年，外源有机物料的添加增加了土壤耕作层可溶性离子的浓度。与2020年相比，经过两年的改良试验，T2处理较2020年下降显著（$P<0.05$），F2处理略有下降但无显著性差异。20～40cm，H3较2020年土壤EC增加，其他处理土壤EC较2020年均有不同程度的降低，其中以腐殖酸处理的土壤EC最小，与对照的差异显著性最大。

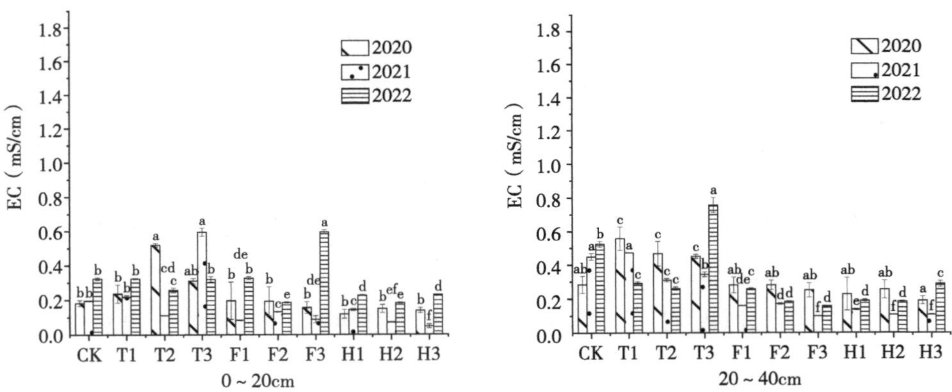

图2-23　不同有机物料改良处理土壤EC（mS/cm）变化

2.4.2.3　不同有机物料添加对苏打盐碱化土壤碱化度（ESP）的影响

由图2-24可知，在0～20cm深度，除F1的土壤碱化度较对照升高外，其余处理均较对照不同程度降低，降低范围4.8%～19.8%，H1、H2、T2和T3处理降幅最显著；在20～40cm，各处理较对照降低了0.9%～20%，F3、T3和H2处理降幅最显著。

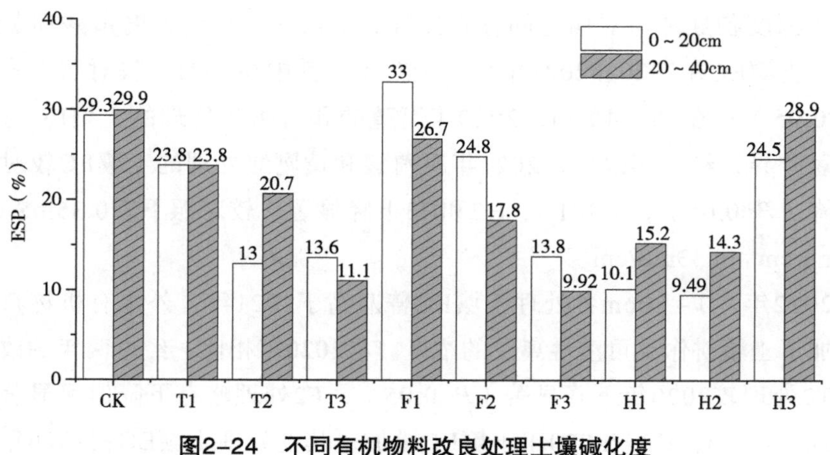

图2-24　不同有机物料改良处理土壤碱化度

2.4.2.4　不同有机物料添加对苏打盐碱化土壤总碱度的影响

由图2-25可知，2021年，耕层土壤总碱度整体呈下降的趋势。在0～20cm，F3、H2和H3处理下降明显，较2020年分别下降0.73mmol/L、1.0mmol/L和0.87mmol/L；在20～40cm，各处理均下降明显。不同处理之间在不同年份和不同土层深度存在显著差异，0～20cm深度，2020年各处理较对照均不同程度提高，至2021年除T1处理的土壤总碱度与对照无显著差异外，其他处理均显著低于对照（P<0.05），其中T2和H2处理下降显著，较对照分别下降1.53mmol/L和1.67mmol/L。在20～40cm，2020年各处理与对照相比土壤总碱度均不同程度提高，至2021年，T1处理的土壤总碱度与对照无显著差异，其他处理均显著低于对照（P<0.05），其中黄腐酸处理下

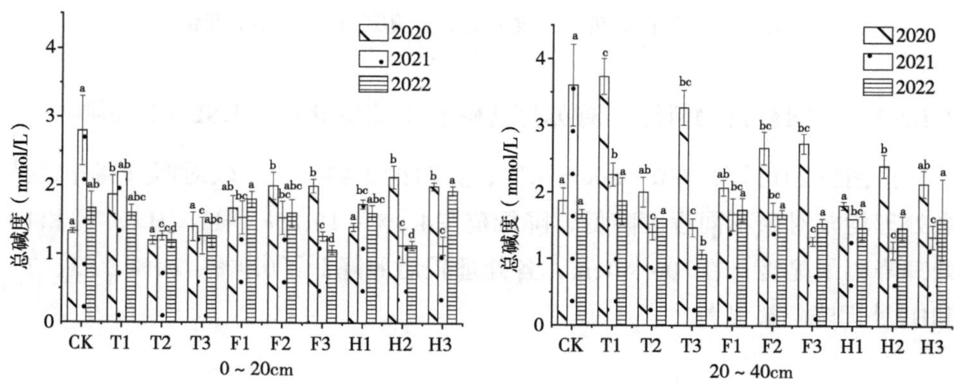

图2-25　不同处理土壤总碱度变化

降最为显著，较对照下降1.16～2.57mmol/L。2022年，0～20cm深度，T2、T3、F3、H2处理较对照降低最显著（$P<0.05$），20～40cm，T3处理下降最为显著。经过两年的实验改良，T2、F3、H2处理对土壤总碱度改善效果最好。

2.4.2.5 不同有机物料添加对苏打盐碱化土壤氧化还原电位（Eh）的影响

由图2-26可知，与对照相比，有机物料添加后土壤Eh变化各处理间存在差异。其中黄腐酸处理（H1、H2、H3）较对照均有所下降，脱碱3号处理（T1、T2、T3）与腐殖酸处理（F1、F2、F3）较对照均有不同程度的增加，土壤Eh从大到小依次为T2>T1>F3>F2>T3>F1>CK>H3>H2>H1。

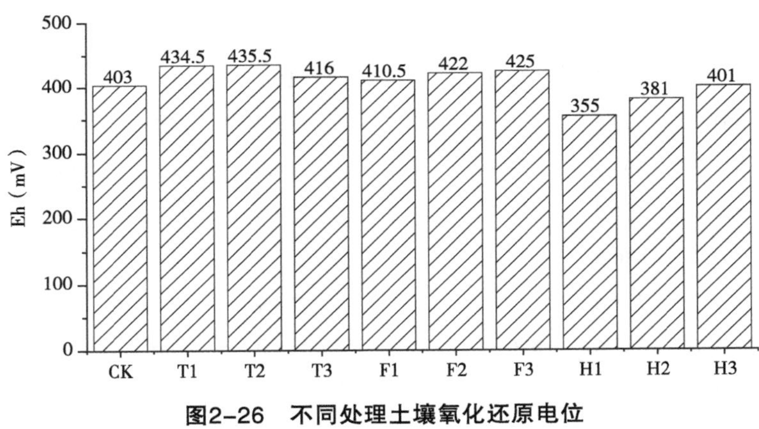

图2-26 不同处理土壤氧化还原电位

2.4.3 不同有机物料添加对苏打盐碱化土壤养分的影响

由表2-13可知，与对照相比有机物料添加均增加了土壤全氮、速效钾和有机质含量，提高了土壤养分。另外0～20cm深度土壤养分高于20～40cm，说明土壤养分表层较为集中。由表2-14可知，不同处理土壤养分含量变化趋势与2021年有所差异。

2021年，在0～20cm土层，各处理的土壤全氮较对照增加67.6%～113.2%，其中T3处理的土壤全氮较对照提高幅度最大，其次为H2处理。在20～40cm深度，与对照相比各处理的土壤全氮增加28.8%～70.4%，其中H1和H2处理提高幅度明显，整体上黄腐酸处理（H1、H2、H3）的土壤全氮含量高于脱碱3号处理（T1、T2、T3）和腐殖酸处理（F1、F2、F3）。2022年，在0～20cm土层土壤全氮含量，F2、F3、H1、H3处理较对照有所下降，其余处理较对照增加5.47%～38.62%，其中T2处理的土壤全氮较对照增加38.6%，增幅最大。在20～40cm深度，与对照相比除H3处理外各处理的土壤全氮增加8.9%～77.1%，其中T3处理提高最显著，其次是T2、F2、F1、T1处理。整体上脱碱3号处理土壤全氮含量最大，腐殖酸处理次之。在20～40cm深度，与对照相比各处理的土壤全氮增加8.9%～77.1%。

表2-13　2021年不同有机物料对土壤养分的影响

处理	全氮（mg/kg）		有效磷（mg/kg）		速效钾（mg/kg）		有机质（%）	
	0～20	20～40	0～20	20～40	0～20	20～40	0～20	20～40
CK	486.4	608.8	20.6	9.2	52.4	49.7	0.70	1.01
T1	883.0	811.3	23.0	11.8	110.2	91.6	1.52	1.34
T2	861.2	893.6	24.1	14.9	105.7	98.1	1.92	1.62
T3	1 037.2	807.9	24.1	10.4	114.0	81.2	1.67	1.42
F1	815.3	784.4	18.7	14.7	103.8	93.1	1.53	1.35
F2	903.9	830.3	22.0	11.6	145.0	89.4	1.64	1.43
F3	901.5	908.6	22.3	10.0	118.9	97.0	1.80	1.62
H1	893.7	1 037.6	20.6	7.9	115.0	97.9	1.42	1.73
H2	1 008.2	992.4	14.8	6.0	112.4	91.4	1.66	1.70
H3	921.8	859.0	10.4	3.4	91.1	78.2	1.64	1.13

与对照相比，2021年不同有机物料添加对土壤有效磷影响具有差异性，在0～20cm土层脱碱3号（T1、T2、T3）添加均提高了土壤有效磷含量，黄腐酸（H1、H2、H3）和腐殖酸（F1、F2、F3）添加对土壤有效磷无显著影响，T2和T3处理的土壤有效磷与对照相比增幅较大。20～40cm土壤深度脱碱3号和腐殖酸处理均不同程度提高了土壤有效磷含量，较对照提高8.7%～62.0%。黄腐酸（H1、H2、H3）添加对土壤有效磷无显著影响。2022年，脱碱3号处理明显优于腐殖酸和黄腐酸处理，且显著高于对照，而其他处理土壤有效磷含量低于对照组。

2021年，各处理的土壤速效钾在0～20cm土层，较对照增加73.9%～126.9%，其中F3处理的土壤速效钾较对照提高幅度最大，其次为H2处理。

在20～40cm深度，各处理的土壤速效钾增加明显，较对照增加57.3%～97.4%，其中T2和H1处理提高幅度明显。2022年，各处理的土壤速效钾在0～20cm土层，除H3处理略高于对照外，其余处理土壤速效钾含量均较对照有所下降。在20～40cm土层，各处理间差异明显，T1、T3、H2较对照土壤速效钾含量有所增加，其余处理较对照有所降低。

表2-14　2022年不同有机物料对土壤养分的影响

处理	全氮（mg/kg）		有效磷（mg/kg）		速效钾（mg/kg）		有机质（%）	
	0～20	20～40	0～20	20～40	0～20	20～40	0～20	20～40
CK	634.1	819.3	9.4	26.6	95.4	147.2	1.10	1.54
T1	815.9	973.8	16.1	36.2	94.3	175.3	1.54	1.88
T2	879.0	1 162.4	14.7	35.6	92.5	144.2	1.61	2.24
T3	797.6	1 451.8	20.1	53.3	81.4	262.9	1.68	2.58
F1	791.4	1 083.9	6.2	15.5	64.8	156.0	1.56	1.96
F2	352.2	1 103.8	7.1	18.6	38.0	136.7	1.65	1.99
F3	290.3	945.1	2.9	7.8	36.1	106.4	1.56	1.76
H1	271.1	892.4	2.6	8.2	28.0	89.3	1.53	1.73
H2	668.8	940.9	7.6	31.4	73.8	175.5	1.21	1.73
H3	626.6	797.4	16.6	20.2	96.7	146.7	1.19	1.40

与对照相比，2021年，有机物料添加均不同程度提高了耕层土壤的有机质含量，在0～20cm土层深度，不同处理的土壤有机质含量增加了0.72%～1.22%，其中T2处理明显高于其他处理；20～40cm土层深度，有机物料添加处理的土壤有机质较对照增加了0.12%～0.72%，其中H1、H2和T2处理的土壤有机质较对照增幅较大。2022年，不同土壤深度有机质含量各处理较对照均有提升，在0～20cm土层，有机物料添加处理的土壤有机质较对照增幅较大，其中T3处理有机质含量增加最显著，较对照增加了0.58%，各处理的有机质含量增加范围在0.09%～0.58%；在20～40cm土层，除H3处理有所降低，其余不同处理的土壤有机质含量增加了0.19%～1.04%，其中T3处理增幅最大，有机质含量最高。

2.4.4 不同有机物料添加对作物生长及产量的影响

2.4.4.1 不同有机物料对作物生长的影响

由图2-27可以看出，向土壤中施用有机物料均不同程度提高了向日葵株高（2020年），其中，除T1处理的向日葵株高与对照无显著差异外，其他处理与对照相比均显著提高（$P<0.05$），其中H2处理的向日葵株高最高，为244cm，较对照提高32.6%，其次为T3处理，较对照提高22.8%，整体上，施用不同有机物料处理之间的向日葵株高无显著差异。

由图2-27B可以看出，施用有机物料处理的向日葵茎粗与对照相比均不同程度提高，其中T3、F3、H1和H2处理的向日葵茎粗较对照显著提高（$P<0.05$），较对照分别提高31.6%、36.2%、27.7%和28%，各处理之间并无显著差异。

叶绿素在植物器官组成过程中起到重要的作用，并参与植物光合作用。叶绿素含量是植物光合作用能力、营养状况和生长态势的重要指示因子。由图2-27C可以看出，施用不同类型、不同量的有机物料均能不同程度地提高向日葵叶绿素含量，其中T2处理的向日葵叶绿素含量最高，较对照提高了11.4%，其次为T3处理，与对照相比增加了10%。整体上，各处理的向日葵叶绿素之间并无显著差异。

由图2-27D可以看出，与对照相比，施用有机物料均显著提高了玉米株高。2021年，H1处理玉米株高与对照相比提高最为显著（$P<0.05$），较对照提高30.1%；其次为F3处理，较对照提高27.4%。2022年，各处理玉米株高较对照均显著增加（$P<0.05$），各处理间无显著差异。2022年较2021年玉米长势更好。

由图2-27E可知，施用不同有机物料处理的玉米茎粗与对照相比均显著提高。2021年，T3、H1和H2处理提高程度最为显著（$P<0.05$），较对照分别提高38.2%、42.9%和44.1%，各处理之间并无显著差异。2022年各处理玉米茎粗显著大于对照，各处理之间无显著差异。2022年玉米茎粗略低于2021年。

由图2-27F可知，2021年与对照相比，有机物料改良均显著提高了玉米叶绿素含量，其中T2处理的玉米叶绿素含量最高，较对照提高22.9%，其次为H3处理，较对照提高22.4%。2022年由于叶绿素观测时期为玉米拔节期，

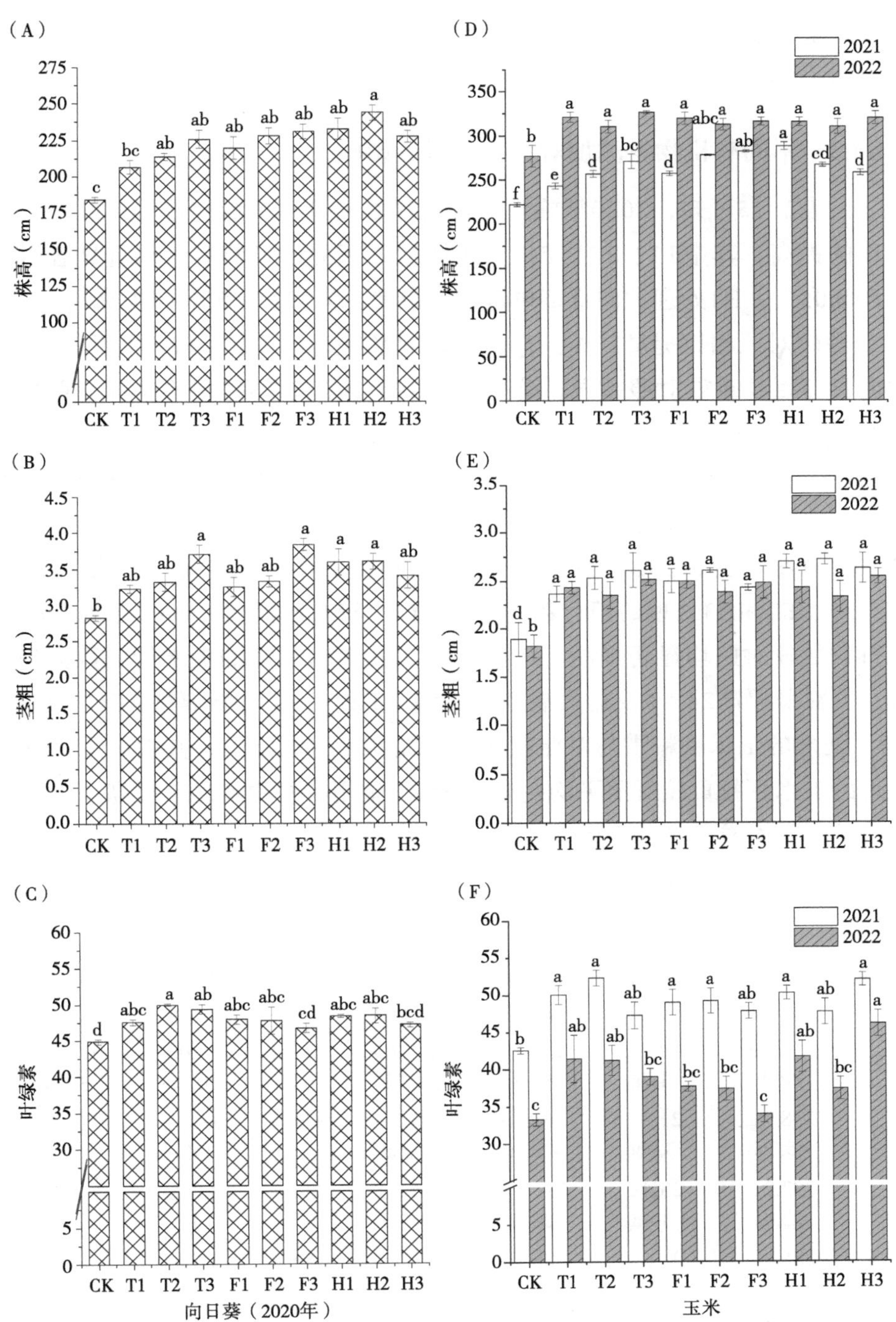

图2-27 向日葵和玉米生长指标

故叶绿素低于2021年。各处理中T1、T2、H1、H3处理的玉米叶绿素显著高于对照（$P<0.05$），其他处理未达显著水平。

2.4.4.2　不同有机物料添加对作物产量的影响

由表2-15可知，2020年施用有机物料后向日葵单盘粒重较对照有不同程度的提高，其中T2、T3、F1、H1和H2处理的向日葵单盘粒重显著提高（$P<0.05$），H1处理的向日葵单盘粒重最大，为297.7g较对照提高39.6%，T2处理较对照相比提高37%，T3处理较对照提高33.9%。T2、T3和F1处理的向日葵百粒重较对照差异显著（$P<0.05$），其中T3处理的向日葵百粒重达23.6g，与对照相比提高19.8%，其次为T2处理，百粒重为23.4g，较对照提高18.8%，其他处理与对照无显著差异。产量上，有机物料的施用显著提高了向日葵产量，各处理产量均达250kg以上，增产显著（$P<0.05$）。

与对照相比，2021年施用有机物料均提高了玉米产量及产量构成要素。F1、F2和H3处理的穗行数均达16.3行，较对照提高9.4%。各处理的玉米行粒数较对照均显著提高（$P<0.05$），其中F1处理的玉米行粒数为35.7粒，较对照提高24.4%。施用腐殖酸（F1、F2、F3）和黄腐酸（H1、H2、H3）处理的玉米百粒重与对照相比显著提高（$P<0.05$），其中施用黄腐酸处理的玉米百粒重较对照平均提高13.8%。施用有机物料显著提高了玉米理论产量，平均增产45%以上。

表2-15　向日葵和玉米产量及产量构成要素

处理	2020年向日葵			2021年玉米			
	单盘粒重（行）	百粒重（g）	产量（kg/亩）	穗行数（行）	行粒数（粒）	百粒重（g）	产量（kg/亩）
CK	213.3 ± 20.0b	19.7 ± 1.7a	173.1 ± 16.3c	14.9 ± 0.2b	28.7 ± 0.8b	37.0 ± 0.7c	571.8 ± 30.3d
T1	258.9 ± 45.3ab	21.3 ± 3.0bc	261.5 ± 45.7ab	15.7 ± 0.4ab	32.6 ± 0.9a	38.4 ± 1.4bc	710.8 ± 56.8c
T2	292.2 ± 23.6a	23.4 ± 1.4a	295.1 ± 23.9a	15.5 ± 0.2ab	33.6 ± 2.0a	38.0 ± 1.0bc	718.4 ± 67.5c
T3	285.6 ± 35.9a	23.6 ± 1.8a	288.4 ± 36.3a	15.7 ± 0.1ab	35.5 ± 1.0a	37.1 ± 1.5c	747.4 ± 44.8bc
F1	284.4 ± 27.8a	21.8 ± 1.2ab	287.3 ± 28.0a	16.3 ± 0.2a	35.7 ± 1.2a	42.6 ± 1.0a	898.6 ± 40.5a

（续表）

处理	2020年向日葵			2021年玉米			
	单盘粒重（行）	百粒重（g）	产量（kg/亩）	穗行数（行）	行粒数（粒）	百粒重（g）	产量（kg/亩）
F2	264.4 ± 15.4ab	20.3 ± 0.8bc	267.1 ± 15.5ab	16.3 ± 0.4a	35.6 ± 0.8a	41.5 ± 0.8a	869.7 ± 10.4ab
F3	262.2 ± 48.2ab	21.0 ± 2.1bc	264.8 ± 48.7ab	16.1 ± 0.1a	35.0 ± 1.0a	40.9 ± 1.0ab	830.8 ± 42.1abc
H1	297.7 ± 26.9a	21.3 ± 0.6bc	300.8 ± 27.2a	15.9 ± 0.2a	33.3 ± 0.5a	42.1 ± 0.9a	803.5 ± 34.6abc
H2	273.3 ± 33.3a	20.7 ± 1.6bc	276.1 ± 33.7a	15.6 ± 0.4a	34.4 ± 1.0a	41.7 ± 0.5a	809.5 ± 54.5abc
H3	268.9 ± 16.8ab	19.5 ± 2.8c	271.6 ± 16.9ab	16.3 ± 0.2a	35.0 ± 1.0a	42.5 ± 0.6a	873.2 ± 22.6ab

由表2-16可以，2022年与对照相比，施用有机物料均提高了玉米产量及产量构成要素。T3处理穗行数达16.3行，显著高于对照（P<0.05），较对照提高了10.88%。各处理的玉米行粒数皆较对照有所增加，其中T2、F1、F2、H3处理较对照玉米行粒数增加显著（P<0.05）。玉米百粒重除T1处理无显著差异外，其余处理均显著高于对照（P<0.05），且T2处理的改良效果最好。施用有机物料显著提高了玉米理论产量，增产最低的T1处理较对照增产达10.61%，增产最高的F1处理较对照增产37.68%。

表2-16 2022年玉米产量及产量构成要素

处理	穗行数（行）	行粒数（粒）	百粒重（g）	产量（kg/亩）
CK	14.7 ± 0.3b	32.4 ± 3.0b	37.3 ± 1.2b	617.6 ± 80.1c
T1	15.4 ± 0.6ab	35.3 ± 1.4ab	37.3 ± 2.6b	683.1 ± 42.9bc
T2	15.8 ± 0.5ab	35.8 ± 1.4a	43.3 ± 1.4a	834.7 ± 36.2a
T3	16.3 ± 0.6a	34.4 ± 1.7ab	40.8 ± 1.5a	802.8 ± 92.9a
F1	16.1 ± 0.8ab	35.7 ± 0.4a	42.6 ± 1.8a	850.3 ± 23.3a
F2	15.8 ± 1.3ab	37.0 ± 0.8a	40.9 ± 0.7a	837.5 ± 47.4a
F3	15.5 ± 1.2ab	34.4 ± 1.5ab	42.5 ± 1.5a	776.6 ± 65.1ab
H1	15.5 ± 0.6ab	35.2 ± 0.9ab	42.1 ± 1.8a	807.4 ± 43.2a
H2	15.1 ± 0.8ab	35.1 ± 2.8ab	42.8 ± 2.7a	790.1 ± 116.5ab
H3	15.9 ± 0.8ab	36.3 ± 0.8a	42.1 ± 1.8a	815.1 ± 26.1a

2.5 苏打盐碱化耕地土壤化学改良关键技术研发

2.5.1 不同化学改良处理对苏打盐碱化耕地土壤物理性质的影响

2.5.1.1 不同化学改良对苏打盐碱化土壤容重的影响

由表2-17可知，在0～10cm，G1处理的土壤容重较对照显著降低（$P<0.05$），较对照下降了15.1%。在10～20cm深度各处理与对照均无显著性差异。

表2-17 不同处理对土壤容重（g/cm²）的影响

处理	土壤深度（cm）			
	0～10	10～20	20～30	30～40
CK	1.59 ± 0.02a	1.58 ± 0.01	1.86 ± 0.02a	1.81 ± 0.01a
G1	1.35 ± 0.08b	1.51 ± 0.08	1.49 ± 0.17b	1.70 ± 0.11ab
G2	1.38 ± 0.06ab	1.63 ± 0.03	1.66 ± 0.16ab	1.56 ± 0.12bcd
C1	1.44 ± 0.03ab	1.57 ± 0.12	1.63 ± 0.06b	1.47 ± 0.06d
C2	1.43 ± 0.16ab	1.59 ± 0.18	1.66 ± 0.17ab	1.62 ± 0.04bc
E1	1.51 ± 0.07ab	1.63 ± 0.09	1.60 ± 0.14b	1.63 ± 0.07bc
E2	1.43 ± 0.08ab	1.58 ± 0.15	1.57 ± 0.09b	1.51 ± 0.04cd
S1	1.56 ± 0.05ab	1.59 ± 0.12	1.66 ± 0.04ab	1.68 ± 0.09ab
S2	1.38 ± 0.26ab	1.64 ± 0.06	1.70 ± 0.09ab	1.56 ± 0.08bcd

注：G1为脱硫石膏1t/亩；G2为脱硫石膏1.2t/亩；C1为过磷酸钙50kg/亩；C2为过磷酸钙60kg/亩；E1为硫酸亚铁40kg/亩；E2为硫酸亚铁48kg/亩；S1为硫黄30kg/亩；S2为硫黄36kg/亩。下同。

在20～30cm深度G1、C1、E1和E2较对照下降显著（$P<0.05$）。各处理土壤容重从大到小顺序为CK>S2>G2=C2=S1>C1>E1>E2>G1。在30～40cm，C1和E2处理的土壤容重较对照降低最为显著，较对照下降18.78%和16.57%。综上所述，在各土层综合分析后，施用脱硫石膏1t/亩

（G1）处理的耕层土壤容重降低效果要显著优于其他处理。

2.5.1.2　不同化学改良对苏打盐碱化土壤硬度的影响

由表2-18可以看出，在0～10cm，除E1处理土壤硬度与对照无显著差异外，其他处理均显著低于对照（$P<0.05$），其中施加硫黄处理（S）和石膏处理（G），改善效果最优异。在10～20cm，与对照相比各处理的土壤硬度下降均达显著水平（$P<0.05$），G1至S2分别较对照下降29%、42%、49%、36%、33%、22%、58%和40%，其中S1、C1改善效果最优异。20～40cm，各处理的土壤硬度较对照下降均达显著水平（$P<0.05$）。综上所述，3种有机物料的添加对耕层土壤的硬度都具有明显的降低作用，其中S1和C1处理对土壤硬度降低更优异。

表2-18　不同处理对土壤硬度（kg/cm^2）的影响

处理	土壤深度（cm）			
	0～10	10～20	20～30	30～40
CK	12.3 ± 0.1a	33.9 ± 2.7a	47.8 ± 2.7a	62.3 ± 2.7a
G1	8.0 ± 0.4c	24.0 ± 4.9bc	38.7 ± 7.2b	48.5 ± 1.1bc
G2	8.0 ± 1.1c	19.7 ± 3.8bcd	35.9 ± 4.3b	48.2 ± 0.8bc
C1	7.9 ± 1.7c	17.4 ± 4.4cd	26.6 ± 5.4cd	47.9 ± 4.2bc
C2	9.8 ± 0.5b	21.8 ± 6.1bcd	32.0 ± 0.7bc	43.8 ± 3.0bc
E1	11.2 ± 1.0ab	22.6 ± 0.4bc	39.7 ± 3.2b	48.6 ± 3.2bc
E2	8.1 ± 1.1c	26.3 ± 2.7b	36.4 ± 4.5b	49.4 ± 1.9b
S1	7.0 ± 0.8c	14.2 ± 1.7d	23.0 ± 3.3d	41.7 ± 8.9c
S2	7.5 ± 1.0c	20.4 ± 5.9bcd	38.8 ± 7.0b	45.5 ± 3.4bc

2.5.1.3　不同化学改良对苏打盐碱化土壤孔隙度的影响

由表2-19可知，在0～10cm，各处理较对照均提高了土壤孔隙度，但仅G1处理较对照提升达显著水平（$P<0.05$）。10～20cm土层的土壤孔隙度，各处理与对照相比无显著提升。在20～30cm，G1、E1、E2处理较对照的土壤孔隙度有显著提升（$P<0.05$）。在30～40cm，C1处理改善效果最优异。综合

分析，耕层土壤孔隙度的改善方面，石膏（G1、G2）处理表现最突出。

表2-19　不同处理土壤孔隙度（%）变化

处理	土壤深度（cm）			
	0～10	10～20	20～30	30～40
CK	40.00±0.81b	40.43±0.46	29.98±0.70b	31.79±0.24d
G1	48.87±3.00a	43.20±3.13	43.61±6.26a	35.90±4.21cd
G2	48.07±1.91ab	38.52±0.93	37.24±6.29ab	41.01±4.62abc
C1	45.65±0.98ab	40.70±4.64	38.47±2.34ab	44.70±2.21a
C2	46.01±6.03ab	40.11±6.61	37.15±6.26ab	38.75±1.68bc
E1	43.13±2.84ab	38.67±3.56	39.56±5.26a	38.52±2.68bc
E2	46.08±2.84ab	40.62±5.46	40.73±3.40a	42.98±1.52ab
S1	41.05±1.76ab	40.08±4.37	37.43±1.64ab	36.64±3.49cd
S2	47.95±9.94ab	37.98±2.35	35.86±3.41ab	40.98±3.01abc

2.5.2　不同化学改良处理对苏打盐碱化耕地土壤化学性质的影响

2.5.2.1　不同化学改良对土壤pH值的影响

由图2-28可知，在耕层土壤中，各处理2021年土壤pH值较2020年均不同程度降低，其中在0～20cm，施用脱硫石膏1t/亩（G1）和1.2t/亩（G2）处理下降幅度最大，较2020年分别下降1.1个单位和0.6个单位；在20～40cm，G1和G2处理下降幅度明显，较2020年分别下降了1.7个单位和0.9个单位。

各处理与对照之间在不同年份和不同土层深度存在差异，在0～20cm深度，在2020年各处理与对照均无显著差异，至2021年施用脱硫石膏（G1、G2）的土壤pH值较对照下降显著（$P<0.05$），分别降低1.1个单位和0.8个

单位。在20～40cm，G2和S2处理的土壤pH值在2020年和2021较对照均显著降低（$P<0.05$），G2在2020年和2021年较对照分别降低1.1个单位和1.4个单位，S2处理的土壤pH值在2020年和2021年较对照分别降低1.8个单位和1.4个单位。

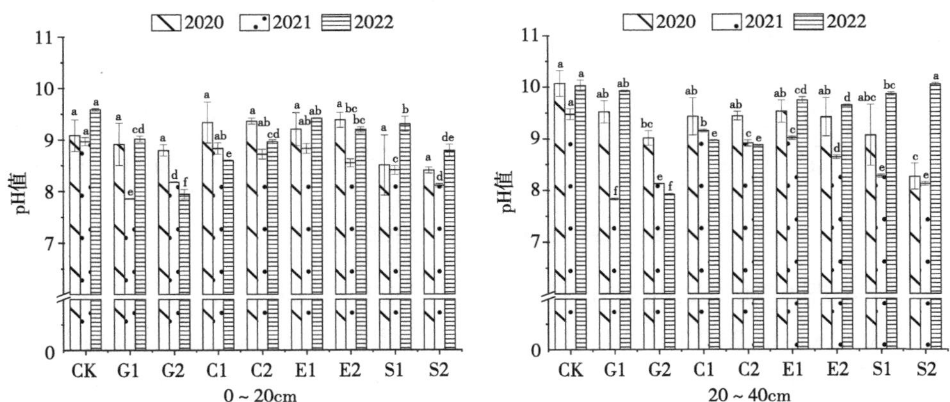

图2-28 不同处理对土壤pH值的影响

注：图中不同字母表示相同年份不同处理间在0.05水平差异显著。下同。

2022年，对照组pH值较2020和2021年有所升高，同时部分化学改良剂处理较上两年也有所升高，但0～20cm土层土壤pH值，G2和C1处理较对照降低显著（$P<0.05$），分别较对照降低了1.64个单位和0.99个单位，且较2020年和2021年均有所降低。20～40cm土层土壤pH值，G2、C1和C2处理较对照降低显著（$P<0.05$），分别较对照降低了2.10个单位、1.06个单位和1.15个单位，且较2020年和2021年均有不同程度的降低。经3年试验结果分析，土壤pH值调节效果最好的是脱硫石膏1.2t/亩（G2），其次是过磷酸钙60kg/亩（C2）。

2.5.2.2 不同化学改良对土壤电导率（EC）的影响

由图2-29可知，在2021年，0～20cm土层各处理的土壤EC经过一年的改良，整体呈下降趋势，与2020年相比，各处理的土壤EC下降0.02～0.43mS/cm。20～40cm土壤深度，除G1处理2021年土壤EC较2020年显著提高外，其他处理均呈下降趋势。

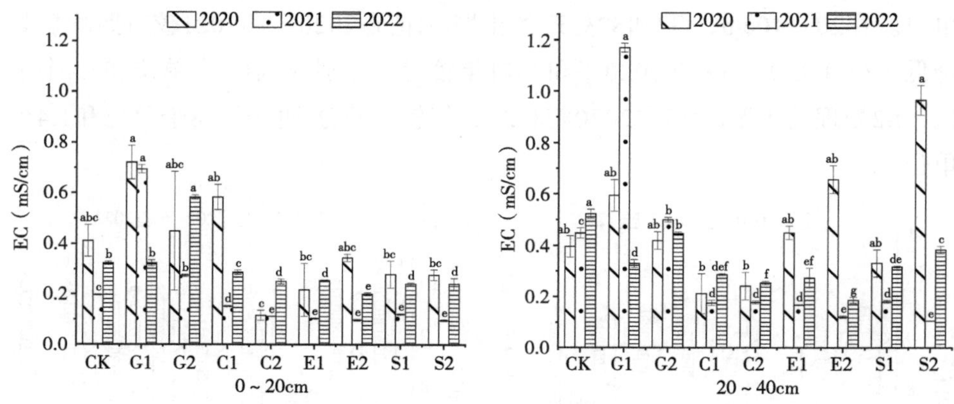

图2-29　不同处理对土壤EC的影响

各处理与对照之间在不同年份和不同土层深度存在显著差异，在0～20cm深度，2020年各处理与对照均无显著差异，除2021年施用脱硫石膏（G1、G2）的土壤EC较对照显著提高外，其他处理较对照均显著下降（*P*<0.05）。在20～40cm，2020年除施用过磷酸钙（C1、C2）处理的土壤EC较对照下降外，其他处理均不同程度提高，其中S2处理提高幅度最大。2021年除脱硫石膏处理（G1、G2）的土壤EC较对照显著提高外（*P*<0.05），其他化学改良处理与对照相比均显著下降，其中E2和S2处理的土壤EC较对照下降最为显著（*P*<0.05），分别较对照下降0.33mS/cm和0.34mS/cm。

2022年，0～20cm深度土壤EC普遍较2021年有所升高，其中G2处理升高显著，由于土壤EC表征可溶性盐离子的总浓度，与G1处理进行比较，推测此结果和石膏用量有关。0～20cm土层仅G1处理较2021年下降显著（*P*<0.05），但较对照差异不显著。除石膏处理外，其他处理较对照皆下降显著（*P*<0.05），但较2021年皆有所升高。20～40cm土层G1和G2处理较2021年呈下降趋势，其他处理较2021年有所升高，与对照相比C2和E2处理土壤EC调节效果最好。

2.5.2.3　不同化学改良处理土壤碱化度（ESP）变化

由图2-30可知，不同化学改良处理对土壤碱化度的影响存在差异。在0～20cm土层，土壤碱化度降低从大到小依次是G2、C1、E2、S2、C2、

E1、S1，较对照分别降低了83.2%、46.6%、46.4%、45.7%、31.5%、22.9%、13.3%；在20～40cm土层，土壤碱化度降低从大到小依次是G2、C1、C2、E2，较对照分别下降了67.6%、25.2%、22.7%、11.0%，其中G2碱化度降低最显著。

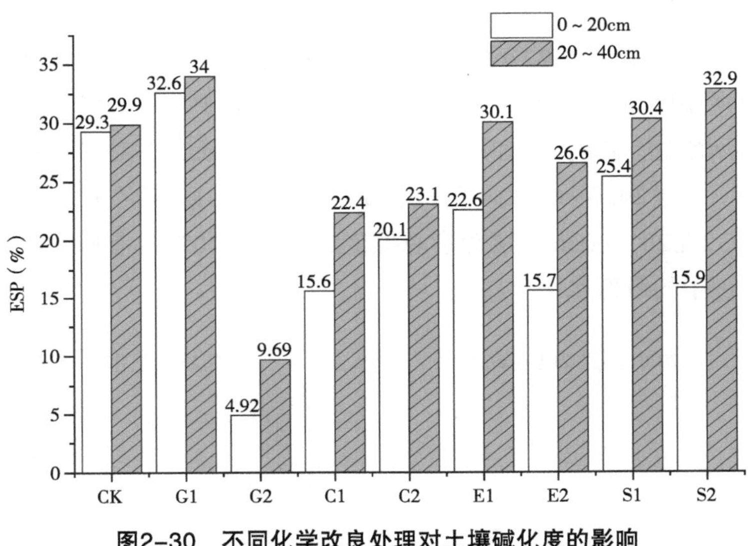

图2-30　不同化学改良处理对土壤碱化度的影响

2.5.2.4　土壤总碱度在不同化学改良措施下的变化规律

由图2-31可知，2021年经过改良处理，耕层土壤总碱度变化各处理存在差异，其中0～20cm土层深度，施用硫酸亚铁（E1、E2）和硫黄（S1、S2）处理的土壤总碱度呈下降趋势，其中E2下降幅度较大，较2020年分别下降0.73mmol/L；在20～40cm，除施用过磷酸钙处理的土壤总碱度较2020年有所提高外，其他化学改良剂处理的土壤总碱度较2020年均不同程度下降，其中G1和S1处理下降明显，较2020年分别下降1.2mmol/L和1.7mmol/L。不同处理之间在不同年份和不同土层深度存在显著差异，0～20cm土层深度，2020年各处理较对照均不同程度降低，其中G2处理的土壤总碱度较对照显著降低（$P<0.05$），至2021年除G1和C2处理的土壤总碱度较对照显著增加外，其他处理均显著低于对照，其中G2、C1和S2处理下降显著（$P<0.05$），较对照分别下降0.53mmol/L、0.46mmol/L和

0.66mmol/L。在20～40cm，2020年各处理与对照相比土壤总碱度不同程度降低，其中G2和S2处理较对照下降显著（$P<0.05$），与对照相比分别下降1.6mmol/L和2.1mmol/L，至2021年，各处理的土壤总碱度与对照相比显著下降（$P<0.05$），其中施用脱硫石膏（G1、G2）和硫黄处理（S1、S2）下降最为显著，较对照下降2.5～3.0mmol/L。

由图2-31可知，2022年0～20cm土层深度，仅G2处理的土壤总碱度较2021年有所下降，20～40cm土层深度，G2显著低于（$P<0.05$）对照，但较2021年有所增加。C1、C2和E2处理显著低于（$P<0.05$）对照且较2021年呈下降趋势。经过2020—2022年的改良试验，G2、C1处理在耕层土壤改善效果更好，G2在20～40cm土层深度总碱度2022年较2021年有所升高，但仍处于所有处理中的最低水平。

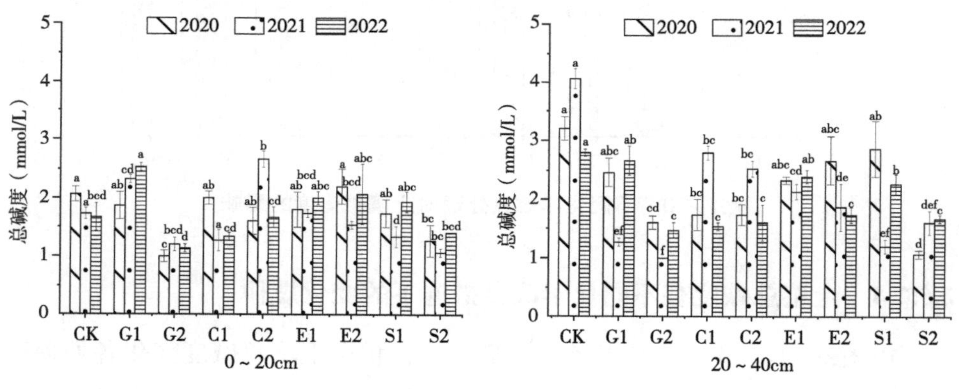

图2-31　不同处理对土壤总碱度的影响

2.5.3　不同化学改良对土壤有机质含量的影响

由图2-32可知，2022年不同化学改良剂调控下，土壤有机质的变化差异明显。在0～20cm土层与对照相比，G1、C1、E1、S1、S2处理较对照增加明显，分别增加0.17%、0.23%、0.4%、0.3%和0.18%，其中E1处理较对照土壤有机质含量提升最大，C2处理土壤有机质含量显著低于对照，其余处理与对照之间无显著性差异。在20～40cm土层，S2处理土壤有机质含量为2.324%，与对照相比显著增加，较对照增加0.83%；S1处理虽未达显著水平，但较对照增加0.27%。整体来看，耕层土壤有机质含量从大到小依次为硫黄处理（S1、S2）>硫酸亚铁处理（E1、E2）>CK>脱硫石膏处理（G1、G2）>过磷酸钙处理（C1、C2）。

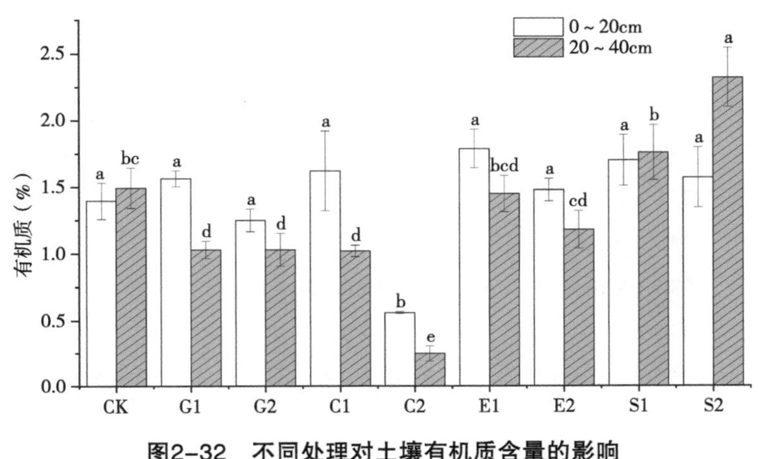

图2-32　不同处理对土壤有机质含量的影响

2.5.4　不同化学改良对作物生长及产量的影响

2.5.4.1　不同化学改良对作物生长的影响

由表2-20可知，施用化学改良后向日葵的株高较对照均有不同程度的提高，其中G1、G2、C1、C2和S1处理的向日葵株高与对照相比显著提高（$P<0.05$），S1处理的向日葵株高达235.3cm，较对照提高27.8%，其次为C2处理的株高为233.8cm，与对照相比提高27%。施用不同化学改良剂后，向日葵的茎粗与对照相比均有不同程度的提高，其中G2、C1、C2和S1处理的向日葵茎粗较对照提高显著（$P<0.05$），C2和G2处理的向日葵茎粗为3.7cm，与CK相比提高32.1%。化学改良剂处理的向日葵叶绿素较对照均有不同程度的提高，G1、G2和E1处理的向日葵叶绿素较对照提高显著（$P<0.05$），其中G2处理的向日葵叶绿素最高为50.9，较对照提高13.4%，其次E1处理叶绿素为50.7，较对照提高12.9%。

表2-20 不同处理对向日葵生长指标的影响

处理	2020年向日葵		
	株高（cm）	茎粗（cm）	叶绿素（SPAD值）
CK	184.1 ± 3.4d	2.8 ± 0.1b	44.9 ± 0.6b
G1	213.6 ± 6.1abc	3.4 ± 0.2ab	50.0 ± 1.4a
G2	218.7 ± 9.6abc	3.7 ± 0.3a	50.9 ± 1.5a
C1	219.6 ± 5.6ab	3.6 ± 0.2a	48.3 ± 4.9ab
C2	233.8 ± 12.0a	3.7 ± 0.3a	48.9 ± 1.0ab
E1	190.3 ± 9.6bcd	3.3 ± 0.2ab	50.7 ± 2.7a
E2	198.9 ± 9.1bcd	3.3 ± 0.2ab	49.5 ± 1.1ab
S1	235.3 ± 11.1a	3.8 ± 0.2a	49.6 ± 1.3ab
S2	194.7 ± 11.7bcd	3.3 ± 0.4ab	48.9 ± 3.7ab

注：表中不同字母表示同列不同处理间在0.05水平差异显著。下同。

由表2-21可知，2021年玉米的生长情况，与对照相比施用化学改良剂显著提高了玉米株高（$P<0.05$），其中S1处理的玉米株高达272.1cm，较对照提高22.7%，其次为C2处理，玉米株高为265.9cm，较对照提高19.9%；由茎粗的变化可以看出，与对照相比化学改良剂添加显著提高了各处理的玉米茎粗（$P<0.05$），其中施用硫黄（S1、S2）处理的玉米茎粗达2.8cm，较对照提高47.3%，E2处理的玉米茎粗达2.7cm，与对照相比提高42.1%。施用化学改良剂均不同程度提高了玉米的叶绿素，除S2处理的玉米叶绿素与对照无显著差异外，其他处理的玉米叶绿素均显著提高（$P<0.05$），其中E2处理提高最为显著，较对照提高24.2%，其次为C2处理，较对照提高21.4%。

表2-21 不同处理对玉米生长指标的影响

处理	2021年玉米			2022年玉米		
	株高（cm）	茎粗（cm）	叶绿素（SPAD值）	株高（cm）	茎粗（cm）	叶绿素（SPAD值）
CK	221.8 ± 2.3d	1.9 ± 0.2c	42.6 ± 0.4c	184.1 ± 3.4d	2.8 ± 0.1b	44.9 ± 0.6b
G1	256.9 ± 1.2bc	2.6 ± 0.1ab	49.0 ± 2.0ab	213.6 ± 6.1abc	3.4 ± 0.2ab	50.0 ± 1.4a
G2	260.2 ± 0.3abc	2.6 ± 0.1a	49.1 ± 1.7ab	218.7 ± 9.6abc	3.7 ± 0.3a	50.9 ± 1.5a

（续表）

处理	2021年玉米			2022年玉米		
	株高（cm）	茎粗（cm）	叶绿素（SPAD值）	株高（cm）	茎粗（cm）	叶绿素（SPAD值）
C1	231.1 ± 0.9d	2.5 ± 0.2ab	48.3 ± 1.0abc	219.6 ± 5.6ab	3.6 ± 0.2a	48.3 ± 4.9ab
C2	265.9 ± 0.6ab	2.6 ± 0.1ab	51.7 ± 0.7ab	233.8 ± 12.0a	3.7 ± 0.3a	48.9 ± 1.0ab
E1	261.2 ± 12.8abc	2.2 ± 0.1b	49.9 ± 2.0ab	190.3 ± 9.6bcd	3.3 ± 0.2ab	50.7 ± 2.7a
E2	250.7 ± 2.3c	2.7 ± 0.1a	52.9 ± 4.2a	198.9 ± 9.1bcd	3.3 ± 0.2ab	49.5 ± 1.1ab
S1	272.1 ± 1.9a	2.8 ± 0.1a	50.8 ± 0.4ab	235.3 ± 11.1a	3.8 ± 0.2a	49.6 ± 1.3ab
S2	260.3 ± 1.2abc	2.8 ± 0.1a	45.6 ± 2.0bc	194.7 ± 11.7bcd	3.3 ± 0.4ab	48.9 ± 3.7ab

从2022年玉米的生长情况来看，与对照相比。施用化学改良剂显著提高了玉米株高（$P<0.05$），其中S1处理的玉米株高达235.3cm，较对照提高27.81%，其次为C2处理，玉米株高为233.8cm，较对照提高27%；由茎粗的变化可以看出，与对照相比化学改良剂添加显著提高了各处理的玉米茎粗（$P<0.05$），其中S1处理的茎粗达3.8cm，较对照提高了1cm，C2和G2处理较对照提高了0.9cm。施用化学改良剂均不同程度提高了玉米的叶绿素，其中G2、E1和G1处理的提升效果显著（$P<0.05$），分别较对照提升了13.36%、12.92%和11.36%。其余处理较对照虽有提升但未达到显著水平。

2.5.4.2　不同化学改良对作物产量的影响

由表2-22可知，施用化学改良剂后向日葵单盘粒重较对照显著提高（$P<0.05$），其中S2处理的向日葵单盘粒重最大为280g，较对照提高31.3%，其次为G2处理，与对照相比提高30.2%。根据施用化学改良剂后向日葵百粒重变化可以看出，与对照相比各处理的向日葵百粒重显著增加（$P<0.05$），其中脱硫石膏添加（G1、G2）处理的向日葵百粒重较对照增加显著，较对照分别增加12.2%和14.2%。施用化学改良剂均不同程度地提高了向日葵理论产量，不同化学改良剂增产效果从大到小排列为硫黄>脱硫石膏>硫酸亚铁>过磷酸钙，各处理平均增产37.7%。

表2-22　不同处理对向日葵产量及产量构成指标的影响

处理	2020年向日葵		
	单盘粒重（行）	百粒重（g）	产量（kg/亩）
CK	213.3 ± 20.0b	19.7 ± 1.7a	173.1 ± 16.3c
G1	273.3 ± 26.7a	22.1 ± 2.1a	222.0 ± 21.6ab
G2	277.8 ± 13.3a	22.5 ± 0.9a	248.1 ± 13.7ab
C1	266.7 ± 23.4a	20.7 ± 1.9a	215.5 ± 10.8b
C2	262.2 ± 30.6a	22.8 ± 1.3a	246.3 ± 20.1ab
E1	264.4 ± 15.4a	21.2 ± 1.7a	216.8 ± 19.2b
E2	268.9 ± 21.4a	21.6 ± 0.2a	248.7 ± 18.8ab
S1	266.7 ± 20.4a	21.0 ± 3.7a	250.1 ± 28.7ab
S2	280.0 ± 24.0a	21.7 ± 2.2a	259.5 ± 22.3a

根据施用化学改良剂下玉米产量及产量构成要素的变化可知（表2-23），化学改良剂添加均提高了玉米产量及产量构成要素。2021年，施用过磷酸钙（C1、C2）和硫黄（S1、S2）处理的玉米穗行数提高明显，尤其S1处理的玉米穗行数较对照提高11.4%，达差异显著性水平。G2、C2、E1、E2和S2处理的玉米行粒数较对照显著提高（$P<0.05$），分别提高26.8%、24.4%、19.9%、22.7%和25.1%。与对照相比，各处理的玉米百粒重均不同程度提高，除G2处理与对照无显著差异外，其他处理的玉米百粒重较对照均显著提高（$P<0.05$），其中S2处理玉米百粒重达42.4g，较对照提高20.1%。与对照相比，施用化学改良剂均显著提高了玉米的理论产量，其中S2处理的玉米理论产量达870.4kg/亩，较对照提高59.2%。不同化学改良剂增产效果从大到小排列为硫黄>硫酸亚铁>过磷酸钙>脱硫石膏。

在2022年，与对照相比，G1处理的玉米穗行数提升显著（$P<0.05$），提升12.24%，其他处理与对照没有显著性差异。G1、G2、C2、E1和S1处理的玉米行粒数较对照显著提高（$P<0.05$），分别提高9.9%、10.8%、13.3%、9.9%和10.8%。与对照相比，各处理的玉米百粒重均不同程度提高，并且提升皆达显著水平（$P<0.05$），其中E1的百粒重提升最显著。与对照相比，施用化学改良剂均显著提高了玉米的理论产量，其中C2处理的

玉米理论产量达875.5kg/亩，较对照提高了41.76%，不同化学改良剂增产效果从小到大排列为硫黄<硫酸亚铁<脱硫石膏<过磷酸钙。2022年玉米产量与2021年相比，除硫黄（S1、S2）处理产量有所下降外，其余处理产量皆有不同程度的提升。

表2-23　不同处理对玉米产量及产量构成指标的影响

处理	穗行数（行）	行粒数（粒）	百粒重（g）	产量（kg/亩）
	2021年玉米			
CK	14.9 ± 0.2b	28.7 ± 0.8b	35.3 ± 1.7c	546.8 ± 30.3c
G1	15.7 ± 0.5ab	33.0 ± 1.5ab	41.2 ± 1.3ab	769.2 ± 56.8ab
G2	15.7 ± 0.3ab	36.4 ± 1.0a	38.5 ± 0.2bc	791.8 ± 24.3ab
C1	15.7 ± 0.4ab	33.6 ± 0.8ab	39.4 ± 1.0ab	747.1 ± 17.9ab
C2	15.9 ± 0.1ab	35.7 ± 1.5a	40.5 ± 0.9ab	828.4 ± 55.1a
E1	15.1 ± 0.1b	34.4 ± 1.3a	39.8 ± 1.1ab	747.6 ± 38.0ab
E2	15.9 ± 0.4ab	35.2 ± 1.2a	41.2 ± 0.9ab	830.2 ± 39.7a
S1	16.6 ± 0.2a	33.7 ± 1.8ab	39.7 ± 0.8ab	798.9 ± 25.3ab
S2	15.8 ± 0.3ab	35.9 ± 1.6a	42.4 ± 1.1a	870.4 ± 66.6a
	2022年玉米			
CK	14.7 ± 0.3b	32.4 ± 3.0b	37.3 ± 1.2b	617.6 ± 80.1b
G1	16.5 ± 0.3a	35.6 ± 0.3a	41.9 ± 0.2a	871.0 ± 21.0a
G2	15.9 ± 1.2ab	35.9 ± 0.6a	41.2 ± 0.8a	805.3 ± 46.7a
C1	15.9 ± 1.5ab	34.6 ± 1.8ab	42.2 ± 0.6a	805.4 ± 111.7a
C2	15.9 ± 0.3ab	36.7 ± 0.8a	42.1 ± 0.5a	875.5 ± 29.9a
E1	15.7 ± 0.9ab	35.6 ± 1.7a	43.0 ± 1.1a	832.9 ± 12.1a
E2	16.2 ± 0.9ab	34.6 ± 2.1ab	41.1 ± 0.7a	815.1 ± 85.6a
S1	15.1 ± 0.4ab	35.9 ± 2.0a	42.3 ± 1.1a	795.5 ± 57.1a
S2	14.9 ± 0.8ab	34.7 ± 0.4ab	42.3 ± 2.2a	758.2 ± 9.6a

2.6　苏打盐碱化耕地改良技术模式集成

2.6.1　不同改良集成模式对苏打盐碱化土壤物理性质的影响

2.6.1.1　不同改良集成模式对土壤容重的影响

由图2-33A可知，在2021年，根据土壤容重的变化规律可以将土壤深度分为0～30cm和30～40cm两个深度范围。在0～30cm，各改良模式处理下的土壤容重整体呈上升趋势，即随着土壤深度的增加，土壤容重也随之增加，其中FG处理在0～30cm深度土壤容重较对照平均降低21.4%。在30～40cm土壤深度，CK、ST和SF改良模式的土壤容重下降明显，其他改良呈上升趋势，其中FF和FG改良模式处理的土壤容重显著低于对照（$P<0.05$），较对照分别降低13.4%和13.7%。通过对各改良模式在0～40cm深度土壤容重的分析可知，整体上，粉垄40cm+改良剂处理的土壤容重小于深松30cm+改良剂处理，土壤容重从小到大排列为FG<FT<FF<FTF<SG<STF<SF<ST<CK。由图2-33B可知，在2022年，0～10cm深度FTF处理的土壤容重最小，SG处理最大；在10～20cm深度，各处理土壤容重皆低于对照，其中ST和STF处理的土壤容重最小，土壤容重分别为1.24g/cm^3和1.25g/cm^3，较对照降低12.41%和12.21%；在20～30cm深度的土壤容重变化差异较大，土壤容重从小到大依次是FF<ST<FTF<SF<FT<STF<SG<CK<FG，FF处理的土壤容重为1.25g/cm^3，较对照降低12.21%；在30～40cm深度土壤容重，深松+改良剂

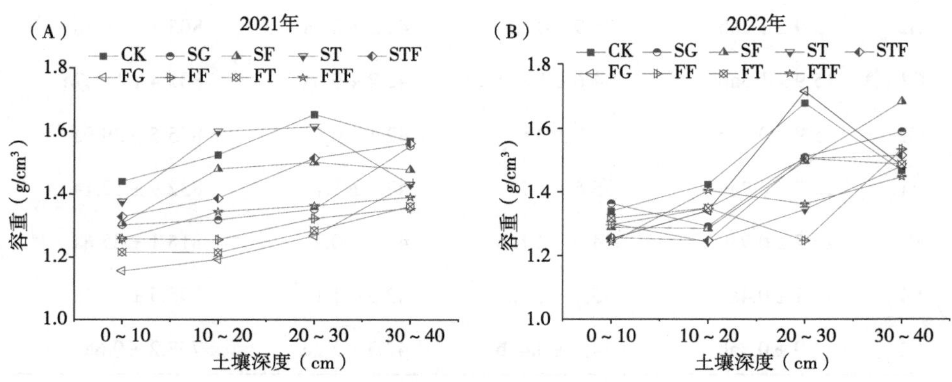

图2-33　不同处理对土壤容重的影响

处理大于粉垄+改良剂处理，仅FTF处理的土壤容重小于对照，其余处理皆高于对照。

2.6.1.2　不同改良集成模式对土壤硬度的影响

由图2-34可知，2021年各改良模式处理的土壤硬度随着土壤深度的增加而加大。SF改良模式在0～40cm土壤硬度明显高于其他处理，除SF外，其他处理之间并无显著差异。2022年，0～40cm土壤硬度深松+改良剂处理低于粉垄+改良剂处理，0～20cm耕层土壤硬度各处理间无显著差异，20～40cm土壤硬度SF和SG处理优于其他处理。

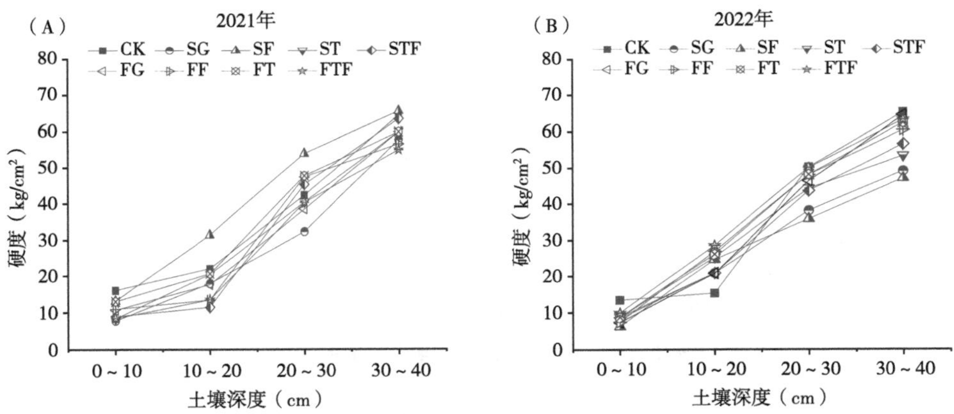

图2-34　不同处理对土壤硬度的影响

2.6.1.3　不同改良集成模式对土壤孔隙度的影响

由图2-35A可知，在2021年根据土壤孔隙度的变化规律可以将土壤深度分为0～30cm和30～40cm两个深度范围。在0～30cm，整体上各改良模式处理的土壤孔隙度呈下降趋势，即随着土壤深度的增加，土壤孔隙度逐渐下降，其中FG处理在0～30cm深度土壤孔隙度较对照平均提高30.2%。在30～40cm土壤深度，除CK、ST和SF改良模式的土壤孔隙度有所上升外，其他改良均呈下降趋势，其中FF和FG改良模式处理的土壤孔隙度显著高于对照，较对照分别提高19.8%和19.3%。通过对各改良模式在0～40cm深度土壤孔隙度的分析可知，整体上，粉垄40cm+改良剂处理的土壤孔隙度大于深松30cm+改良剂处理，土壤孔隙度从大到小排列为FG>FT>FF>FTF>SG>STF>SF>ST>CK。由图2-35B可知，2022年根据土壤孔隙度的变化规律可以将土壤深度分为0～20cm和20～40cm两个深度范围。在0～20cm，整体上各改良模式处理的土壤孔隙度呈下降趋势，即随着土壤深度的增加，土壤孔隙度逐渐下降。在0～10cm深度，FTF和FG处理土壤孔隙度高于对照及其他处理，但未达显著水平。10～20cm深松处理的土壤孔隙度上升较大且优于粉垄处理。20～40cm深度，粉垄处理的土壤孔隙度优于深松处理。

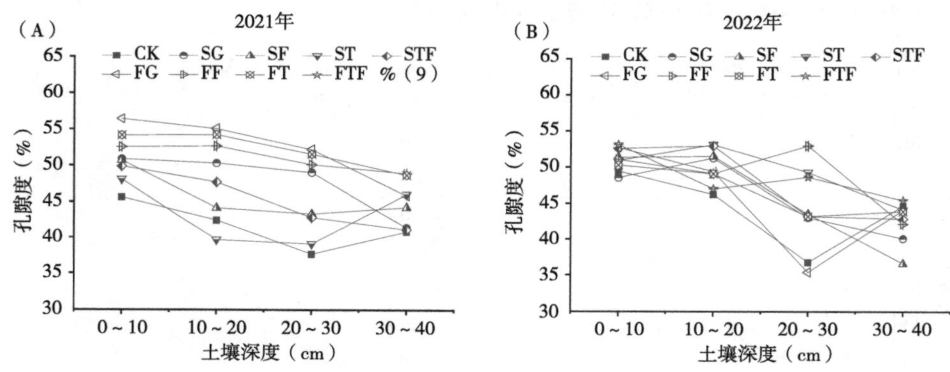

图2-35　不同处理对土壤孔隙度的影响

2.6.1.4　不同改良集成模式对土壤三相比的影响

由图2-36可以看出，在0～10cm土层深度中，不同改良模式均降低了土壤固相比，其中FT和FG处理下降幅度最大，较对照分别下降19.8%和15.7%；不同改良模式处理的土壤液相比较对照均不同程度提高，其中FT、SF、FG和SG处理的土壤液相比提高显著，较对照分别提高64.6%、51.1%、49.4%和45.1%；除SG和SF处理的土壤气相比较对照降低外，其他改良模式均不同程度地提高了土壤气相比，其中STF和FG处理土壤气相比较对照分别提高10.2%和13.2%。在10～20cm，除ST处理的土壤固相比较对照略有提高外，其他改良模式均不同程度降低，其中FG和FT处理下降幅度最大，较对照分别下降21.9%和20.4%；不同改良模式均提高了土壤液相比，其中FG和FT处理的土壤液相比提高明显，较对照分别提高62.3%和49.7%；除SF和ST处理的土壤气相比较对照有所降低外，其他改良模式均不同程度提高，其中FF处理的土壤气相比与对照相比增长幅度最大，较对照提高22.1%。20～30cm土层深度，不同改良模式的土壤固相比与对照相比均不同程度降低，其中FG和FT降低幅度最大，较对照分别下降23.3%和22.3%；土壤液相比各处理之间与对照之间差异显著，其中SG、FG、FF和FT改良模式的土壤液相比较对照提高，FG提高幅度最大，较对照提高26.6%，其他改良模式较对照不同程度下降；不同改良模式均提高了土壤气相比，其中FTF的土壤气相比提高幅度最大，较对照提高76.4%。30～40cm土层深度，不同改良模式的土壤固相比与对照相比均不同程度降低，其中FF和FT处理降低幅度较大，较对照分别下降13.7%和13.3%；与对照相比，各改良模式均提高了土壤液相比，其中在ST中，土壤液相比提高幅度最大，较对照提高72.2%；与对照相比，各改良模式的土壤气相比并无显著趋势，SG、ST和FF处理的土壤气相比较对照不同程度降低，其他改良模式不同程度提高，其中FTF处理较对照提高12%。

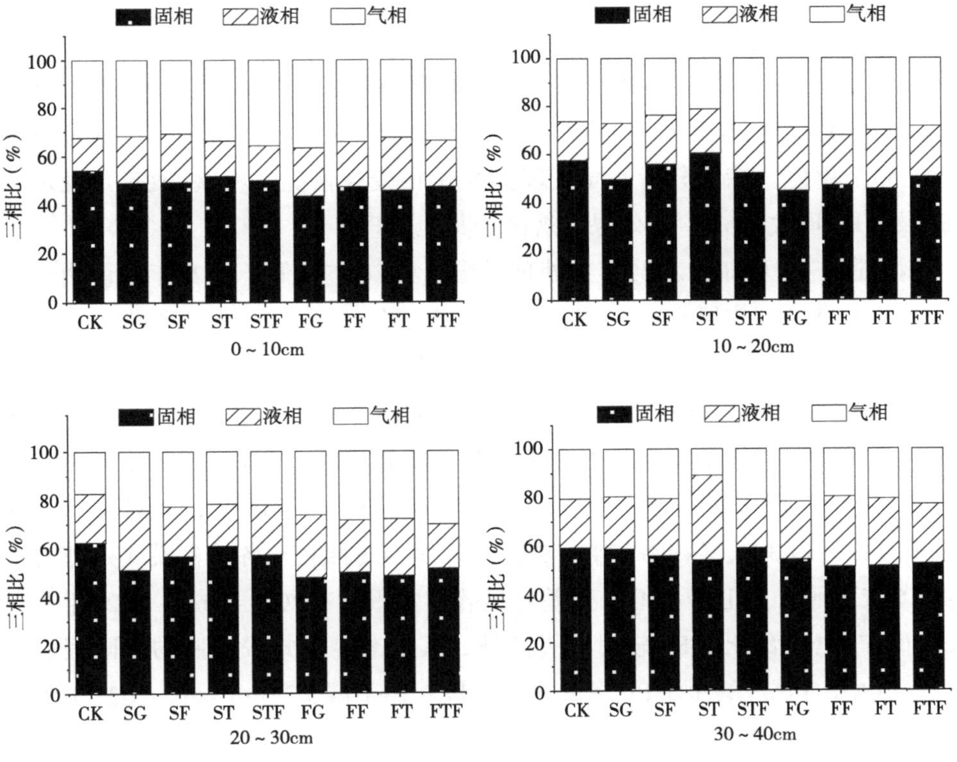

图2-36　不同处理对土壤三相比的影响

2.6.2 不同改良集成模式对苏打盐碱化土壤化学性质的影响

2.6.2.1 不同改良集成模式对土壤pH值和EC的影响

由图2-37可知，经过2021年的改良，各处理的耕层土壤pH值整体呈上升趋势，但并无显著差异，其中在0～20cm，FG处理上升幅度最大，较2020年上升0.98个单位；在20～40cm，STF和FG处理上升幅度较大，较2020年分别上升0.93个单位和0.89个单位。各处理在不同年份和不同土层深度存在显著差异，0～20cm深度，FG处理的土壤pH值在2020年和2021年较对照存在显著差异，pH值分别为7.47和8.45，较对照处理显著降低。在20～40cm，FG处理的土壤pH值在2020年和2021年均显著低于对照。整体上，2021年各改良模式处理的土壤pH值虽较2020年有所提高，但提高并不明显，且与当年对照相比均不同程度下降，这表明各改良措施均有明显的降碱作用。2022年根据不同处理土壤pH值变化规律发现，2022年改良后土壤pH值较上一年呈下降趋势，且较对照组下降显著。在0～20cm深度土壤pH值降低最大的是FF和FG处理，分别较对照下降1.86个单位和1.45个单位；20～40cm深度同样是FF和FG处理pH值最低，较对照分别下降了1.64个单位和1.55个单位。综合分析不同处理土壤pH值变化情况，粉垄+改良剂处理的FF及FG处理改善pH值的效果显著高于其他处理。

由图2-37可知，2021年各处理耕层土壤EC整体低于2020年，说明经过一年的改良处理耕层土壤EC呈下降的趋势。在0～20cm，STF和FT处理下降幅度最大，较2020年分别下降0.28mS/cm和0.15mS/cm；在20～40cm，STF和FT处理下降幅度最大，较2020年分别下降了0.49mS/cm和0.26mS/cm。在不同年份和不同土层深度各处理之间存在显著差异，在0～20cm土壤深度，SG、ST、FG和FTF处理在2020土壤EC较对照均显著降低，较对照分别降低49.1%、39.3%、44.7%和49.4%；2021年与对照相比各改良模式处理的土壤EC较对照有所上升，但未达差异显著性水平。在20～40cm，2020年，除STF和FT处理的土壤EC较对照提高外，其他改良模式较对照均不同程度降低，其中SG处理的土壤EC降低显著，较对照下降0.26mS/cm。2022年各处理耕层土壤EC整体高于2021年，说明部分改良剂的持效性在两年左右，第三年降盐能力减弱，但土壤EC仍较对照显著降低。其中0～20cm深度，SG

和FTF处理下降最显著，均较对照下降了0.34mS/cm；20～40cm深度，各处理土壤EC皆显著低于对照，较对照下降0.32～0.46mS/cm，其中FT处理较对照土壤EC下降最显著。综合3年耕层土壤EC分析，2022年SF、FF、FT、FTF处理同比2020年仍有降低，且降盐效果优于其他处理。

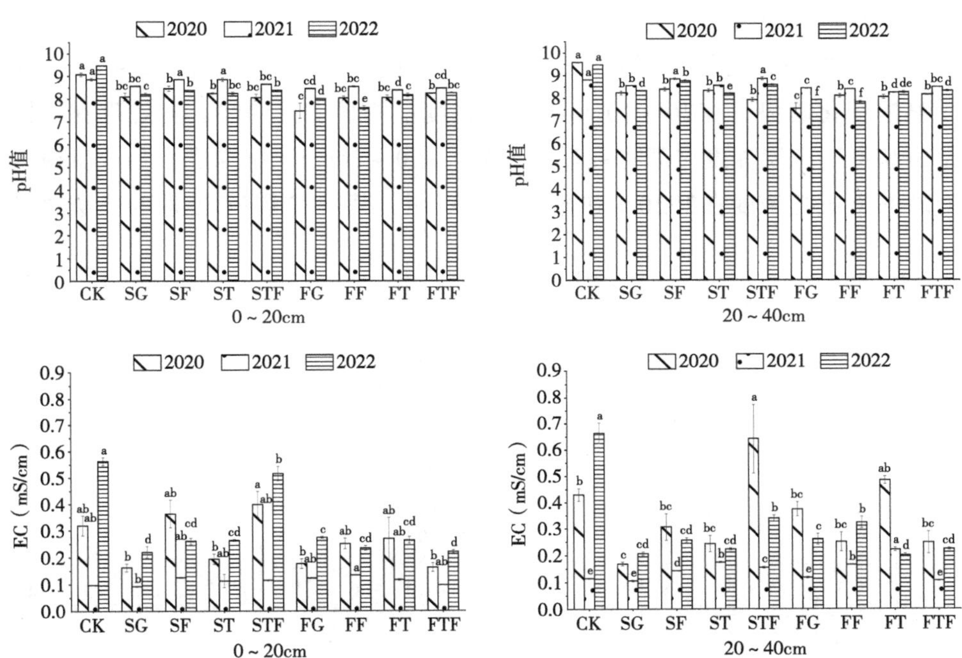

图2-37 不同处理对土壤pH值和EC的影响

2.6.2.2 不同改良集成模式对土壤钠吸收比（SAR）和总碱度的影响

根据图2-38可知，经2021年的改良，耕层土壤SAR整体呈显著下降的趋势。其中在0～20cm，STF处理下降幅度最大，较2020年下降1.29个单位；在20～40cm，FT处理下降显著，较2020年下降1.84个单位。各处理在不同年份和不同土层深度之间存在显著差异，0～20cm深度，2020年和2021年各改良模式处理的土壤SAR显著小于当年对照，其中SG和FTF处理在2020年和2021年较当年对照分别降低61.6%、74.9%和71.5%、7.01%。在20～40cm，2020年各改良模式处理的土壤SAR显著低于对照，其中FTF处理的土壤SAR下降幅度最大，较对照降低0.78%；2021年，除SF和STF处理的土壤SAR较对照上升外，其他改良模式均呈明显下降，其中SG、FG和FT

较对照下降显著。2022年，0～20cm耕层土壤SAR较2021年有所提升，但2020年除SF和FTF处理外，其他处理都有所下降，其中STF、FG、FF处理改善效果优于其他处理；20～40cm土壤SAR较2021年同样有所增加，除SF处理外，其余处理较2020年仍有所降低，处理间除SF处理土壤SAR显著上升外，其他处理间无显著差异。

根据图2-38可知，经过2021年的改良处理，土壤总碱度在0～20cm并无整体变化趋势，在20～40cm土壤总碱度呈明显上升趋势。各处理在不同年份和不同土层深度之间存在显著差异，在0～20cm土壤深度，各改良模式处理的土壤总碱度在2020年均显著低于对照，其中ST和FG处理的土壤总碱

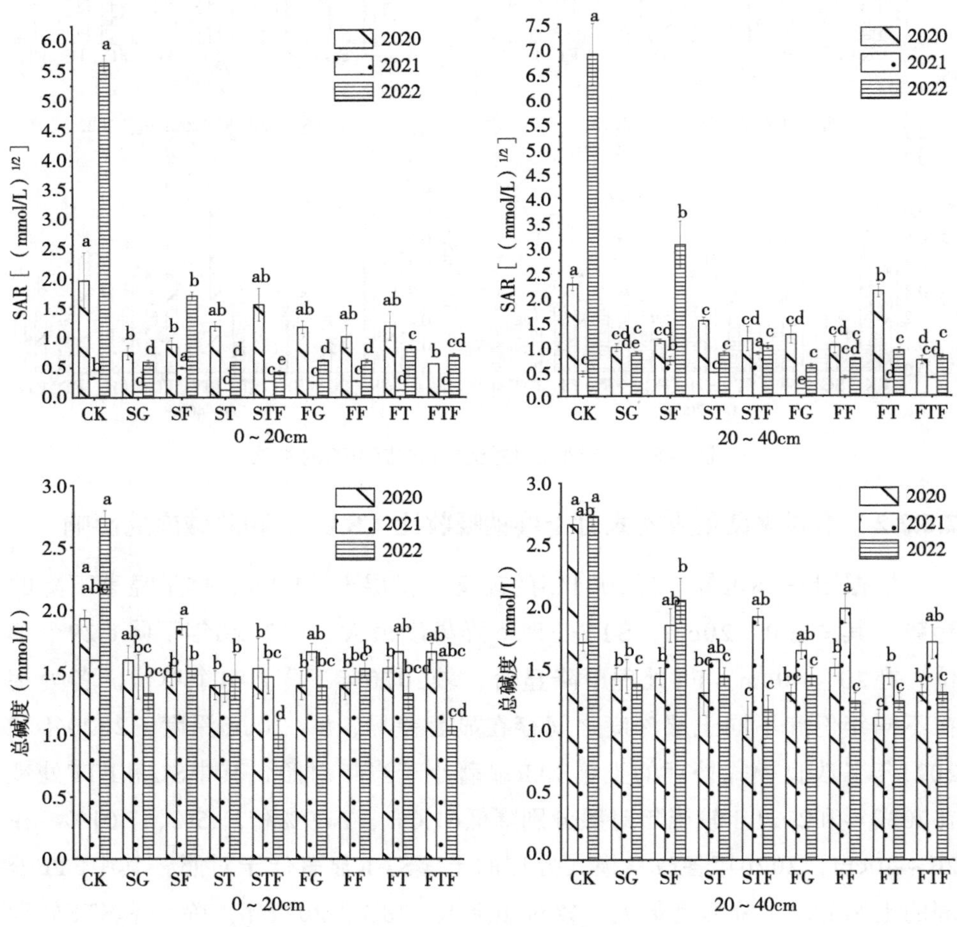

图2-38 不同处理对土壤SAR和总碱度的影响

度下降显著，均较对照下降27.6%；在2021年，ST处理的土壤总碱度与对照相比显著下降，较对照下降16.7%。在20～40cm土壤深度，在2020年各改良模式与对照相比均显著降低了土壤总碱度，其中STF和FT处理较对照显著下降；在2021年各改良模式处理的土壤总碱度与对照之间并无显著差异。2022年，0～20cm耕层各处理较2021年土壤总碱度有增有减，但皆显著低于对照。其中，STF和FTF处理较2021年及对照均降低最显著，分别较2021年降低31.8%和33%，较2022年对照降低63%和61%。在20～40cm土壤深度，除SF处理较2021年土壤总碱度有所升高，其余处理皆较2021年不同程度降低，与2020年相比，SG、FF处理土壤总碱度有所降低，分别较2020年下降4.5%和17.2%，FTF处理较2020年无明显变化。

2.6.2.3 不同改良集成模式对土壤碱化度的影响

由图2-39可知，在0～20cm深度，STF处理3年平均土壤碱化度降低最大，降低了20.5%，SG处理土壤碱化度降低了17.5%，FF及ST处理分别下降了17.3%和17.6%。总的来看，除SF处理外，其余处理之间土壤碱化度降低量差异较小。

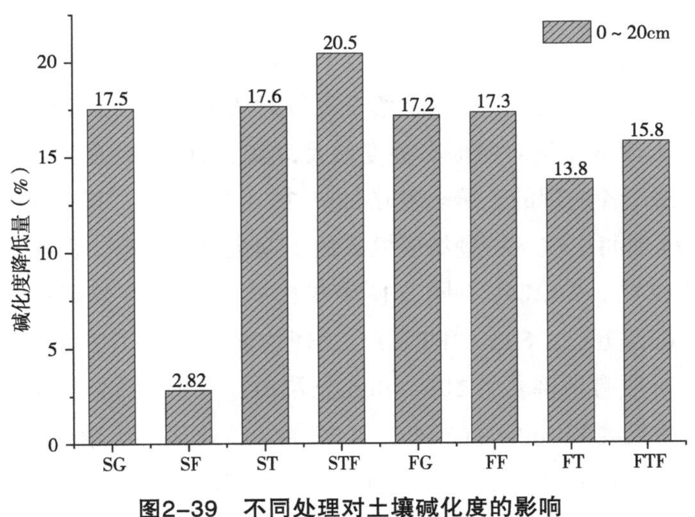

图2-39　不同处理对土壤碱化度的影响

2.6.2.4 不同改良集成模式对土壤氧化还原电位（Eh）的影响

图2-40为不同处理对玉米拔节期土壤Eh的影响，各处理均在适宜范围

内提高了土壤Eh，其中FF和SG较其他处理提升最显著，分别较对照提升了40mV和25.5mV。各处理土壤Eh从大到小依次为FF>SG>FG>FT>ST>STF>SF>FTF>CK。整体分析来看，粉垄+改良剂处理与深松+改良剂处理间并无显著差异。

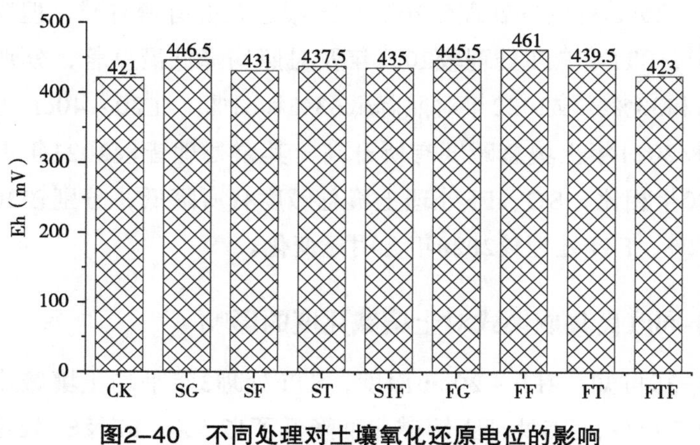

图2-40　不同处理对土壤氧化还原电位的影响

2.6.3　不同改良集成模式对土壤养分变化的影响

由图2-41可知，与对照相比2022年有机物料添加均增加了土壤全氮含量。在0～20cm土层，各处理的土壤全氮较对照增加36.2%～140%，其中FT和FG处理的土壤全氮较对照提高幅度最大，其次为STF处理。在20～40cm深度，与对照相比各处理的土壤全氮增加91.2%～224.2%，其中FG处理提高幅度最大，各处理间比较，粉垄集成模式的土壤全氮含量高于深松集成模式。

与对照相比，2022年不同改良集成模式对土壤有效磷影响具有差异性，在0～20cm土层，STF、FT和FG处理均显著提高了土壤有效磷含量，其余处理较对照有所降低。20～40cm土层SG、FF、FTF、FG处理有效磷含量，较对照提高32.66%～637%。2022年，各处理的土壤速效钾与对照相比存在差异，从0～20cm土层整体分析来看，粉垄集成模式各处理的速效钾含量均较对照有所增加，且达到显著水平，较对照增加4.1%～48.3%，而深松集成模式中较对照有增有减。在0～20cm土层FT处理的土壤速效钾较对照提高幅度最大，其次为FG处理。在20～40cm深度，各处理的土壤速效钾差异显著，FG和FF处理提高幅度显著。与对照相比，2022年，有机物料添加均不同程度提高了耕层土壤的有机质含量，在0～20cm土层深度，不同处理的土壤有机质较对照增加0.66%～2.05%。其中FF和FG处理显著高于其他处理。20～40cm土层深度，不同处理的土壤有机质较对照增加1.21%～3.09%，其中FG处理的土壤有机质较对照增幅最显著。

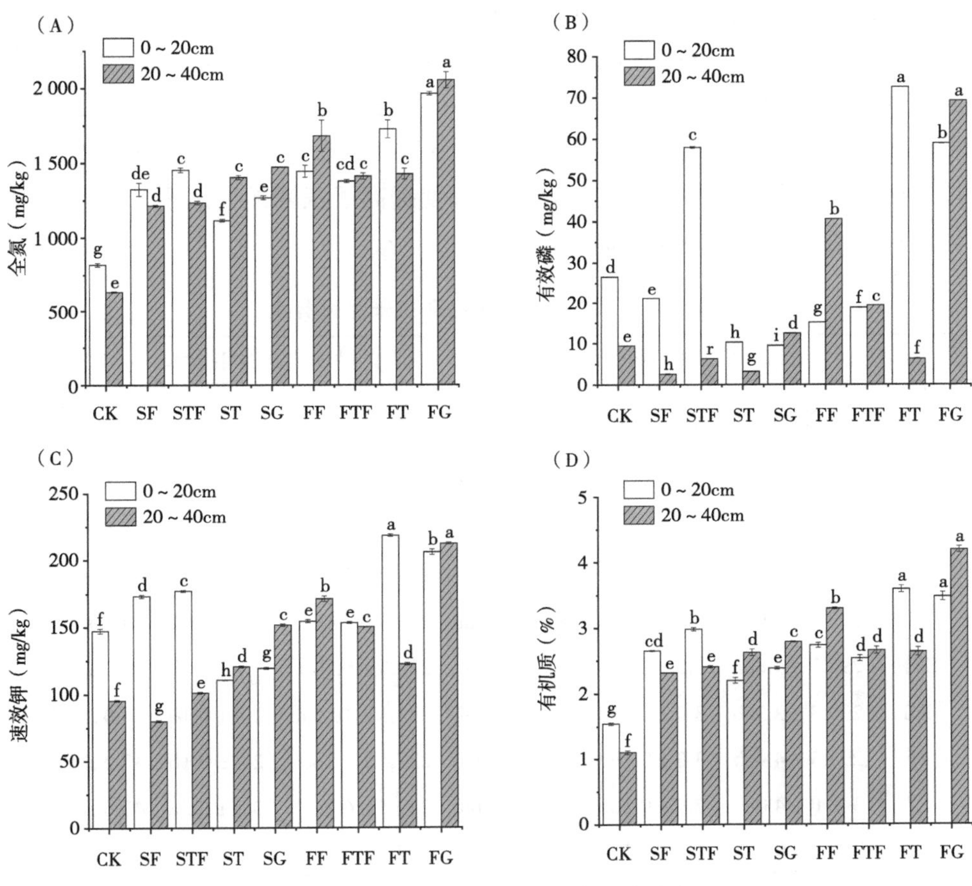

图2-41　不同处理对土壤养分的影响

2.6.4 不同改良集成模式对作物生长和产量的影响

2.6.4.1 不同改良集成模式对作物生长的影响

由表2-24可知，不同集成模式改良的玉米株高较对照均显著提高，其中FT处理的玉米株高与对照相比提高最为显著，较对照提高33.5%，其次为

FTF处理的株高达302cm，与对照相比提高30.9%；经过不同改良模式调控后，玉米的茎粗与对照相比均有不同程度的提高，其中SG、ST、STF和FTF处理的玉米茎粗较对照显著提高，FTF处理的玉米茎粗为3.5cm，与对照相比提高29.6%；不同改良模式的玉米叶绿素与对照并无显著差异。

从2021年玉米的生长情况可以看出，不同改良模式均提高了玉米株高，其中SG、SF、FG和ST处理的玉米株高较对照显著提高，其中FT处理的玉米株高为249.3cm，较对照提高14%；由茎粗的变化可以看出，与对照相比各改良模式均显著提高了玉米茎粗，其中FT处理的玉米茎粗达3.2cm，较对照提高52.4%；各改良模式均不同程度提高了玉米的叶绿素，其中STF处理提高最为显著，较对照提高12.4%。

表2-24　2020年、2021年玉米生长指标

处理	2020年玉米			2021年玉米		
	株高（cm）	茎粗（cm）	叶绿素（SPAD值）	株高（cm）	茎粗（cm）	叶绿素（SPAD值）
CK	230.7 ± 7.4c	2.7 ± 0.1c	57.5 ± 2.1ab	218.7 ± 6.0c	2.1 ± 0.1c	43.5 ± 1.6c
SG	295.3 ± 2.9ab	3.2 ± 0.1ab	54.6 ± 0.9b	243.7 ± 3.2ab	2.6 ± 0.1b	44.6 ± 0.9bc
SF	285.7 ± 3.5b	2.9 ± 0.1bc	54.1 ± 0.6b	247.7 ± 2.3a	2.6 ± 0.1b	47.6 ± 0.3ab
ST	293.3 ± 6.0ab	3.2 ± 0.1ab	57.5 ± 1.2ab	229.3 ± 6.4bc	2.6 ± 0.1b	47.5 ± 1.2ab
STF	294.7 ± 5.8ab	3.2 ± 0.2ab	62.8 ± 2.4a	229.3 ± 0.9bc	2.7 ± 0.1b	48.9 ± 1.5a
FG	299.3 ± 3.3ab	3.0 ± 0.2bc	58.4 ± 1.6ab	243.3 ± 10.5ab	2.8 ± 0.1b	43.0 ± 1.8c
FF	298.3 ± 4.4ab	3.0 ± 0.1bc	57.4 ± 2.4ab	227.3 ± 2.2bc	2.7 ± 0.1b	47.0 ± 1abc
FT	308.0 ± 4.0a	2.9 ± 0.1bc	58.1 ± 1.4ab	249.3 ± 6.2a	3.2 ± 0.2a	47.6 ± 0.8ab
FTF	302.0 ± 9.9ab	3.5 ± 0.1a	61.2 ± 1.6a	227.7 ± 2.8bc	2.8 ± 0.1b	47.9 ± 1.4ab

2.6.4.2　不同改良集成模式对作物产量的影响

由表2-25可知，在2020年和2021年不同改良模式的玉米产量及产量构成要素较对照均不同程度提高，在2020年，不同改良模式处理的玉米穗行数、行粒数和理论产量较对照均显著提高，其中FTF处理对玉米产量和产量构成要素影响最为显著，该处理的玉米穗行数、行粒数和理论产量较对照分别提高8.7%、35.8%和41.6%，对各改良模式处理的玉米理论产量从大到小排序为FTF>STF>FT>FF>SG>ST>SF>FG>CK。2021年各改良模式处理的穗行数均不同程度增加，其中FT和FTF处理较对照均提高5.4%，达差异显著性水平。各改良模式处理的玉米行粒数并无显著差异；通过对百粒重分析发现，除SF处理的玉米百粒重较对照提高外，其他处理均不同程度降低，其中FG、FF和FT玉米百粒重较对照显著降低；不同改良模式处理的玉米理论产量较对照均不同程度提高，未达到差异显著性水平，对各改良模式处理的玉米理论产量从大到小排序为ST>STF>SF>SG>FTF>CK>FT>FF>FG。对年际间玉米产量和产量构成要素比较可以发现，2021年玉米的产量、穗行数和行粒数要明显低于2020年，但百粒重明显提高，一方面2021年按青贮玉米收获，玉米生长时期短于正常生长时期，导致玉米穗行数、行粒数和产量均较低；另一方面由于收获提前，玉米籽粒含水率大于正常收获玉米籽粒含水率，进而造成百粒重之间的差异。

表2-25　2020年、2021年玉米产量及产量构成因素指标

处理	穗行数（行）	行粒数（粒）	百粒重（g）	产量（kg/亩）
	2020年玉米			
CK	20.7 ± 0.7a	30.2 ± 1.5a	29.8 ± 0.9ab	623.1 ± 47.7a
SG	21.9 ± 0.2b	39.7 ± 0.6b	28.9 ± 0.3ab	768.4 ± 10.7b
SF	21.8 ± 0.7b	38.5 ± 0.5b	27.9 ± 0.47ab	726.2 ± 44.2b
ST	21.7 ± 0.3b	38.7 ± 2.4b	29.2 ± 0.8ab	765.2 ± 68.3b
STF	21.7 ± 0.7b	38.9 ± 1.7b	29.9 ± 2.2ab	783.9 ± 71.8b
FG	21.9 ± 0.5b	36.6 ± 1.8b	28.5 ± 0.9a	707.1 ± 47.7b
FF	21.7 ± 0.8b	39.6 ± 0.3b	29.4 ± 1.46ab	772.9 ± 11.1b
FT	22.8 ± 0.3b	39.4 ± 0.8b	28.0 ± 0.8ab	780.5 ± 31.8b
FTF	22.5 ± 0.5b	41.0 ± 1.2b	30.8 ± 1.7b	882.4 ± 69.7c
	2021年玉米			
CK	14.9 ± 0.2b	28.7 ± 0.8b	35.3 ± 1.7c	546.8 ± 30.3
SG	15.0 ± 0.5ab	31.4 ± 0.7bc	33.5 ± 0.4abc	570.8 ± 20.8
SF	14.7 ± 0.3ab	30.6 ± 0.9bc	35.8 ± 1.2a	580.0 ± 24.9
ST	14.8 ± 0.2ab	32.0 ± 0.8bc	34.4 ± 1.0abc	587.5 ± 26.5

（续表）

处理	穗行数（行）	行粒数（粒）	百粒重（g）	产量（kg/亩）
	2020年玉米			
STF	14.4 ± 0.2b	31.9 ± 0.7bc	35.0 ± 0.5ab	582.3 ± 24.4
FG	15.3 ± 0.4ab	31.5 ± 0.9bc	30.7 ± 0.5c	531.7 ± 17.5
FF	15.5 ± 0.2ab	31.5 ± 0.3bc	30.4 ± 0.4c	536.6 ± 10.7
FT	15.7 ± 0.4a	30.9 ± 1.1b	30.9 ± 0.5c	545.7 ± 18.6
FTF	15.7 ± 0.6ab	31.5 ± 0.5bc	31.8 ± 0.8bc	566.3 ± 21.3

由表2-26可知，在2022年不同改良模式的玉米产量及产量构成要素较对照有增有减，但均未达到显著水平。总的来看FT处理对玉米产量和产量构成要素影响最大，该处理的玉米穗行数、行粒数较对照分别提高8.8%、5.2%。对各改良模式处理的玉米理论产量从大到小排序为FT>ST>SF>STF>FG>SG>FF>FTF>CK，分别较2022年对照增产35.4%、33.3%、32.7%、32.3%、31.2%、29.6%、25.7%和20.3%。对年际间玉米产量和产量构成要素比较可以发现2022年玉米的产量、穗行数和行粒数要明显高于2021年，但百粒重有所降低，2022年青贮玉米收获较2021年玉米生长时期缩短，导致玉米穗行数、行粒数较低，百粒重减小，进而影响玉米产量。同比2020年，FTF处理产量有所降低，其余处理产量均不同程度地提升。与2020年对照相比，2022年玉米产量从大到小顺序为FT增产34.2%，ST增产32.1%，SF增产31.6%，STF增产31.1%，FG增产30%，SG增产28.4%，FF增产24.6%，FTF增产19.2%。

表2-26　2022年玉米产量及产量构成因素指标

处理	2022年玉米			
	穗行数（行）	行粒数（粒）	百粒重（g）	产量（kg/亩）
CK	14.7 ± 0.3	32.4 ± 3.0	37.3 ± 1.2a	617.6 ± 80.1b
SG	16.2 ± 0.6	33.4 ± 0.6	32.0 ± 1.6b	800.1 ± 11.4a
SF	16.1 ± 0.2	33.9 ± 3.4	32.6 ± 0.7b	819.7 ± 130.0a
ST	15.9 ± 1	33.8 ± 0.4	33.7 ± 1.5b	823.2 ± 24.8a
STF	15.3 ± 1	33.7 ± 1.9	33.7 ± 1.3b	816.9 ± 87.9a
FG	15.8 ± 0.7	33.4 ± 1.6	32.3 ± 0.9b	810.1 ± 61.9a

（续表）

处理	2022年玉米			
	穗行数（行）	行粒数（粒）	百粒重（g）	产量（kg/亩）
FF	16.1 ± 0.9	32.8 ± 0.6	31.8 ± 2.1b	776.4 ± 8.0a
FT	16.0 ± 0.5	34.1 ± 0.7	33.0 ± 5.0b	836.0 ± 82.6a
FTF	15.5 ± 0.4	32.2 ± 2.0	32.2 ± 1.7b	742.7 ± 13.1a

2.7 本章小结

经过3年的田间土壤改良试验研究，苏打盐碱化耕地有机物料改良、化学改良、耕作改良及集成模式改良，能够有效改善土壤理化性质，提高作物产量，但不同改良措施存在差异。根据研究结果，不同盐碱程度盐碱化耕地土壤适宜改良技术为，轻度苏打盐碱化土壤，不需要添加改良剂，主要是对土壤性质及养分的改善，推荐技术1：施用腐殖酸400kg/亩，推荐技术2：腐熟牛粪5m^3/亩；中度苏打盐碱化土壤改良，推荐技术3：施用脱碱3号1.5t/亩；重度苏打盐碱化土壤改良，推荐技术4：脱碱3号1.5t/亩+腐殖酸400kg/亩。通过对不同盐碱程度耕地土壤适宜改良技术实施，苏打盐碱化耕地土壤耕层（0～20cm）轻度盐碱化耕地，中、重度盐碱化耕地改良后pH值平均降低0.76个单位，碱化度降低16.2%，有机质增加0.25%，玉米产量提高25%。

苏打盐碱化耕地有机物料改良，施用脱碱3号2t/亩（T2）和黄腐酸0.2kg/亩（H1）为推荐措施。综合有机物料改良效果，耕层0～20cm土壤pH值降低0.65～0.85，土壤碱化度降低23.3%～27.3%，土壤有机质增加为0.83%～0.91%，提高作物产量41.1%～45.9%。苏打盐碱化耕地有机物料改良，推荐施用过磷酸钙60kg/亩（C2）和脱硫石膏1.2t/亩（G2）。综合化学改良效果，耕层0～20cm土壤pH值降低0.12～1.14个单位，碱化度降低13.17%～34.8%，向日葵增产28.3%～42.3%，玉米产量较对照增产30.0%～41%。化学改良措施在提高土壤有机质含量方面较其他处理无优势，应搭配其他有机肥予以补充。

苏打盐碱化耕地耕作改良推荐深松30cm和粉垄40cm+脱碱3号1.5t/亩

（FT2），但建议深松搭配改良物料补充养分和有机质等。综合耕作改良效果，耕层0～20cm土壤pH值降低0.15～0.55，碱化度降低2.3%～12.3%，有机质平均提高0.78%～0.98%，产量提高15%～31.5%。

苏打盐碱化耕地改良技术模式，推荐深松30cm+脱碱3号1.5t/亩+腐殖酸400kg/亩（STF）、粉垄+脱碱3号1.5t/亩（FT）和粉垄+脱碱3号1.5t/亩+腐殖酸400kg/亩（FTF）。苏打盐碱化耕地改良技术模式改土增产效果显著，土壤耕层（0～20cm）pH值降低0.7～1.07，土壤耕层0～20cm碱化度降低15.6%～20.46%，有机质增加1.1%～2.05%，玉米产量增加19.2%～34.2%，平均增加26.7%。

3 秸秆还田技术及粮—经—饲（草）轮作模式研究

3.1 秸秆还田及粮—经—饲（草）轮作模式研究试验设计

3.1.1 盐碱地秸秆还田与有机肥增施改土增产技术研究试验设计

西辽河平原盐碱化耕地土壤理化性状差、碱化度高、pH值高、肥力贫瘠、耕层浅薄，造成作物产量和效益明显下降以及秸秆还田存在较多问题，如腐解慢、利用率低、产生有害物质；尤其在东北地区秋季整地时间短、冬季漫长、早春低温冷凉、土壤含水量低等自然限制因素造成的秸秆腐解慢、秸秆还田后“埋不严、压不实”影响出苗以及造成秸秆还田效果差，常规的秸秆还田方式并不能有效培肥地力。因此，如何优化作物秸秆还田方式与快速腐解技术，缓解秸秆还田对作物生长和生态环境的负面影响，筛选出最适合当地的秸秆还田模式，以解决区域秸秆资源利用的实际问题及苏打盐碱化土壤“瘦、板、生、冷”的问题。

试验采用大区对比试验设计，共设置8个处理，分别为秸秆不还田（CK）、单施有机肥（Y）、根茬（40cm）直接还田（G40）、根茬（40cm）+有机肥还田（GY40）、秸秆直接还田（J）、秸秆直接还田+有机肥（JY）、秸秆堆沤腐解还田（JD）、秸秆堆沤腐解还田+有机肥（JYD），每个小区面积为4.8m×90m=432m^2，试验区面积5.20亩，试验所用有机肥为当地农民自然腐熟的牛粪，秸秆为当季玉米收获后的秸秆，化肥为玉米复合肥，试验于2020年10月15日玉米收获后采取上述不同秸秆还田方式处理。

3.1.2 粮—经—饲（草）轮作方式控盐增产技术研究

西辽河灌区连年种植玉米且种植结构单一，引起土壤耕层变浅、土壤有机质在表层富集、土壤容重变大、土壤肥力持续下降以及在浅埋式滴管条件下的土壤次生盐碱化日趋严重，尤其对作物正常的生长发育产生严重威胁，造成作物产量下降、效益低的现状。通过筛选适宜苏打盐碱化耕地种植的粮、经、饲（草）作物种类，以玉米、甜菜、向日葵、牧草（青贮玉米、高丹草、朝牧1号）为研究材料，研究粮—经—饲（草）轮作方式对土壤改良与作物增产两个方面的影响，通过分析各自的产量及经济效益，优化轮作方式和种植制度，筛选出适合苏打盐碱化耕地农牧业发展的最优轮作模式，探索适合苏打盐碱化耕地“粮—经—饲（草）”三元种植结构耦合控盐增产模式，为当地土壤改良和农业的持续发展提供理论依据。

试验采用大区对比试验设计，共设置6种轮作模式，分别为青贮玉米—大豆—玉米（A）、大豆—青贮玉米（B）、高丹草—向日葵（C）、朝牧1号—高丹草（D）、甜菜—朝牧1号（E）、甜菜—甜菜（CK）。每种模式面积4.80m × 90m=432m^2，试验区面积4亩，试验于2020年4月30日种植，2020年10月15日收获。采取条播种植，播种量分别为朝牧1号45kg/hm^2、高丹草60kg/hm^2、大豆60kg/hm^2、青贮玉米60kg/hm^2。

3.2 粮—经—饲（草）轮作方式控盐增产技术研究

3.2.1 不同作物农艺性状、产量及经济效益变化

3.2.1.1 不同饲草作物产量变化分析

由表3-1饲草作物产量变化来看，朝牧1号一年收割两茬产量最高，达6 833.28kg/亩，其次是高丹草，一年收割两茬产量达5 804.24kg/亩，青贮玉

米产量最低；而从含水量来看，青贮玉米水分含量最高，朝牧1号最低。

表3-1　不同饲草作物产量

作物	年份	鲜重（kg/亩）	含水量（%）	干重（kg/亩）
朝牧1号	2020年	7 452.61 ± 730.57	76.84	1 726.11
	2021年	6 213.91 ± 452.38	72.76	1 802.03
高丹草	2020年	6 482.13 ± 1 356.87	79.04	1 358.43
	2022年	5 126.34 ± 562.18	70.12	1 237.90
青贮玉米	2020年	3 432.83 ± 717.92	87.59	426.02
	2021年	3 455.57 ± 347.85	80.22	691.11

3.2.1.2　不同饲草营养成分的变化分析

从表3-2可以看出，朝牧1号和高丹草的粗蛋白、中性纤维、酸性纤维含量显著高于青贮玉米，且差异达显著水平；而青贮玉米的粗脂肪、粗纤维含量高于朝牧1号和高丹草；灰分和钙含量三者差异不显著。

表3-2　不同饲草营养成分

作物	年份	粗蛋白（%）	粗脂肪（%）	粗纤维（%）	中性纤维（%）	酸性纤维（%）	灰分（%）	钙（%）
朝牧1号	2020年	13.28	3.49	28.70	66.13	54.97	12.18	0.31
	2021年	12.78	3.23	27.21	64.12	51.98	11.86	0.30
高丹草	2020年	12.57	4.07	29.07	66.53	56.30	10.29	0.40
	2022年	12.13	4.12	27.65	60.21	55.82	11.87	0.42
青贮玉米	2020年	9.62	6.62	34.65	41.41	27.73	10.21	0.34
	2021年	10.21	7.87	29.87	44.32	30.21	9.98	0.36

3.2.1.3 不同经济作物产量变化分析

由表3-3可知，大豆产量平均240.76kg/亩，百粒重21.28g；玉米产量平均610kg/亩，百粒重55.60g；从甜菜产量来看，随连作时间的增加，产量逐渐降低，平均2 899kg/亩，含糖率也随连作时间的增加而降低，含糖率为12.26%。

表3-3 不同经济作物产量

年份	大豆		玉米		甜菜	
	产量（kg/亩）	百粒重（g）	产量（kg/亩）	百粒重（g）	产量（kg/亩）	含糖率（%）
2020年	249.26 ± 38.7	21.68 ± 0.51			3 233 ± 232	12.79 ± 1.44
2021年	232.26 ± 15.2	20.87 ± 0.23			2 828 ± 168	12.08 ± 1.02
2022年			610.00 ± 43.65	55.60	2 637 ± 286	11.90 ± 1.12

3.2.1.4 不同作物经济效益分析

由表3-4可知，在总产出方面，不同轮作方式总产出大小顺序为甜菜连作（T-T-T）>大豆—青贮玉米—向日葵处理（D-Q-X）>青贮玉米—大豆—玉米处理（Q-D-Y）>朝牧1号—高丹草—玉米处理（Z-G-Y）>甜菜—朝牧1号—高丹草处理（T-Z-G）>高丹草—向日葵—玉米处理（G-X-Y）；在产投比方面，不同轮作方式产投比大小顺序为大豆—青贮玉米—向日葵处理>青贮玉米—大豆—玉米处理>朝牧1号—高丹草—玉米处理>甜菜连作>高丹草—向日葵—玉米处理>甜菜—朝牧1号—高丹草处理。在利润方面，不同轮作方式利润大小顺序为大豆—青贮玉米—向日葵处理>甜菜连作>青贮玉米—大豆—玉米处理>朝牧1号—高丹草—玉米处理>甜菜—朝牧1号—高丹草处理>高丹草—向日葵—玉米处理，其中大豆—青贮玉米—向日葵处理的利润最高，利润为1 803.900元。因此，本试验中大豆—青贮玉米—向日葵轮作方式的利润最高，能增加经济收益，适合推广。

表3–4 不同作物种植效益分析

处理	产出				投入														
	产量（kg/hm^2）			合计	种子			化肥			人工			其他			总计	产投比	利润（元）
	2020	2021	2022		2020	2021	2022	2020	2021	2022	2020	2021	2022	2020	2021	2022			
T-T-T	3 233.00	2 818.12	2 636.67	4 343.90	80	80	80	150	150	150	200	200	200	400	450	400	2 540	1.71	1 803.90
Q-D-Y	3 432.83	232.26	640.00	3 462.55	60	50	60	150	150	150	150	150	150	350	200	350	1 970	1.76	1 492.55
D-Q-X	249.26	3 455.57	303.00	4 280.10	50	60	50	150	150	150	150	150	150	200	350	250	1 860	2.30	2 420.10
G-X-Y	6 482.13	221.67	610.00	2 999.22	30	50	60	150	150	150	150	150	150	200	250	350	1 840	1.63	1 159.22
Z-G-Y	7 452.61	4 500.02	554.00	3 172.50	40	30	60	150	150	150	150	150	150	200	200	350	1 780	1.78	1 392.50
T-Z-G	1 616.50	6 213.91	4 126.34	3 083.11	80	40	30	150	150	150	200	150	150	400	200	200	1 900	1.62	1 183.11

注：青贮玉米价格420元/t、大豆5.90元/kg、高丹草320元/t、朝牧1号320元/t、甜菜530元/t。

3.2.2 不同轮作方式对土壤物理性质的影响

3.2.2.1 土壤容重变化

如图3-1所示，土壤容重的大小随土层深度的增加逐渐增加。0～5cm土层中，不同轮作方式土壤容重大小为1.47～1.51g/cm^3，相较对照处理（T-T-T）均显著降低（P<0.05），尤其是大豆—青贮玉米—向日葵处理土壤容重降低最为显著，较对照降低5.62%。5～10cm土层中，不同轮作方式土壤容重大小为1.50～1.62g/cm^3，与对照相比均呈显著降低的变化趋势（P<0.05），较对照处理降低2.82%～8.60%，大豆—青贮玉米—向日葵和朝牧1号—高丹草—玉米轮作方式下土壤容重降低的效果最明显。10～20cm土层，不同轮作方式土壤容重大小为1.60～1.67g/cm^3，其中大豆—青贮玉米—向日葵和朝牧1号—高丹草—玉米轮作方式下土壤容重与对照差异达显著水平（P<0.05），分别较对照处理降低4.68%和7.29%，其余轮作方式土壤容重较对照处理土壤容重也呈降低的变化趋势，但与对照处理差异不显著（P>0.05）。20～40cm土层中，不同轮作方式的土壤容重大小为1.68～1.71g/cm^3，其中大豆—青贮玉米—向日葵和朝牧1号—高丹草—玉米轮作方式土壤容重相较对照显著降低，分别较对照处理降低5.63%和5.64%，而其他轮作方式土壤容重较对照处理也呈降低的变化趋势，但与对照处理差异不显著。不同处理对土壤容重改良效果优劣为大豆—青贮玉米—向日葵处

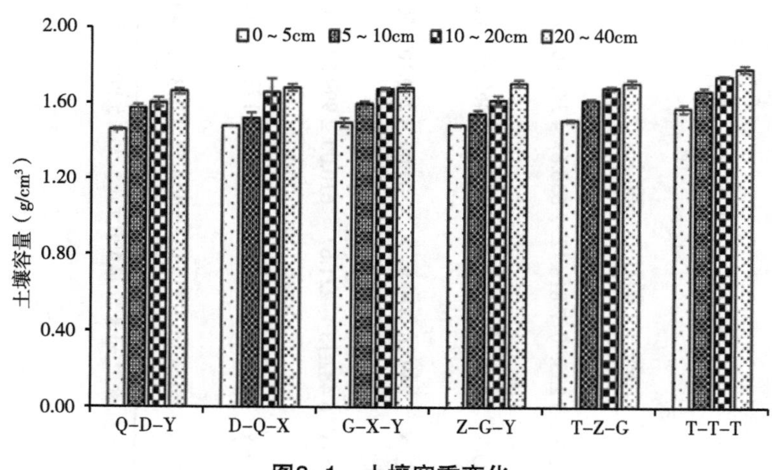

图3-1 土壤容重变化

理最好，依次为朝牧1号—高丹草—玉米处理、高丹草—向日葵—玉米处理、甜菜—朝牧1号—高丹草处理、甜菜连作，整体来看，大豆—青贮玉米—向日葵轮作方式对土壤容重改良效果最佳。

3.2.2.2 土壤孔隙度变化

从不同作物轮作方式下各土层中土壤总孔隙度大小变化特征可以看出（图3-2），各土层中土壤总孔隙度大小随着土层深度的增加逐渐降低。0～5cm土层不同轮作方式土壤总孔隙度大小为43.23%～44.12%，均较对照处理显著增加（$P<0.05$），尤其是青贮玉米—大豆—玉米、大豆—青贮玉米—向日葵轮作方式土壤总孔隙度增加的效果最为明显。5～10cm土层不同轮作方式土壤总孔隙度大小为39.49%～43.32%，均较对照处理显著增加（$P<0.05$），分别较对照处理增加了4.97%～14.76%，其中大豆—青贮玉米—向日葵和青贮玉米—大豆—玉米轮作方式土壤总孔隙度增加的效果最为显著，朝牧1号—高丹草—玉米、高丹草—向日葵—玉米和甜菜—朝牧1号—高丹草轮作方式对土壤总孔隙度增加效果次之。10～20cm土层不同轮作方式土壤总孔隙度大小为36.63%～38.96%，其中青贮玉米—大豆—玉米和朝牧1号—高丹草—玉米轮作对土壤总孔隙度影响差异达显著水平（$P<0.05$），其余处理土壤总孔隙度较对照处理有所提高，但与对照处理差异不显著（$P>0.05$）。20～40cm土层不同轮作方式土壤总孔隙度大小为35.59%～36.43%，同样大豆—青贮玉米—向日葵轮作方式土壤总孔隙度较对照处理显著降低。

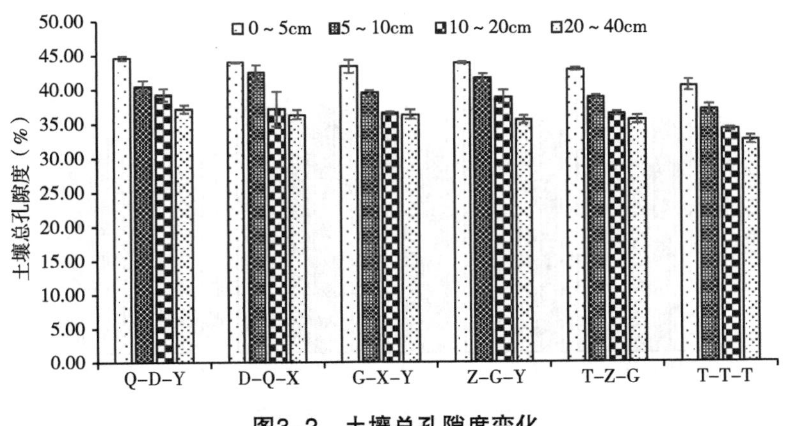

图3-2 土壤总孔隙度变化

整体来看，不同处理对土壤总孔隙度改良效果优劣为青贮玉米—大豆—玉米处理、大豆—青贮玉米—向日葵处理最好，其次为朝牧1号—高丹草—玉米处理、高丹草—向日葵—玉米处理、甜菜—朝牧1号—高丹草处理，甜菜连作最低。

3.2.2.3 土壤水分物理性质变化

不同轮作方式土壤最大持水量大小总体随土层深度的增加呈逐渐降低的变化趋势（图3-3）。0～5cm土层不同轮作方式土壤最大持水量为26.87%～29.98%，均较对照处理显著增加（P<0.05），尤其是大豆—青贮玉米—向日葵轮作方式土壤最大持水量增加的最为显著，甜菜—朝牧1号—高丹草轮作方式土壤最大持水量增加相对较差。5～10cm土层不同轮作方式土壤最大持水量大小为22.82%～26.46%，其中大豆—青贮玉米—向日葵和青贮玉米—大豆—玉米轮作方式土壤最大持水量与对照处理相比显著提高（P<0.05），分别较对照处理提高了20.87%和14.72%，其余处理土壤最大持水量虽有所提高，但与对照处理未达到显著水平（P>0.05）。10～20cm土层不同轮作方式土壤最大持水量大小为19.44%～27.22%，依然是大豆—青贮玉米—向日葵和朝牧1号—高丹草—玉米轮作方式土壤最大持水量增加显著，与对照处理差异达显著水平（P<0.05），分别较对照处理提高了16.29%和11.23%，其他处理与对照差异不显著（P>0.05）。20～40cm土层不同轮作方式土壤最大持水量的大小变化为19.38%～20.22%，不同轮作方式土壤最大持水量较对照处理有所提高，但差异不显著（P>0.05）。

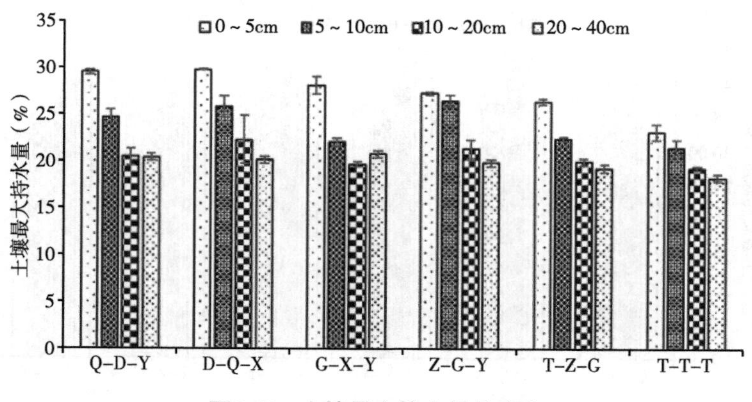

图3-3 土壤最大持水量的变化

不同轮作方式对不同土层土壤最小持水量的影响各不相同（如图3-4）。0～5cm土层不同轮作方式土壤最小持水量大小为16.33%～24.69%，其中大豆—青贮玉米—向日葵和青贮玉米—大豆—玉米轮作方式土壤最小持水量较对照处理提高显著（$P<0.05$），分别提高了46.88%和41.48%，其余处理土壤最小持水量虽有所提高，但差异不显著（$P>0.05$）。5～40cm土层不同轮作方式土壤最小持水量除朝牧1号—高丹草—玉米和青贮玉米—大豆—玉米轮作方式对土壤最小持水量影响最为显著外，其余处理与对照差异不显著（$P>0.05$）。

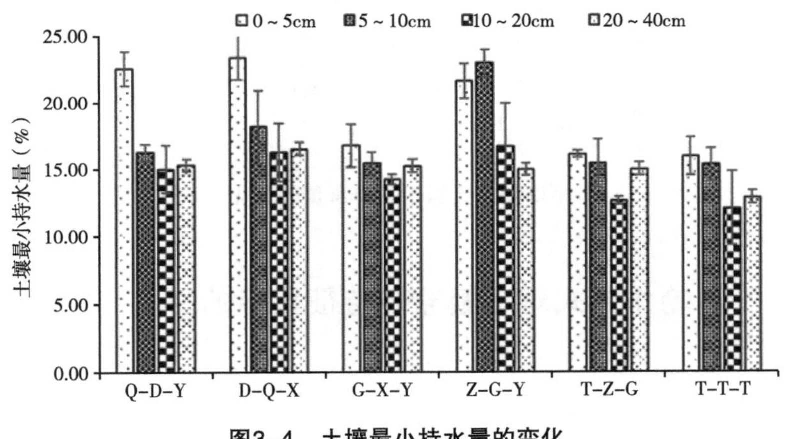

图3-4 土壤最小持水量的变化

不同轮作处理下的土壤毛管持水量大小各不相同，总体上随着土层深度的增加逐渐降低（图3-5）。0～5cm土层不同轮作方式土壤毛管持水量大小为20.23%～26.78%，除高丹草—向日葵—玉米轮作方式外，其余轮作方式土壤毛管持水量均较对照处理显著提高（$P<0.05$），其中大豆—青贮玉米—向日葵和朝牧1号—高丹草—玉米轮作方式土壤毛管持水量增加的最明显，分别较对照提高了33.48%和33.45%，甜菜—朝牧1号—高丹草轮作方式对土壤毛管持水量增加效果次之。5～10cm土层不同轮作方式土壤毛管持水量大小变化范围为17.07%～26.17%，其中朝牧1号—高丹草—玉米轮作方式土壤毛管持水量增加的最显著（$P<0.05$），较对照提高了32.27%；大豆—青贮玉米—向日葵和甜菜—朝牧1号—高丹草轮作方式土壤毛管持水量虽有所提高，但差异不显著（$P>0.05$）。10～20cm土层不同轮作方式土壤毛管持水量大小为15.59%～19.85%，其中朝牧1号—高丹草—玉米和大豆—青贮玉米轮作方式土壤毛管持水量较对照处理显著提高（$P<0.05$），其他轮作方式土壤毛管持水量有所提高但差异不显著。不同轮作处理对20～40cm土层土壤毛管持水量影响最小，均与对照差异不显著（$P>0.05$）。

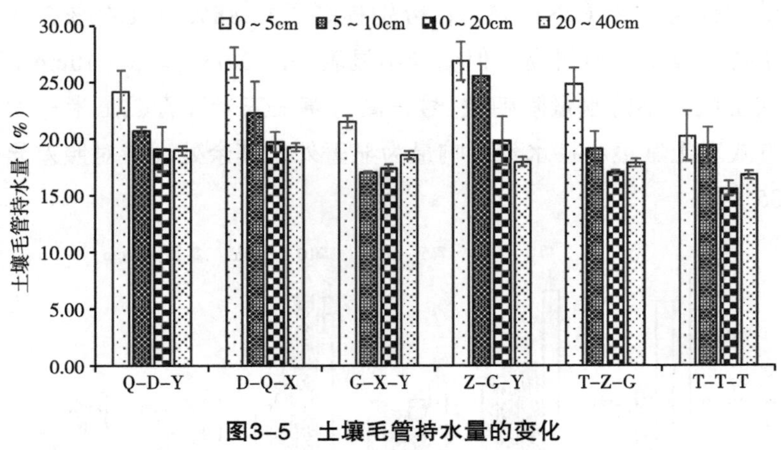

图3–5　土壤毛管持水量的变化

3.2.3　不同轮作方式对土壤盐碱特征指标的影响

3.2.3.1　土壤pH值变化特征

不同轮作方式对0～5cm土层土壤pH值的影响较大（图3–6），而对5～10cm土层土壤pH值的影响较小，其中，朝牧1号—高丹草轮作方式对土

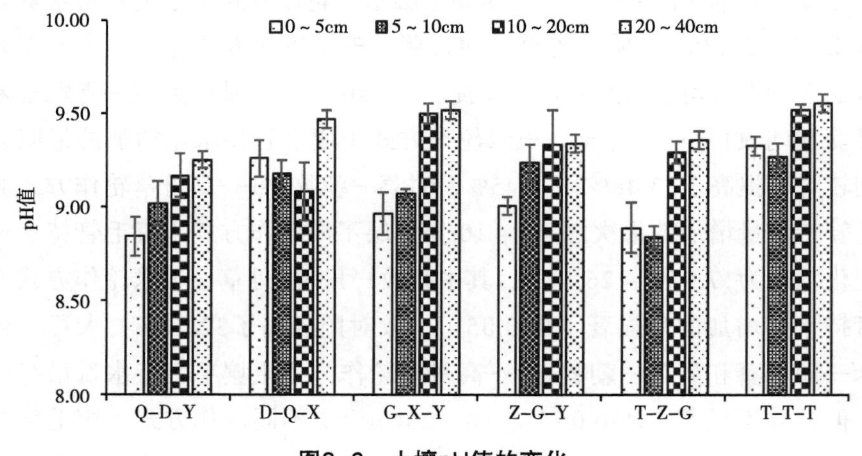

图3–6　土壤pH值的变化

壤pH值的调节能力最优，不同土层分别较对照处理降低了4.54%、3.71%、3.47%和2.56%。不同处理对土壤pH值改良效果优劣依次为青贮玉米—大豆—玉米处理、甜菜—朝牧1号—高丹草处理、朝牧1号—高丹草—玉米处理、大豆—青贮玉米向日葵处理、高丹草—向日葵—玉米处理、甜菜连作。

3.2.3.2　土壤全盐变化特征

土壤表层是作物根系分布生长的重要区域，土壤表层盐分含量及其动态变化将对作物的生长具有重要影响。在土壤中含有适量的盐分可以为植物的生长提供矿质营养，土壤中含有过量的盐分则会限制植物生长。

不同轮作方式各土层土壤全盐含量总体上随着土层深度的增加呈逐渐增加的变化趋势（图3-7），且不同轮作方式均能显著降低不同土层土壤全盐含量（P<0.05）。不同作物轮作方式较对照连作均能降低土壤全盐含量，以朝牧1号—高丹草—向日葵轮作方式对土壤全盐含量降低程度最佳。不同处理对土壤全盐改良效果优劣依次为大豆—青贮玉米—向日葵处理、甜菜—朝牧1号—高丹草处理、青贮玉米—大豆—玉米处理、高丹草—向日葵—玉米处理、朝牧1号—高丹草—向日葵处理、甜菜连作。

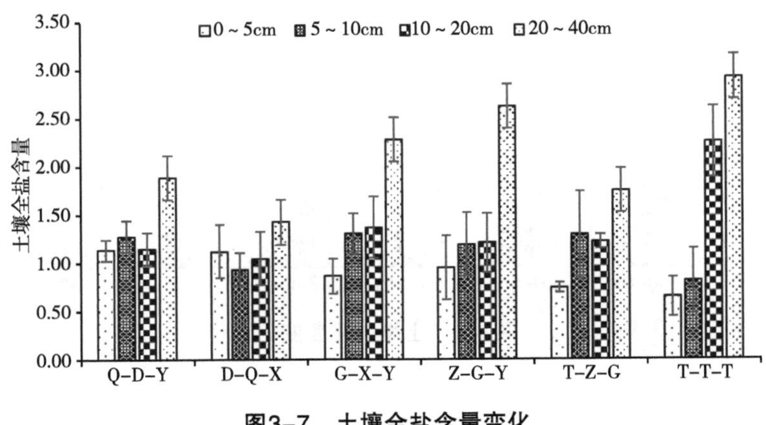

图3-7　土壤全盐含量变化

3.2.3.3　土壤碱化度时间变化特征

不同轮作方式均能降低土壤碱化度，随着土层深度的增加碱化度逐渐增大（图3-8）。0 ~ 5cm土层不同轮作方式土壤碱化度大小为9.68% ~ 17.83%，其中青贮玉米—大豆—玉米、大豆—青贮玉米—向日葵轮作方式土壤碱化度降低程度最明显，与对照处理差异显著（$P<0.05$），分别较对照处理显著降低了36.47%、43.62%。5～10cm土层不同轮作方式土壤碱化度13.67%～20.01%，其中大豆—青贮玉米—向日葵、青贮玉米—大豆—玉米轮作方式土壤碱化度降低幅度最明显，与对照差异显著（$P<0.05$），分别较对照处理降低了25.6%和21.66%，而甜菜—朝牧1号—高丹草、高丹草—向日葵—玉米轮作方式土壤碱化度较对照降低幅度较小，差异不显著（$P>0.05$）。10～20cm土层不同轮作方式土壤碱化度16.78%～25.98%，且不同轮作方式均能显著降低土壤碱化度，其中大豆—青贮玉米—向日葵、青贮玉米—大豆—玉米轮作方式土壤碱化度降低幅度最明显，分别较对照处理降低了35.83%和35.42%。20～40cm土层不同轮作方式对土壤碱化度的程度与10～20cm基本一致，同样是青贮玉米—大豆—玉米、大豆—青贮玉米—向日葵降低的最为显著，分别较对照处理降低了31.61%和30.68%；其他处理均与对照差异未达到显著水平（$P>0.05$）。

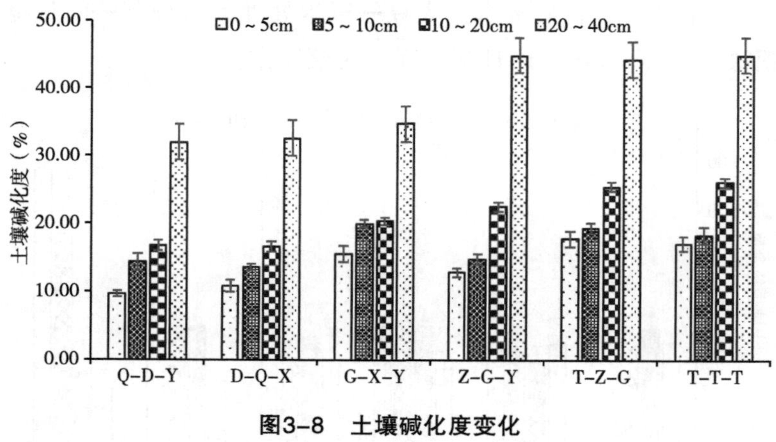

图3-8 土壤碱化度变化

3.2.4 不同轮作方式对土壤养分变化的影响

3.2.4.1 土壤有机质变化特征

不同轮作方式土壤有机质随着土层深度的增加呈先增加后降低的

变化趋势（图3-9）。0～5cm土层不同轮作方式下土壤有机质含量为18.04～18.97g/kg，其中大豆—青贮玉米—向日葵、青贮玉米—大豆—玉米轮作方式土壤有机质含量与对照差异达显著水平（*P*<0.05）。5～10cm土层不同轮作方式土壤有机质的含量为18.01～20.29g/kg，其中大豆—青贮玉米—向日葵轮作方式与对照差异达显著水平（*P*<0.05），较对照提高了12.69%，其余轮作方式土壤有机质含量较对照处理略有提高，但差异不显著（*P*>0.05）。10～20cm土层不同轮作方式下土壤有机质含量为17.025～20.36g/kg，其中大豆—青贮玉米—向日葵轮作方式对提高土壤有机质含量差异显著（*P*<0.05），较对照处理提高了19.61%，其余轮作方式与对照无差异。20～40cm土层不同轮作方式下土壤有机质含量为16.04～18.53g/kg，其中青贮玉米—大豆—玉米轮作方式对提高土壤有机质含量差异显著（*P*<0.05），较对照处理提高了14.49%。

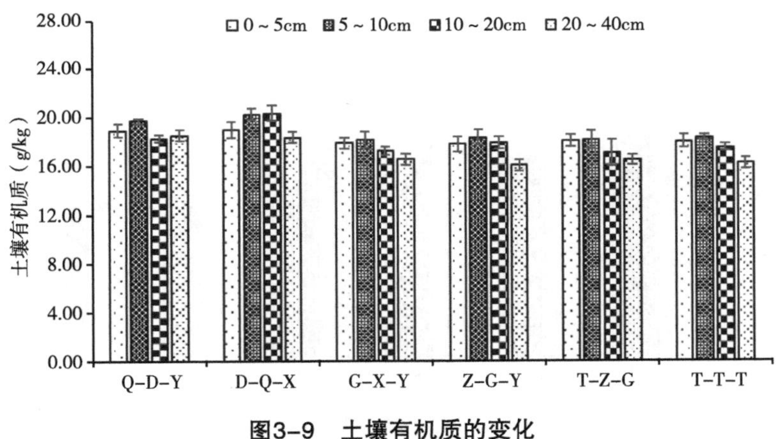

图3-9　土壤有机质的变化

3.2.4.2　土壤全氮变化特征

不同轮作方式土壤全氮随着土层深度的增加呈先增加后降低的变化趋势（图3-10），且大小顺序依次为青贮玉米—大豆—玉米>大豆—青贮玉米—向日葵>高丹草—向日葵—玉米>朝牧1号—高丹草—玉米>甜菜—朝牧1号—高丹草>甜菜连作。0～5cm土层不同轮作方式土壤全氮含量为0.74～1.04g/kg，其中青贮玉米—大豆—玉米>大豆—青贮玉米—向日葵轮作方式较对照分别提高49.67%和40.22%。5～10cm土层不同轮作方式土壤全氮含量为0.72～1.12g/kg，其中青贮玉米—大豆—玉米、大豆—青贮玉米—向日葵轮作方式土壤全氮含量与对照处理差异达显著水平（$P<0.05$），分别较对照提高52.46%和55.56%。10～20cm土层不同轮作方式土壤全氮含量为0.65～1.08g/kg，其中青贮玉米—大豆—玉米、大豆—青贮玉米—向日葵轮作方式土壤全氮含量与对照处理差异达显著水平（$P<0.05$），分别较对照提高了65.38%和59.41%。20～40cm土层不同轮作方式土壤全氮含量为0.65～1.06g/kg，其中青贮玉米—大豆—玉米、大豆—青贮玉米—向日葵轮作处理对土壤全氮含量的影响达显著水平（$P<0.05$），较对照提高了55.34%和53.10。因此，不同轮作方式对5～10cm土层土壤全氮含量增加幅度最大，对20～40cm土层土壤全氮含量增加幅度较小且以大豆—青贮玉米轮作方式对提高土壤全氮含量最为显著，这可能是由于大豆根瘤菌的固氮作用减少了作物对土壤氮素吸收而引起的。

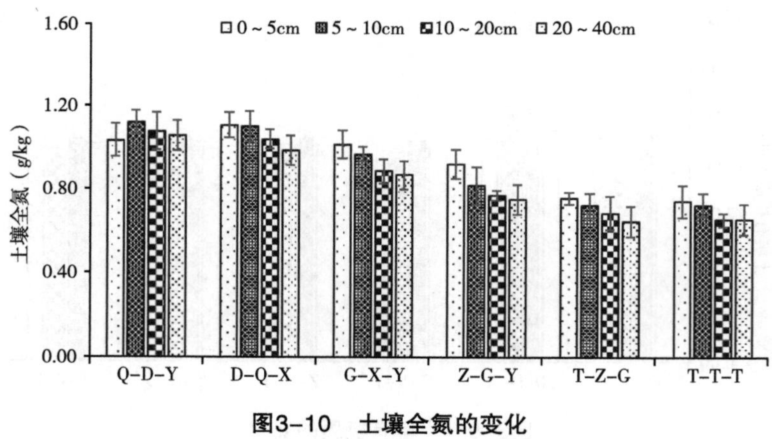

图3-10　土壤全氮的变化

3.2.4.3　土壤碱解氮变化特征

整体来看（图3-11），不同轮作方式土壤碱解氮含量变化大小顺序依次为青贮玉米—大豆—玉米>大豆—青贮玉米—向日葵>朝牧1号—高丹草—玉米>高丹草—向日葵—玉米>甜菜—朝牧1号—高丹草>甜菜连作。0～5cm土层不同轮作方式土壤碱解氮含量为48.78～65.89mg/kg，其中青贮玉米—大豆—玉米和大豆—青贮玉米—向日葵轮作方式土壤碱解氮含量与对照差异达显著水平（$P<0.05$），分别较对照处理提高了35.07%和23.49%。

5～10cm土层不同轮作方式土壤碱解氮含量为49.54～63.49mg/kg，同样以青贮玉米—大豆—玉米和大豆—青贮玉米—向日葵轮作方式土壤碱解氮含量与对照处理差异达显著水平（$P<0.05$），分别较对照提高了28.16%和24.43%，其他处理土壤碱解氮与对照处理未达显著性水平（$P<0.05$）。10～40cm土层中，只有青贮玉米—大豆—玉米轮作方式对土壤碱解氮含量提高达显著水平（$P<0.05$），其他处理间差异不显著（$P>0.05$）。因此，不同轮作方式对5～10cm土层土壤碱解氮含量影响最大，对20～40cm土层土壤碱解氮含量影响较小且以青贮玉米—大豆—玉米和大豆—青贮玉米—向日葵轮作方式对土壤碱解氮含量提高最为显著。

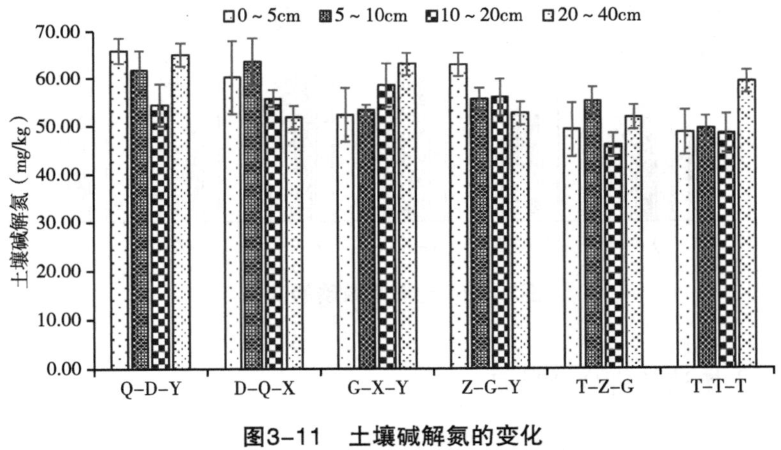

图3-11 土壤碱解氮的变化

3.2.4.4 土壤有效磷变化特征

不同轮作方式的土壤有效磷含量随着土层深度增加呈先升高后降低的变化趋势（图3-12）。0～5cm土层不同轮作方式土壤有效磷含量为14.60～20.00mg/kg，且不同轮作方式土壤有效磷较对照处理提高5.94%～36.98%，其中青贮玉米—大豆—玉米、大豆—青贮玉米—向日葵和甜菜—朝牧1号玉米与对照达显著水平（$P>0.05$），分别较对照处理提高了36.99%、22.83%、10.50%。5～10cm土层不同轮作方式土壤有效磷含量为18.47.00～30.20mg/kg，其中高丹草—向日葵—玉米轮作方式的土壤有效磷含量提高幅度最明显，与对照处理达显著水平（$P<0.05$），较对照处理增

加63.53%，而其他轮作方式与对照差异不显著（$P>0.05$）。10～20cm土层不同轮作方式土壤有效磷含量为21.67～30.47mg/kg。20～40cm土层不同轮作方式土壤有效磷含量为2.33～6.47mg/kg。不同处理对土壤有效磷改良效果优劣依次为高丹草—向日葵—玉米、青贮玉米—大豆—玉米、大豆—青贮玉米—向日葵、朝牧1号—高丹草—玉米、高丹草—向日葵—玉米、甜菜连作。

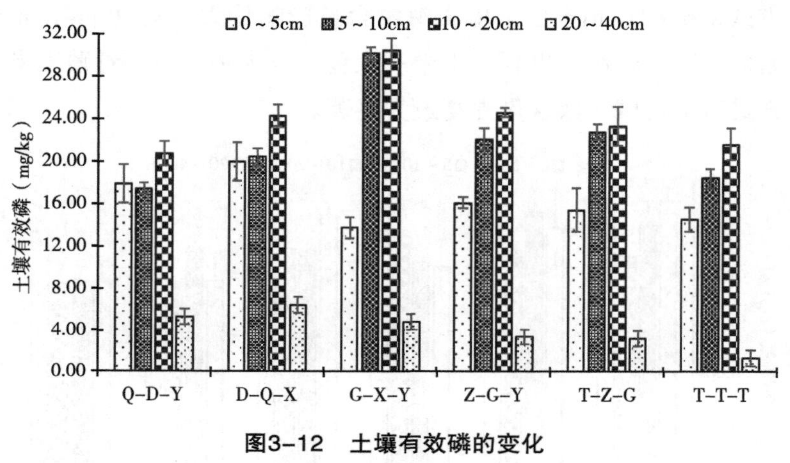

图3-12　土壤有效磷的变化

3.2.4.5　土壤速效钾变化特征

不同轮作方式土壤速效钾含量随着土层深度的增加呈先升高后降低的变化趋势（图3-13）。0～5cm土层不同轮作方式土壤速效钾含量为178.67～191.00mg/kg，且不同轮作方式土壤速效钾较对照处理提高2.23%～13.24%。5～10cm土层不同轮作方式土壤速效钾含量为189.00～221.00mg/kg。10～20cm土层土壤速效钾含量为165.67～195.67mg/kg。20～40cm土层不同轮作方式土壤速效钾含量为161.67～185.33mg/kg。不同轮作方式对5～10cm土层土壤速效钾含量提高的最为显著，对20～40cm土层的土壤速效钾含量提高效果较弱；不同处理对土壤速效钾改良效果优劣依次为甜菜—朝牧1号—高丹草、朝牧1号—高丹草—玉米、大豆—青贮玉米—向日葵、青贮玉米—大豆—玉米、高丹草—向日葵—玉米、甜菜连作。

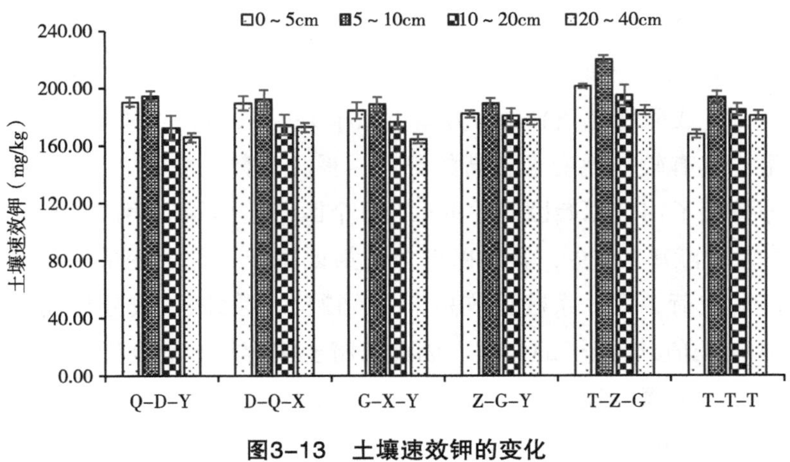

图3–13 土壤速效钾的变化

3.2.5 种植不同作物对土壤改良效果综合评价

由相关性分析可以看出，种植不同作物后土壤的14项指标之间存在一定的相关性，仅凭某一单项指标不能准确评价种植不同类型植物对盐渍化土壤的改良效果，需要多个指标综合评价。因此，需要对种植不同作物后土壤的14个指标，即土壤容重、总孔隙度、质量含水量、最大持水量、田间持水量、毛管持水量、pH值、全盐、碱化度、有机质、全氮、碱解氮、有效磷、速效钾进行因子分析，确定主要影响因子。

3.2.5.1 主成分分析

通过主成分分析，确定几个具有代表性的因子来综合评价其对土壤的改良效果，按照特征值大于1、累计贡献率大于80%来确定主成分个数，其结果表明（表3–5），前4个主成分特征值大于1，累计贡献率92.60%，可解释原14个指标的绝大多数信息，损失量仅为7.40%。第一主成分特征值8.81，方差贡献率62.93%，其中土壤容重、总孔隙度、有效磷、最大持水量、全氮指标在第一主成分中得分系数较大，分别为–0.107、0.107、0.099、0.097、0.094，除容重得分系数为负值外，其余指标得分系数为正值，故第一主成分替代了12个原始因子中的土壤容重、总孔隙度、有效磷、最大持水量、全氮5个因子的作用。第二主成分特征值1.73，方差贡献率13.33%，其中速效钾在第二主成分因子变量中具有较其他变量更高的载荷，得分系数也较高，为0.636，故第二主成分替代了14个原始因子中的速效钾1个因子的作用。第三主成分特征值1.40，方差贡献率9.99%，其中pH值在第二主成分因子变量中具有较其他变量更高的载荷，得分系数也较高，为0.593，故第三主成分替代了14个原始因子中的pH值1个因子的作用。第四主成分特征值1.03，方差贡献率7.35%，其中碱解氮在第四主成分因子变量中具有较其他变量更高的载荷，得分系数也较高，为0.521，故第四主成分替代了14个原始因子中的pH值1个因子的作用。因此可将土壤容重、总孔隙度、有效磷、最大持水量、全氮、速效钾、pH值、碱解氮作为评价种植不同作物对土壤改良效果的特征因子。

表3-5　主成分因子的载荷矩阵和得分系数矩阵

项目	因子载荷矩阵				因子得分系数矩阵			
	1	2	3	4	1	2	3	4
容重	−0.946	0.035	−0.101	0.297	−0.107	0.020	−0.072	0.289
总孔隙度	0.945	−0.037	0.100	−0.296	0.107	−0.021	0.071	−0.288
质量含水量	0.721	0.222	0.500	0.331	0.082	0.129	0.357	0.322
最大持水量	0.858	0.151	0.000	−0.374	0.097	0.087	0.000	−0.364
田间持水量	0.780	0.496	0.364	0.045	0.088	0.287	0.260	0.044
毛管持水量	0.803	0.426	0.395	0.097	0.091	0.247	0.283	0.095
pH值	−0.564	−0.334	0.593	0.283	−0.064	−0.193	0.424	0.275
全盐	−0.773	0.409	0.098	−0.086	−0.088	0.237	0.070	−0.084
碱化度	−0.892	0.309	0.172	0.004	−0.101	0.179	0.123	0.004
有机质	0.758	−0.386	−0.139	0.373	0.086	−0.224	−0.099	0.363
全氮	0.831	−0.456	0.001	0.104	0.094	−0.264	0.001	0.101
碱解氮	0.749	0.094	−0.328	0.521	0.085	0.054	−0.235	0.507
有效磷	0.868	−0.284	0.034	−0.238	0.099	−0.165	0.025	−0.232
速效钾	0.473	0.636	−0.566	0.159	0.054	0.368	−0.405	0.154
特征值	8.81	1.73	1.40	1.03				
贡献率（%）	62.93	12.33	9.99	7.35				
累计贡献率（%）	62.93	75.26	85.25	92.60				

3.2.5.2 隶属函数分析

根据主成分分析对原14项指标筛选出贡献率较大的8个指标（容重、总孔隙度、有效磷、最大持水量、全氮、速效钾、pH值、碱解氮）进行隶属函数分析，对改良盐碱化土壤进行综合评价，其结果表明（表3-6），不同轮作方式对盐渍化土壤的综合改良效果大小顺序为青贮玉米—大豆>朝牧1号—高丹草>高丹草—向日葵>甜菜—朝牧1号>甜菜—甜菜。

表3-6 不同类型植物隶属函数值

植物	容重	总孔隙度	有效磷	最大持水量	全氮	速效钾	pH值	碱解氮	隶属值	排序
青贮玉米—大豆	0.86	0.13	1.90	0.41	0.62	2.64	1.6	2.10	1.29	1
高丹草—向日葵	0.40	0.54	2.28	0.14	0.54	2.02	1.8	2.28	1.25	3
甜菜—朝牧1号	0.50	0.18	2.31	0.54	0.20	2.16	1.2	2.31	1.18	4
朝牧1号—高丹草	0.20	0.70	1.92	0.46	1.29	2.29	1.4	1.92	1.28	2
甜菜—甜菜	0.78	0.49	1.81	0.46	1.41	1.34	0.8	1.41	1.07	5

3.3 盐碱地秸秆还田与有机肥增施改土增产技术研究

3.3.1 秸秆还田和有机肥对土壤盐碱的影响

3.3.1.1 秸秆还田和有机肥对土壤pH值的影响

由图3-14可见，不同处理对土壤pH值的影响存在较大差异，随着玉米生育时期的推移，各处理在各土层间的变化趋势基本一致，总体呈现升高—降低—升高—降低的“双峰曲线”趋势，且随着土层的加深不同处理土壤pH值逐渐增大。各处理土壤pH值在0～5cm、5～10cm、10～20cm土层及6个时期间的变化趋势基本一致，CK、Y、G40、GY40、J、JY、JYD、JD处理均在苗期最高，分别为9.11、9.06、8.97、8.75、8.75、8.52、8.64、8.54，拔节期达到最低点，分别为8.26、8.29、8.32、8.30、8.46、8.28、

8.60、8.65，抽雄期至灌浆期持续增高，灌浆期至收获期降低。在20～40cm土层，不同处理土壤pH值随生育期变化虽呈现“双峰曲线”变化规律，但其升高和降低的时期拐点与0～20cm土层不同，其中Y处理苗期至灌浆期持续升高，到收获期又逐步降低；G40、GY40处理为苗期升高、拔节期降低、抽雄期升高、灌浆期至收获期持续降低的“双峰曲线”变化趋势。

在收获期不同土层各处理的土壤pH值均表现为随土层的加深而增加，0～5cm、5～10cm、10～20cm、20～40cm土层的土壤pH值范围分别为8.07～8.52、8.15～8.40、8.20～8.46、8.47～8.86，其中以JYD处理在0～5cm、5～10cm、10～20cm土层均较CK减少显著，分别降低0.45个单位、0.20个单位、0.30个单位，与Y和GY40处理的差异达到了显著水平；G40处理对20～40cm土层pH值降低的幅度最大，降低0.39个单位，较处理Y达到显著差异。在10～20cm土层GY40、JY、JYD处理与Y差异达显著水平（$P<0.05$），这表明加入秸秆可显著增加有机肥对土壤pH值的缓冲能力，尤其在堆沤腐熟后秸秆分解速率较其他处理快，因此有效降低了土壤pH值。

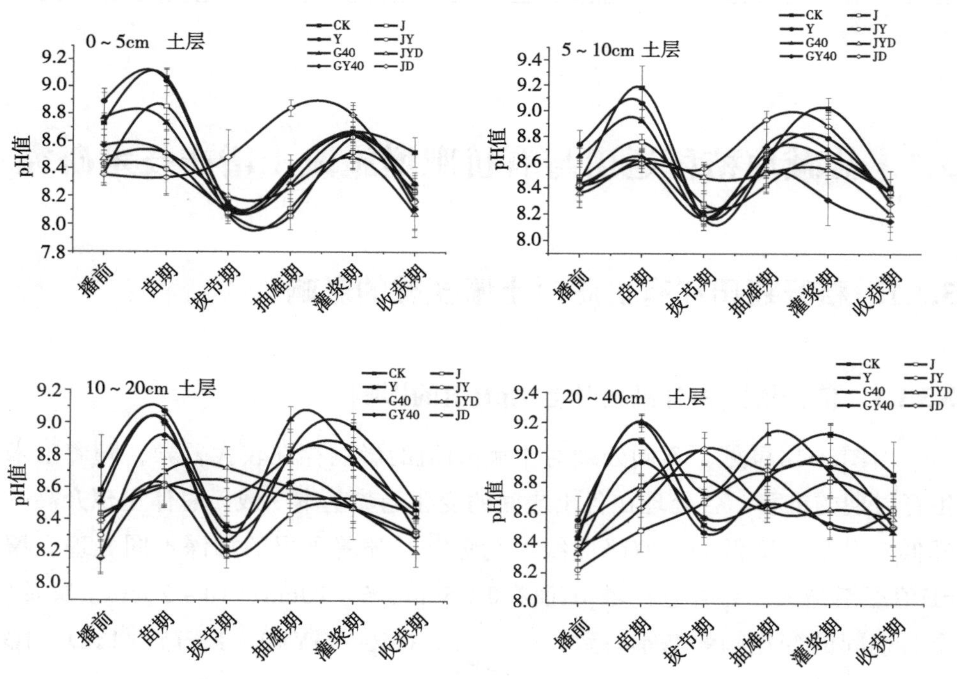

图3-14 2020—2021年土壤pH值变化

3.3.1.2 秸秆还田和有机肥对土壤全盐含量的影响

由表3-7可知，随着玉米全生育时期的推移，不同处理的土壤剖面全盐含量随土层加深的变化规律不相同。苗期，土壤剖面全盐含量变化为随土层深度的增加呈先降低后升高的变化趋势，Y、G40、GY40、J、JYD处理在0～5cm土层土壤全盐量分别为0.50g/kg、0.86g/kg、0.94g/kg、0.84g/kg、1.17g/kg，在5～10cm土层土壤全盐量分别为0.50g/kg、0.88g/kg、0.63g/kg、1.04g/kg、0.78g/kg，在10～20cm土层土壤全盐量分别为0.61g/kg、0.62g/kg、0.51g/kg、1.14g/kg、0.83g/kg，在20～40cm土层土壤全盐量分别为0.67g/kg、1.37g/kg、0.77g/kg、1.18g/kg、0.87g/kg。拔节期各土层的土壤盐分均增加，G40、J、JD各处理在0～5cm土层土壤全盐量分别为3.18g/kg、5.15g/kg、1.85g/kg，在5～10cm土层土壤全盐量分别为1.32g/kg、1.15g/kg、1.56g/kg，在10～20cm土层土壤全盐量分别为1.42g/kg、1.02g/kg、1.42g/kg，在20～40cm土层土壤全盐量分别为1.24g/kg、1.13g/kg、1.15g/kg，盐分表聚特征最为明显。抽雄期，G40、J、JD各处理在0～5cm土层土壤全盐量分别为1.72g/kg、3.06g/kg、1.15g/kg，在5～10cm土层土壤全盐量分别为1.74g/kg、1.60g/kg、1.01g/kg，在10～20cm土层土壤全盐量分别为2.26g/kg、1.48g/kg、1.11g/kg，在20～40cm土层土壤全盐量分别为1.61g/kg、1.28g/kg、1.08g/kg；但这个时期单秸秆处理即G40、J、JD土壤全盐量开始下降，而处理Y及秸秆耦合有机肥处理即GY40、JY、JYD达到最大值，分别为1.56g/kg、3.11g/kg、2.71g/kg、1.78g/kg，但返盐程度较单秸秆处理全生育时期的最高点有所缓解，表明秸秆配施有机肥还田的几种模式均有隔盐效果。灌浆期，Y、GY40、JY、JYD各处理在0～5cm土层土壤全盐量分别为0.87g/kg、1.03g/kg、1.85g/kg、1.53g/kg，在5～10cm土层土壤全盐量分别为0.91g/kg、1.63g/kg、1.60g/kg、2.15g/kg，在10～20cm土层土壤全盐量分别为1.26g/kg、1.49g/kg、1.55g/kg、2.25g/kg，20～40cm土层土壤全盐量分别为1.30g/kg、1.56g/kg、2.42g/kg、1.74g/kg。

不同处理在收获期0～5cm土层，以J土壤全盐量最低，为0.78g/kg，较CK降低了0.28g/kg；在5～10cm土层中，各处理均显著低于CK（$P<0.05$），GY40处理土壤全盐量最低，为0.78g/kg，较CK降低了0.49g/kg，且显著低于G40、J处理；在10～20cm土层中，除处理G40、Y与

CK未达到显著性差异水平外，其余处理均显著低于CK（$P<0.05$），其中GY40的土壤全盐量最低，为0.79g/kg，较CK下降了0.56g/kg，JYD次之，为0.90g/kg，较CK降低0.45g/kg，GY40与JYD间未达到显著性差异水平（$P>0.05$），Y与GY40、JYD、J、JD处理间差异显著（$P<0.05$），JD与GY40处理间差异显著。收获期20～40cm土层中，各处理的土壤全盐量均显著低于CK（$P<0.05$），其中JYD处理全盐含量最低，为1.06g/kg，较CK下降了1.05g/kg，且全生育时期变化幅度较其他处理缓慢稳定，G40与J处理间差异达显著性水平（$P<0.05$），J与Y处理差异不显著（$P>0.05$）。综合来讲，5～40cm土层中以根茬配施有机肥及秸秆配施有机肥处理对降低盐分效果最显著。

表3-7　2020—2021年全盐变化

层次	处理	苗期	拔节期	抽雄期	灌浆期	收获期
0～5cm	CK	0.62 ± 0.05e	5.47 ± 1.29a	2.17 ± 0.03b	1.08 ± 0.17c	1.06 ± 0.04a
	Y	0.50 ± 0.03f	1.35 ± 0.29c	1.56 ± 0.30cd	0.87 ± 0.19c	1.04 ± 0.13a
	G40	0.86 ± 0.06cd	3.18 ± 0.39b	1.72 ± 0.19c	0.89 ± 0.05c	0.81 ± 0.07c
	GY40	0.94 ± 0.03c	2.02 ± 0.27c	3.11 ± 0.34a	1.03 ± 0.13c	0.80 ± 0.02c
	J	0.84 ± 0.05d	5.15 ± 0.16a	3.06 ± 0.25a	2.31 ± 0.37a	0.78 ± 0.07c
	JY	1.86 ± 0.06a	2.04 ± 0.23c	2.71 ± 0.33a	1.85 ± 0.36b	0.94 ± 0.04ab
	JYD	1.17 ± 0.09b	1.63 ± 0.13c	1.78 ± 0.53c	1.53 ± 0.26b	0.84 ± 0.09bc
	JD	0.91 ± 0.03cd	1.85 ± 0.22c	1.15 ± 0.16d	1.72 ± 0.15b	0.81 ± 0.02c
5～10cm	CK	0.75 ± 0.03c	2.33 ± 0.21a	1.14 ± 0.14bc	1.18 ± 0.27bc	1.27 ± 0.10a
	Y	0.50 ± 0.06e	1.44 ± 0.30b	1.25 ± 0.18cd	0.91 ± 0.14c	1.04 ± 0.06bc
	G40	0.88 ± 0.10b	1.32 ± 0.15b	1.74 ± 0.31ab	1.05 ± 0.09bc	1.07 ± 0.06b
	GY40	0.63 ± 0.04d	0.79 ± 0.35c	1.12 ± 0.08de	1.63 ± 0.28ab	0.78 ± 0.10e
	J	1.04 ± 0.04a	1.15 ± 0.20bc	1.60 ± 0.35ab	1.55 ± 0.21bc	1.00 ± 0.07bc
	JY	0.80 ± 0.09bc	1.27 ± 0.11b	1.93 ± 0.15a	1.60 ± 0.35ab	0.94 ± 0.11bc
	JYD	0.78 ± 0.06bc	1.14 ± 0.10bc	1.54 ± 0.22bc	2.15 ± 0.27a	0.86 ± 0.09de
	JD	0.73 ± 0.04cd	1.56 ± 0.28b	1.01 ± 0.23e	1.59 ± 0.68ab	0.89 ± 0.06cd

（续表）

层次	处理	苗期	拔节期	抽雄期	灌浆期	收获期
10～20cm	CK	0.75 ± 0.03bc	2.25 ± 0.19a	1.46 ± 0.03b	1.53 ± 0.41b	1.35 ± 0.05a
	Y	0.61 ± 0.08de	1.49 ± 0.39b	1.21 ± 0.14bc	1.26 ± 0.29b	1.18 ± 0.09bc
	G40	0.62 ± 0.11cde	1.42 ± 0.12b	2.26 ± 0.23a	1.15 ± 0.27b	1.32 ± 0.15ab
	GY40	0.51 ± 0.06e	0.60 ± 0.04d	1.21 ± 0.27bc	1.49 ± 0.58b	0.79 ± 0.09e
	J	1.14 ± 0.08a	1.02 ± 0.08c	1.48 ± 0.47b	1.52 ± 0.32b	1.28 ± 0.12ab
	JY	0.62 ± 0.04cde	1.24 ± 0.08bc	1.59 ± 0.35b	1.55 ± 0.12b	1.05 ± 0.05cd
	JYD	0.83 ± 0.10b	0.63 ± 0.07d	0.91 ± 0.23c	2.25 ± 0.28a	0.90 ± 0.03de
	JD	0.71 ± 0.04	1.42 ± 0.04b	1.11 ± 0.30bc	1.26 ± 0.38b	1.00 ± 0.08d
20～40cm	CK	1.56 ± 0.06a	1.68 ± 0.18bc	1.18 ± 0.28ab	1.03 ± 0.04de	2.11 ± 0.07a
	Y	0.67 ± 0.05ef	1.41 ± 0.05cd	1.03 ± 0.21b	1.30 ± 0.36cde	1.71 ± 0.10c
	G40	1.37 ± 0.07b	1.24 ± 0.07de	1.61 ± 0.27a	0.94 ± 0.19e	1.86 ± 0.07b
	GY40	0.77 ± 0.18def	1.91 ± 0.14b	1.12 ± 0.15ab	1.56 ± 0.17bcd	1.55 ± 0.11d
	J	1.18 ± 0.09c	1.13 ± 0.11de	1.28 ± 0.37ab	2.06 ± 0.25ab	1.82 ± 0.07bc
	JY	0.82 ± 0.04de	2.24 ± 0.27a	1.42 ± 0.15ab	2.42 ± 0.29a	1.23 ± 0.10e
	JYD	0.87 ± 0.07d	0.98 ± 0.08e	0.95 ± 0.33b	1.74 ± 0.16bc	1.06 ± 0.03f
	JD	0.65 ± 0.02f	1.15 ± 0.28de	1.08 ± 0.35ab	1.37 ± 0.68cde	1.55 ± 0.06d

3.3.1.3　秸秆还田和有机肥对土壤碱化度的影响

土壤碱化度（ESP）指土壤胶体吸附的交换性钠离子占阳离子交换量的百分率，是反应土壤碱化程度的基础指标。了解土壤碱化度为盐碱化土壤改良提供重要参考依据。如表3-8所示，各处理随着土层深度的加深碱化度也随之升高，在0～40cm土层不同处理土壤碱化度范围分别为7.46%～9.68%、9.16%～13.26%、11.67%～18.60%、29.66%～34.68%。其中0～5cm、5～10cm、20～40cm土层中各处理较CK无显著差异（$P>0.05$），但均有降低趋势，各处理间无显著差异；在10～20cm土层中，各处理均低于CK，且添加有机肥的处理比单秸秆处理低，其中JYD处理土壤碱化度最低，为11.67%，与CK相比显著降低了6.93%（$P<0.05$），CK与其他处理间无显著差异（$P>0.05$）。这说明秸秆及有机肥配施堆沤后可较未堆沤的秸秆及增施有机肥处理增加土壤阳离子交换量，将土壤胶体中的交换性钠离子置换出来，进而降低了土壤碱化度。

表3-8　2020—2021年有机肥和秸秆还田对0～40cm土层土壤碱化度的影响

处理	碱化度（%）			
	0～5cm	5～10cm	10～20cm	20～40cm
CK	9.68 ± 0.74a	13.26 ± 1.08a	18.60 ± 1.95a	34.68 ± 2.12a
Y	8.11 ± 1.95a	12.22 ± 1.78a	13.81 ± 2.48ab	34.04 ± 3.27a
G40	9.38 ± 1.29a	13.61 ± 0.73a	14.74 ± 3.79ab	35.21 ± 0.85a
GY40	7.50 ± 1.06a	10.15 ± 2.65a	12.99 ± 3.33ab	33.75 ± 0.83a
J	11.92 ± 1.08a	12.39 ± 2.09a	15.47 ± 2.98ab	32.48 ± 2.75a
JY	7.68 ± 1.50a	9.42 ± 1.73a	13.08 ± 0.86ab	31.35 ± 1.77a
JYD	7.46 ± 0.85a	9.16 ± 3.54a	11.67 ± 1.26b	29.66 ± 2.66a
JD	9.09 ± 3.12a	11.54 ± 3.87a	15.10 ± 2.44ab	31.16 ± 1.31a

3.3.2　秸秆还田和有机肥对土壤养分的影响

3.3.2.1　土壤全氮

由图3-15可见，不同处理土壤全氮含量随着土层深度呈逐渐降低的变化趋势，与CK相比均有下降。0～5cm土层Y、JY、JYD、JD处理的土壤全氮含量分别为1.13g/kg、1.16g/kg、1.17g/kg、1.09g/kg，分别较CK显著提高0.19g/kg、0.18g/kg、0.23g/kg、0.15g/kg（$P<0.05$）；5～10cm土层，JY、JYD、JD对土壤全氮含量的提升最大，分别为1.05g/kg、1.05g/kg、1.04g/kg，分别较CK显著提高了0.25g/kg、0.26g/kg、0.26g/kg（$P<0.05$）；10～20cm土层，JYD、JY分别较CK处理显著提高了0.20g/kg、0.19g/kg；20～40cm土层，不同处理土壤全氮含量范围为0.68～0.90g/kg，均与CK处理差异达显著性水平（$P<0.05$），较CK提高0.17～0.22g/kg，其中JYD、JY对土壤全氮含量影响最大，与CK相比均显著提高了0.22g/kg。

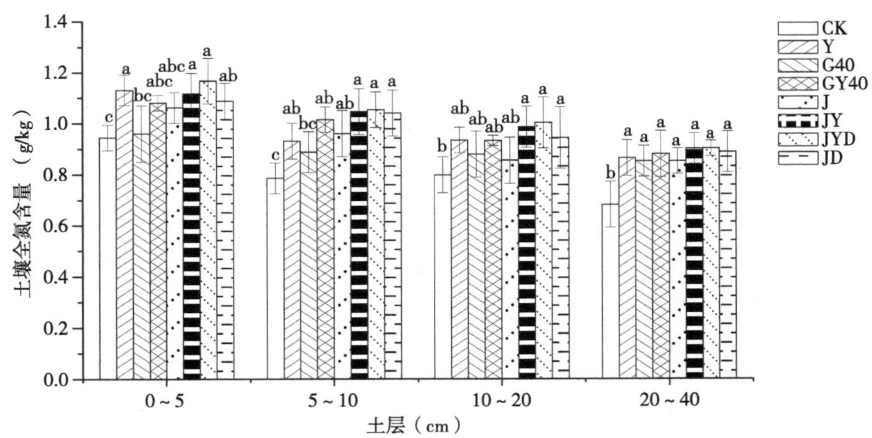

图3-15　2020—2021年土壤全氮含量

整体来看，JYD全氮量最高，GY40、JD与JY措施次之，单秸秆还田与单施有机肥较低，各处理间土壤全氮含量表现为JYD>JY>JD>GY40>Y>J>G40>CK。

3.3.2.2　土壤有机质

不同处理均不同程度增加了土壤有机质含量，但不同土层各处理土壤有机质含量增加的幅度各不相同。随土层深度的增加土壤有机质含量呈升高再降低的变化趋势。0～5cm、5～10cm、10～20cm、20～40cm土层不同处理土壤有

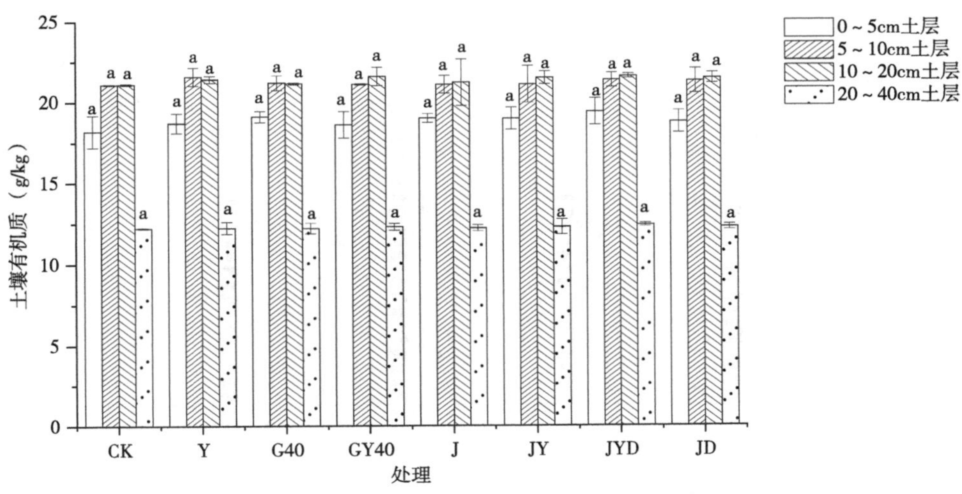

图3-16　2020—2021年土壤有机质含量

机质含量变化范围分别为18.18～19.42g/kg、21.07～21.58g/kg、21.1～21.63g/kg、12.21～12.43g/kg，分别较CK提升了2.4%～6.8%、0.08%～2.4%、0.02%～2.4%、0.05%～1.8%，但与CK相比均未达到显著差异，各土层中均以JYD处理增加趋势较好，分别为19.42g/kg、21.37g/kg、21.63g/kg、12.47g/kg，分别较CK提升1.24g/kg、0.51g/kg、0.51g/kg、0.22g/kg，与CK无显著差异。

整体来看，各处理与CK相比均有增加有机质的趋势，但差异不显著，有机质的提升是缓慢的，需要长期培肥。其中JYD提升效果最优，有机肥与秸秆配施及单施有机肥的处理次之，单秸秆还田的处理最次。不同处理土壤有机质含量大小顺序为JYD>Y>JY>JD>G40>GY40>J>CK。

3.3.2.3 土壤碱解氮

如图3-17所示，不同处理对土壤碱解氮含量的影响差异较大。各处理在0～20cm土层碱解氮含量逐层增加，在20～40cm土层有减少的趋势。0～5cm、5～10cm、10～20cm、20～40cm土层，主要以JYD、JY、GY40、Y处理提高碱解氮含量效果较为显著，分别为85.63～154.35mg/kg、84.72～118.04mg/kg、75.66～104.86mg/kg、74.42～90.62mg/kg，分别较CK增加25.41～79.04mg/kg、24.50～42.73mg/kg、20.65～29.55mg/kg、15.31～20.65mg/kg，以JYD处理增加最显著。

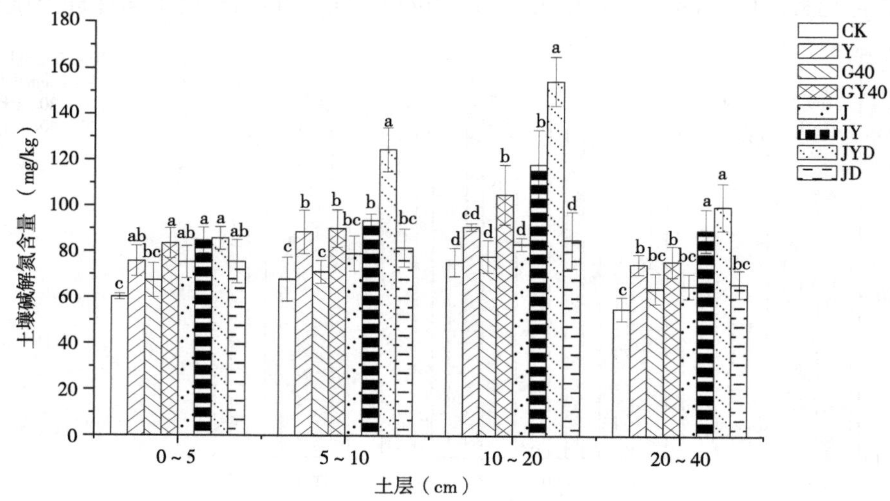

图3-17 2020—2021年土壤碱解氮含量

整体来看，单施有机肥对提升土壤碱解氮含量强于单施秸秆，G40、J、JD3种单一施用方式土壤碱解氮含量均低于秸秆耦合有机肥的处理，JYD对土壤碱解氮含量的提升作用最为明显，较CK提高了25.41～79.04mg/kg。可见，配施有机肥可加速碱解氮的释放，尤其堆沤腐熟后秸秆中氮素释放更加迅速，可迅速补充土壤氮素。不同处理土壤碱解氮含量大小顺序为JYD>JY>GY40>Y>JD>J>G40>CK。

3.3.2.4 土壤有效磷

由图3-18可见，不同处理在各土层土壤有效磷含量随土层加深均呈降低趋势，不同处理0～40cm土层土壤有效磷含量为3.8～73.67mg/kg，较CK极显著提高了0.3～38.4mg/kg，各处理间也达到了极显著差异。其中JYD处理较其他处理达到了极显著差异，在不同土层有效磷含量为15.4～73.67mg/kg，较CK提高了11.30～38.4mg/kg。各处理间JY、GY40、JYD、JD处理极显著高于J、Y、G40处理，说明秸秆耦合有机肥处理对于土壤有效磷含量的提升优于单施有机肥、单秸秆还田。不同处理土壤有效磷含量大小顺序为JYD>JY>JD>Y>GY40>J>G40>CK。

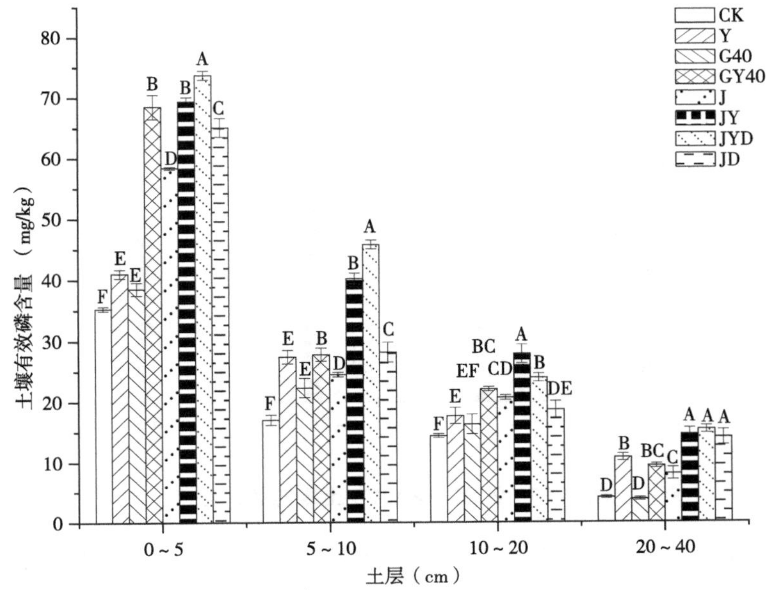

图3-18 2020—2021年土壤有效磷含量

3.3.2.5 土壤速效钾

由图3-19可见，不同处理在0～5cm、5～10cm土层土壤速效钾含量逐渐增加，在10～20cm土层土壤速效钾含量最高，20～40cm土层土壤速效钾含量下降。不同处理在0～5cm、5～10cm、10～20cm、20～40cm土层土壤速效钾含量范围分别为178.7～239.33mg/kg、189～255.33mg/kg、198～357mg/kg、173.3～270.33mg/kg，分别较CK增加了16.33～60.67mg/kg、7.67～66.33mg/kg、20.67～159mg/kg、7.67～97mg/kg。

在0～5cm土层，GY40处理土壤速效钾含量提高的最为显著（$P<0.05$），为239.33mg/kg，较CK提高了60.67mg/kg；在5～10cm土层，JYD、Y、G40处理的土壤速效钾含量分别为255.3mg/kg、240mg/kg、233.1mg/kg，分别较CK显著提高了66.33mg/kg、51mg/kg、44.07mg/kg；在10～20cm土层，JYD、JY、J、GY40、JD处理土壤速效钾含量分别较CK显著提高了159mg/kg、62mg/kg、58.7mg/kg、55mg/kg、30.7mg/kg，且JYD与GY40、Y处理间达显著性水平（$P<0.05$）。在20～40cm土层，J、G40处理土壤速效钾含量分别较CK显著提高了97mg/kg、57.33mg/kg。

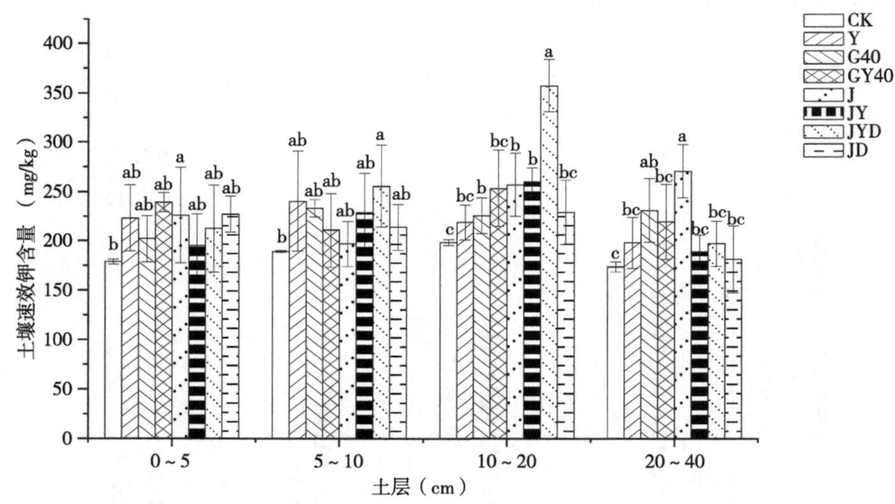

图3-19 2020—2021年土壤速效钾含量

整体来看，不同处理0～20cm土层秸秆耦合有机肥处理土壤速效钾含量提升优于单施有机肥和单施秸秆，JYD对土壤速效钾含量的提升作用最为明显；20～40cm土层土壤速效钾含量单施秸秆处理优于其他处理。不同处理土壤速效钾含量大小顺序为JYD>J>JY>GY40>G40>Y>JD>CK。

3.3.3 秸秆还田与有机肥对玉米生长指标及产量的影响

3.3.3.1 玉米株高

如图3-20所示，随时间推移不同处理玉米株高呈现先升高后趋于稳定的变化趋势。苗期除G40较CK处理玉米株高有所降低外，其他处理玉米株高均高于CK，GY40、Y处理与CK差异达显著水平，分别为16.33cm、15.67cm，分别较CK提高34.96%、29.50%，各处理的株高大小顺序依次为Y>GY40>JY>JD>J>JYD>CK>G40。拔节期除Y、JY处理株高较CK有所降低外，其他处理均有所提高，但各处理与CK之间差异不显著（$P>0.05$）。抽雄期CK处理玉米株高均高于其他处理，JY、JD、JYD处理与CK的差异显著（$P<0.05$），各处理的株高大小顺序依次为CK>G40>Y>GY40>J>JY>JYD>JD。综上，不同处理对于株高具有促进作用，这说明秸秆还田及增施有机肥通过培肥地力、降低土壤含盐量调控到玉米植株地上部。

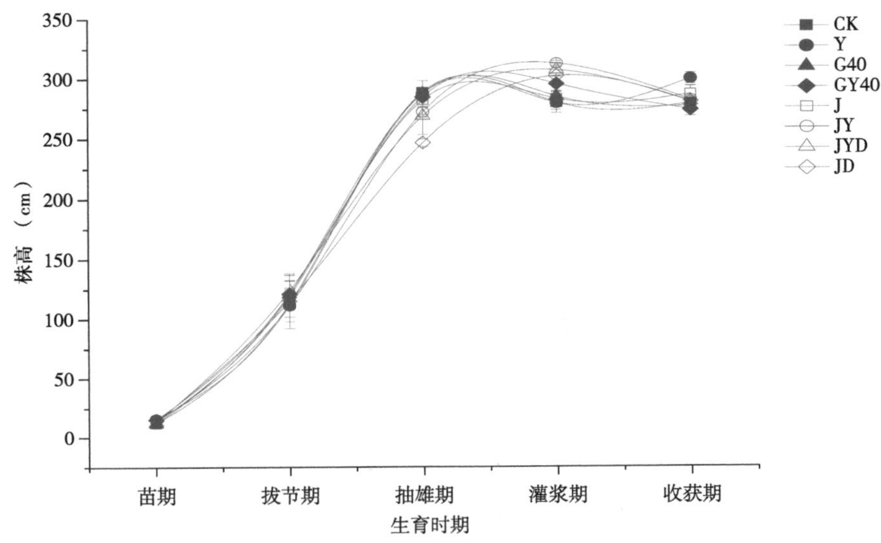

图3-20 2020—2021年不同处理玉米生育期内株高变化

3.3.3.2 玉米地上部生物量

如图3-21所示，随时间推移不同处理玉米植株干物质呈现先升高后下降的变化趋势。苗期除J处理外，其他处理玉米植株干物质均高于CK处理，JY、JYD、JD、GY40处理与CK差异显著，分别为0.54g、0.50g、0.43g、0.42g，分别较CK提升139%、116%、84%、80%，G40较JY、JYD、JD、GY40处理差异显著。拔节期除JD处理玉米植株干物质较CK有所降低外，其他处理均有所增加，但各处理与CK之间差异不显著（$P>0.05$）。抽雄期、灌浆期不同处理对玉米植株干物质的影响各不相同，各处理与CK处理差异均未达显著性水平。收获期玉米植株干物质除JY处理较CK降低外，其他处理均高于CK，且Y处理与CK处理差异显著（$P<0.05$），为250g，较CK提高45.6%，其余处理较CK差异不显著，Y与JY之间差异显著，说明秸秆还田时是否增施有机肥对于玉米植株干物质积累量有显著差异。

整体来看，各处理通过改变土壤环境对盐碱地作物地上部具有一定的调控作用，且各处理间差异显著。其中单施有机肥处理影响最显著。玉米植株干物质大小顺序依次为Y>G40>J>JYD>GY40>JD>CK>JY。

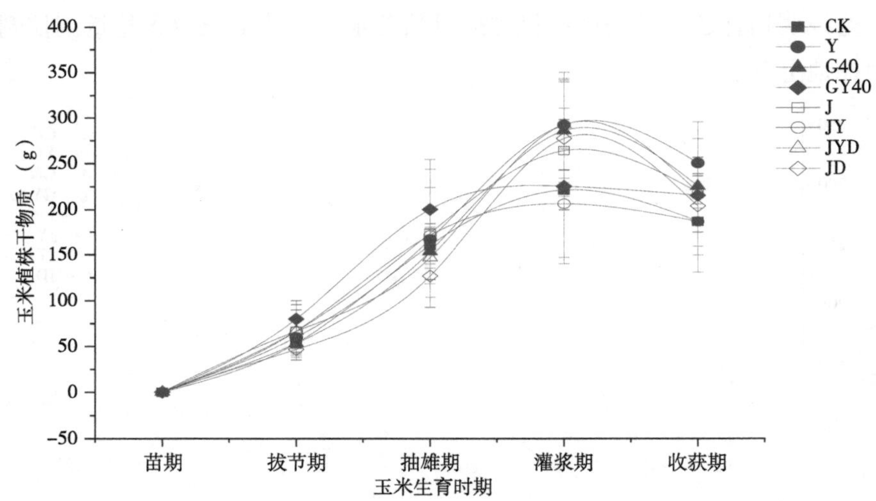

图3-21 2020—2021年不同处理玉米生育期内地上部生物量变化

3.3.3.3 玉米产量及产量构成因素

不同处理玉米有效穗数较CK均有所升高，介于4 778～5 556穗，较

CK提高3.1%～16.3%，各处理间差异不显著（$P>0.05$）；不同处理玉米穗粒数介于481.50～582.3粒，与CK相比，JD与J有所提升，为582.30粒、539.27粒，分别提高11.7%、3.5%，其余处理均低于CK，但差异不显著。各处理间JD与GY40、JY、JYD达到显著性差异；不同处理玉米百粒重介于38.15～51.39g，与CK相比，GY40、JYD分别提升4.4%、7.2%，其余处理较CK降低2%～25.1%，GY40与JD之间达到显著性差异水平；不同处理玉米产量较CK均有所升高，产量介于11 277～13 460kg/hm^2，较CK提高11%～19.4%，其中GY40处理玉米产量最高，为13 458kg/hm^2，较CK显著提高了19.4%；其次是G40处理，产量达到13 287kg/hm^2，较CK显著提高17.8%，其他处理间差异不显著。不同处理玉米产量大小依次为GY40>G40>Y>JD>JYD>JY>J>CK。整体来看，GY40处理对百粒重及产量影响较大，其余处理均有增长的趋势但差异不显著。

表3-9 2020—2021年产量构成要素

处理	有效穗数（穗）	穗粒数（粒）	百粒重（g）	产量（kg/hm^2）	增产率（%）
CK	4 778 ± 484a	521.00 ± 33.53ab	47.71 ± 7.48ab	11 277 ± 668b	
Y	5 334 ± 728a	513.40 ± 24.70ab	41.77 ± 3.93ab	12 521 ± 246ab	11.0
G40	4 963 ± 525a	517.10 ± 19.80ab	46.76 ± 3.01ab	13 287 ± 425a	17.8
GY40	5 297 ± 390a	495.33 ± 62.98b	51.39 ± 9.47a	13 460 ± 321a	19.4
J	5 074 ± 232a	539.27 ± 14.10ab	45.37 ± 7.71ab	12 584 ± 2 152ab	11.6
JY	5 556 ± 294a	493.87 ± 26.18b	44.80 ± 2.87ab	12 620 ± 867ab	11.9
JYD	4 926 ± 64a	481.50 ± 75.20b	49.92 ± 9.11ab	12 741 ± 409ab	13.0
JD	5 519 ± 170a	582.30 ± 41.95a	38.15 ± 3.22b	13 151 ± 1 471ab	16.6

3.4 本章小结

不同轮作方式均能改善土壤水分物理性质。青贮玉米—大豆—玉米、大豆—青贮玉米—向日葵轮作方式对0～40cm各土层土壤容重和孔隙度的改良效果最为显著。

不同轮作方式均能降低土壤盐碱化的危害。青贮玉米—大豆—玉米、朝牧1号—高丹草轮作方式对0～40cm各土层土壤pH值降低效果最为明显，较对照处理降低了2.12%～4.37%；大豆—青贮玉米—向日葵轮作方式对0～40cm各土层土壤碱化度降低效果最为明显。

不同轮作方式能提高土壤养分含量。青贮玉米—大豆—玉米、大豆—青贮玉米—向日葵轮作方式对5～10cm和10～20cm土层的机质含量提升最为明显，且能显著增加0～40cm各土层的土壤全氮、碱解氮、有效磷含量。

大豆—青贮玉米轮作方式下其经济效益最大，大豆—青贮玉米—向日葵轮作方式的产投比最高，产投比为2.30。

不同秸秆还田与增施有机肥方式均能提高0～40cm土层盐碱化土壤总孔隙度、土壤饱和含水量，降低容重，其中根茬40cm配施有机肥还田、秸秆配施有机肥堆沤还田两种方式最为显著。

不同秸秆还田与增施有机肥方式均可显著降低土壤pH值、全盐量、碱化度。秸秆配施有机肥堆沤还田、根茬40cm配施有机肥还田及秸秆直接还田3个方式显著降低土壤全盐量14.5%、35.5%、26.4%；碱化度（秸秆配施有机肥堆沤还田）降低26.4%，土壤pH值（秸秆配施有机肥堆沤还田）降低31.3%。

2020—2021年不同秸秆还田与增施有机肥方式可增加土壤有机质、全氮、碱解氮、有效磷、速效钾的含量，其中秸秆配施有机肥堆沤还田处理对有机质、全氮、碱解氮、有效磷含量的提升最为显著。

不同秸秆还田与增施有机肥方式可显著影响玉米生长及产量，单施有机肥玉米干物质积累量较CK显著提高45.6%，根茬40cm配施有机肥还田及根茬40cm还田较CK可增产19.4%、17.8%。

从3年的轮作秸秆来看，大豆—青贮玉米—向日葵轮作方式的产投比最高，经济效益较高，同时对于表层0～20cm土壤盐碱化指标的降低和土壤养分的提高较为显著，因此在西辽河苏打盐碱化耕地大豆—青贮玉米—向日葵轮作方式较为合理。通过2020—2021年秸秆来看，秸秆堆沤还田+有机肥、根茬+有机肥、秸秆还田+有机肥等方式既可培肥土壤，降低盐碱化危害，又能提高作物产量，是西辽河平原盐碱化耕地改良培肥较为理想的模式。

4　盐碱地粮食与经济作物品种鉴选及增产技术研究

4.1　盐碱地粮食与经济作物品种鉴选及增产种植技术研究试验设计

4.1.1　苏打盐碱化耕地玉米抗盐保苗技术研究试验设计

试验设不施改良材料（CK）、施用微生物菌肥（处理MF）、施用有机硅肥（处理SF）和施用腐殖酸（处理HF）4个处理，其中微生物菌肥施用量为1 500kg/hm^2、有机硅肥施用量为750kg/hm^2、腐殖酸肥施用量为1 500kg/hm^2。试验采用随机区组设计，重复3次，共计12个小区，小区面积7.2m × 15m=108m^2。微生物菌肥、有机硅肥和腐殖酸均在播种前与种肥进行混合后撒施，旋耕入土壤，旋耕深度15 ~ 20cm。播种时间4月下旬到5月上旬，采用浅埋滴灌，其他管理方式同大田。6月下旬至7月上旬，进行追肥，追施尿素15 ~ 20kg/亩。

4.1.2　苏打盐碱化耕地甜菜高效栽培技术研究试验设计

4.1.2.1　苏打盐碱地甜菜耐盐品种筛选研究试验设计

2020年选取8个品种，2021年选取生产中主栽品种10个，进行比较试验，试验采取大区对比形式，小区面积6m × 50m=300m^2，试验占地总面积为480m × 50m=2 400m^2，采用直播方式，肥料采用硫酸钾型复合肥

（N：P_2O_5：K_2O=12：18：15或N：P_2O_5：K_2O=13：17：15），用量60kg/亩，以基肥的形式一次性施入。“大小行”覆膜种植，大行距80cm、小行距40cm，株距15cm，播种深度2.5～3.5cm，地膜采用黑色地膜，膜宽70cm。其他管理方式同大田，苗期进行化学除草，叶丛快速增长期和块根及糖分增长期进行中耕除草。

4.1.2.2　苏打盐碱地甜菜氮肥高效利用研究

甜菜品种选用KWS1231，氮肥采用尿素（含氮量46%），纯氮施用量为10kg/亩，分基肥和追肥施入。磷肥用重过磷酸钙（含P_2O_5 46%），钾肥用硫酸钾（含K_2O 50%），P_2O_5施用量12kg/亩，K_2O施用量为8kg/亩，有机肥施用量2 000kg/亩，氮肥、磷肥、钾肥、有机肥作为基肥结合耕翻一次性施入。10个处理，重复3次，30个小区，小区面积7.4m×29m=214.6m^2，总面积为80.5m×90m=7 245m^2，大小行距覆膜种植，大行行距70cm、小行行距40cm，株距15cm，播种深度2.5～3.5cm。其他管理方式同大田。滴灌带浅埋深度为3cm，甜菜生育期滴灌5次（播种后、6月上中旬、7月上中旬、8月上旬、9月上旬），每次灌水量30m^3/亩。田间管理与大田生产一致。

4.1.3　苏打盐碱化耕地向日葵抗盐保苗技术研究试验设计

试验设不施改良材料（CK）、施用微生物菌肥（处理MF）、施用有机硅肥（处理SF）和施用腐殖酸（处理HF）4个处理，其中微生物菌肥施用量为1 500kg/hm^2、有机硅肥施用量为750kg/hm^2、腐殖酸肥施用量为1 500kg/hm^2。试验采用随机区组设计，重复3次，共计12个小区，小区面积7.2m×15m=108m^2。微生物菌肥、有机硅肥和腐殖酸均在播种前与种肥进行混合后撒施，旋耕入土壤，旋耕深度15～20cm。

4.2　苏打盐碱化耕地玉米高效栽培技术研究

4.2.1　苏打盐碱地玉米耐盐品种筛选研究

试验取通辽市科尔沁左翼中旗有代表性轻、中、重度苏打盐碱土3个土壤类型进行室内4个玉米不同品种（郑单958、京科968、京科969和迪卡159）保苗试验，对照为正常土壤。每200kg土壤加2kg甜菜纸筒育苗苗床专用肥，混匀后每盆装土10kg，每盆播种10粒。每个处理重复3次，每个重复种植5盆。

4.2.1.1 供试土壤特性

2021年9月，通辽市科尔沁左翼中旗试验地根据地表植物生长状况、盐碱表现等，选取对照、轻度盐碱化、中度盐碱化和重度盐碱化土壤，通过实验室室内分析，土壤特性见表4-1，按照苏打盐碱化土壤盐碱程度划分标准，轻度盐碱碱化度在5%～15%、中度盐碱碱化度在15%～30%、重度盐碱碱化度在30%～45%，本试验所取土壤满足轻、中、重等级。

表4-1 供试土壤特性

指标	土壤类型			
	对照	轻度	中度	重度
含盐量（%）	0.07	0.16	0.21	0.69
Na^{+}（mg/kg）	64.05	296.94	434.31	1 582.93
Mg^{2+}（mg/kg）	20.55	22.15	55.34	134.55
K^{+}（mg/kg）	3.05	5.69	10.31	23.91
Ca^{2+}（mg/kg）	70.71	124.97	158.78	552.15
CO_3^{2-}（mg/kg）	0.00	3.60	45.00	312.66
HCO_3^{-}（mg/kg）	387.50	987.42	1 162.39	2 961.46
Cl^{-}（mg/kg）	88.98	113.36	145.21	867.37
SO_4^{2-}（mg/kg）	46.33	37.33	61.74	417.42
pH值	8.06	8.88	9.60	10.18
阳离子交换量（cmol/kg）	28.44	20.45	23.20	15.30
交换性钠含量（cmol/kg）	0.21	1.69	5.28	5.55
碱化度（%）	0.72	8.26	22.76	36.28

4.2.1.2 不同盐碱化程度土壤对玉米出苗率的影响

由表4-2可知，不同盐碱化程度土壤对不同甜菜品种出苗率的影响不同。随着盐碱化程度的加重，4个玉米品种的出苗率均表现下降趋势，但下降幅度不同。根据显著性分析，京科968和京科969耐盐碱程度较好，在轻度、中度和重度盐碱化土壤中出苗率表现差异不显著；迪卡159表现为轻度和中度土壤中出苗率差异不显著，但重度土壤中出苗率较轻度和中度显著降低；郑单958则随着盐碱化程度的加重，出苗率呈现显著降低的趋势，可见这个品种耐盐碱程度较差。

表4-2　不同盐碱化程度土壤对甜菜出苗率的影响

品种	土壤类型			
	对照	轻度	中度	重度
京科969	98.33 ± 1.67a	86.67 ± 1.67b	80.00 ± 2.89b	72.00 ± 5.77b
京科968	100.00 ± 0.00a	90.33 ± 1.67b	84.33 ± 1.67b	75.33 ± 1.67b
迪卡159	97.00 ± 2.89a	73.00 ± 5.00b	66.67 ± 3.33b	53.67 ± 6.01c
郑单958	94.67 ± 8.33a	68.33 ± 1.67b	54.33 ± 3.33c	42.00 ± 5.77d

注：表中同一行不同字母表示差异显著（$P<0.05$）。

4.2.2　苏打盐碱化耕地玉米抗盐保苗技术研究

试验设不施改良材料（CK）、施用微生物菌肥（处理MF）、施用有机硅肥（处理SF）和施用腐殖酸（处理HF）4个处理，其中微生物菌肥施用量为1 500kg/hm^2、有机硅肥施用量为750kg/hm^2、腐殖酸肥施用量为1 500kg/hm^2。试验采用随机区组设计，重复3次，共计12个小区，小区面积7.2m × 15m=108m^2。微生物菌肥、有机硅肥和腐殖酸均在播种前与种肥进行混合后撒施，旋耕入土壤，旋耕深度15～20cm。播种时间4月下旬到5月上旬，采用浅埋滴灌，其他管理方式同大田。6月下旬至7月上旬进行追肥，追施尿素15～20kg/亩。

4.2.2.1　不同改良材料对玉米土壤盐碱特性的影响

3种土壤改良材料均能不同程度降低玉米土壤pH值、碱化度和全盐含量，提高有机质含量（表4-3）。整体以硅肥（处理SF）优于其余2种材料，与CK相比，玉米收获后处理SF土壤pH值、碱化度和全盐含量分别降低

1.65%、6.46%和12.64%；与MF相比分别降低1.14%、3.54%和10.59%；与HF相比，分别降低0.31%、1.78%和3.95%。

表4-3 不同改良材料对玉米土壤盐碱特性的影响

指标	处理			
	CK	MF	SF	HF
pH值	9.70a	9.65b	9.54b	9.57ab
碱化度（%）	27.09a	26.27ab	25.34b	25.79b
全盐含量（g/kg）	1.74a	1.70a	1.52b	1.58a
有机质（g/kg）	14.44c	15.27b	16.14a	15.58b

4.2.2.2 不同改良材料对玉米出苗率的影响

由图4-1可知，3种改良材料均能不同程度地提高苏打盐碱化耕地玉米出苗率，其中以处理SF（硅肥）表现较优。3种改良材料硅肥、腐殖酸肥和生物菌肥玉米出苗率分别达到94.77%、92.45%和89.44%，与对照相比，分别提高7.72%、5.4%和2.39%。

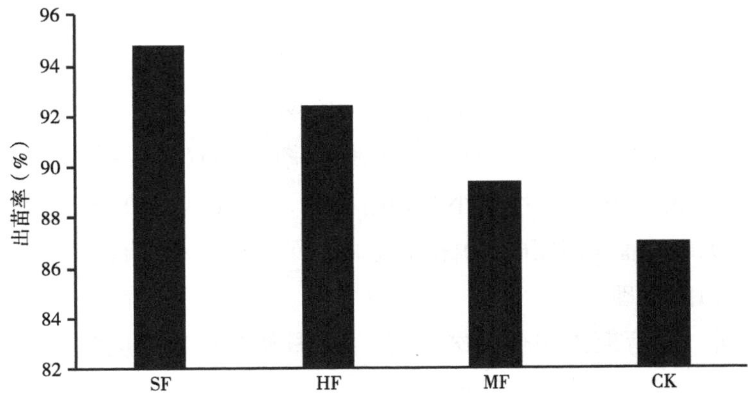

图4-1 不同改良材料对玉米出苗率的影响

4.2.2.3 不同改良材料对玉米产量的影响

由表4-4可知，3种改良材料均能不同程度地提高苏打盐碱化耕地玉米产量，其中以处理SF（硅肥）表现较优。3种改良材料硅肥、腐殖酸肥和生物菌肥与对照相比，玉米产量分别提高18.38%、7.79%和5.75%。

表4-4 苏打盐碱地玉米产量变化

指标	处理			
	CK	MF	SF	HF
产量（kg/hm^2）	10 318.45	10 911.64	12 214.58	11 122.04

4.2.3 玉米全程机械化提质增效综合栽培技术示范研究

4.2.3.1 玉米全程机械化提质增效综合栽培技术

（1）整地。深松、浅翻后耙耱、镇压，深松深度30～35cm，翻耕深度20cm左右，要求土壤达到细、碎、平、无坷垃、无根茬。

（2）基肥。施用有机肥为3 000kg/亩，有机肥作为底肥结合整地一次性施入。种肥纯N施用量3.75～4.5kg/亩；P_2O_5施用量5～6kg/亩；K_2O施用量2～3kg/亩，随播种分层施入土壤。肥料使用按照《肥料合理使用准则 通则》（NY/T 496—2010）和《有机肥料》（NY/T 525—2021）规定执行。

（3）播种。

①品种选择：选择耐盐碱性较强的中晚熟玉米品种。

②播种时间：4月25—28日，选用浅埋滴灌精量播种一体机播种。每亩用种量1.5～2.0kg/亩。采用大小垄种植模式，一般小垄40cm，大垄80cm，株距18～20cm，播种密度6 100株/亩左右，保苗5 500株/亩左右。

（4）田间管理。

①中耕：生育期内中耕两次，第一次6月初，中耕深度5～10cm。第二次6月下旬，中耕深度10～15cm。

②灌溉：播种后到出苗期，滴灌1次，灌溉定额10m^3/亩；出苗期到拔节期，滴灌2次，灌溉定额20m^3/亩；拔节期到抽穗期，滴灌3次，灌溉定额

25m^3/亩；抽穗期到灌浆期，滴灌1次，灌溉定额20m^3/亩。灌溉按照《玉米膜下滴灌水肥管理技术规程》（DB 15/T 683—2014）规定执行。

③追肥：整个生育期追肥3次。第一次大喇叭口期施入尿素15kg/亩；第二次抽雄期施入尿素7.5kg/亩；第三次灌浆期施入尿素3.5kg/亩和氯化钾2.0kg/亩。肥料使用按照《肥料合理使用准则 通则》（NY/T 496—2010）规定执行。追肥按照《玉米膜下滴灌水肥管理技术规程》（DB 15/T 683—2014）规定执行。

（5）病虫草害防治。

①病害防治：7月至9月上旬，病害高发年份及时防治玉米大斑病、茎腐病和穗粒腐病。宜在大喇叭口期至抽雄前，及时喷洒氟环唑、吡唑醚菌酯、嘧菌酯等药剂预防。

②虫害防治：4月下旬将辛硫磷颗粒剂随种肥一起施入土壤，防治蛴螬等地下害虫。5月上中旬喷施马拉硫磷乳油、高效氯氟氰菊酯水乳剂进行地老虎防治，危害严重的田块可灌水淹。6月中下旬至7月上中旬主要进行玉米螟防治，成虫期采用杀虫灯或性诱剂诱杀成虫；在玉米螟产卵初期及卵盛期释放赤眼蜂寄生玉米螟卵；幼虫发生初期（玉米心叶末期）喷洒苏云金杆菌（Bt）防治幼虫。

③草害防治：4月下旬至5月上旬，土壤墒情好、整地精细的地块，可结合播种同时进行苗前化学除草，选用乙草胺、精异丙甲草胺、唑嘧磺草胺、噻吩磺隆等药剂。5月，一般在玉米苗后3～5叶，禾本科杂草2～4叶，阔叶杂草2～4叶进行苗后除草，选用烟嘧磺隆、硝磺草酮、苯吡唑草酮等药剂，以上药剂在施药时可加喷液量0.5%～1%的植物油型喷雾助剂。

（6）收获。当玉米籽粒乳线消失，黑层出现，含水量≤30%，植株倒伏率<5时采用玉米联合收割机收获，联合收割机符合《农业机械运行安全技术条件 第12部分：谷物联合收割机》（GB 16151.12—2008）条件。

4.2.3.2 玉米全程机械化提质增效综合栽培技术产量性状分析

由表4-5可知，集成技术应用后，3年玉米穗粗、穗长、穗粒数、百粒重均高于对照田，其中穗粗分别提高5.52%、6.21%和8.02%；穗长分别提高17.66%、10.85%和12.15%；穗粒数分别提高10.34%、4.38%和6.07%；百粒重分别提高10.71%、14.41%和12.78%。

由表4-6可知，苏打盐碱化耕地应用玉米全程机械化提质增效综合栽培技术后，产量较对照有大幅度提高，3年提高幅度分别为39.97%、15.27%和23.03%；产值分别增加161.74元/亩、96.42元/亩和140.60元/亩。

表4-5　玉米全程机械化提质增效综合栽培技术产量性状分析

年份	处理	穗粗（cm）	穗长（cm）	穗粒数（粒）	百粒重（g）
2020年	集成技术应用	4.97	17.99	520.72	30.30
	对照	4.71	15.29	471.94	27.37
2021年	集成技术应用	4.79	18.09	565.14	33.83
	对照	4.51	16.32	541.43	29.57
2022年	集成技术应用	4.85	19.20	540.60	31.68
	对照	4.49	17.12	509.65	28.09

表4-6　玉米全程机械化提质增效综合栽培技术产量分析

年份	指标	处理	
		集成技术应用	对照
2020年	产量（kg/hm^2）	8 495.19	6 069.14
	产值（元/亩）	566.35	404.61
2021年	产量（kg/hm^2）	10 915.61	9 469.35
	产值（元/亩）	727.71	631.29
2022年	产量（kg/hm^2）	11 264.7	9 155.7
	产值（元/亩）	750.98	610.38

4.2.3.3　玉米全程机械化提质增效综合栽培技术土壤改良效果分析

由表4-7可知，应用玉米全程机械化提质增效综合栽培技术后，2021年和2022年土壤pH值分别降低0.43和0.41，3年土壤碱化度分别降低2.43%、2.08%和2.12%，全盐含量分别降低0.424g/kg、0.458g/kg和

0.319g/kg，有机质含量提高了0.2g/kg、0.7g/kg和0.7g/kg，可见本研究研发集成的玉米全程机械化提质增效综合栽培技术具有较好的土壤改良效果。

表4-7　玉米全程机械化提质增效综合栽培技术土壤改良效果分析

年份	指标	处理	
		集成技术应用	对照
2020年	pH值	9.51	9.41
	碱化度（%）	16.32	18.75
	全盐含量（g/kg）	1.767	2.191
	有机质（g/kg）	17.0	16.8
2021年	pH值	8.51	8.94
	碱化度（%）	17.39	19.47
	全盐含量（g/kg）	1.867	2.325
	有机质（g/kg）	16.0	15.3
2022年	pH值	8.67	9.08
	碱化度（%）	18.23	20.35
	全盐含量（g/kg）	1.806	2.125
	有机质（g/kg）	15.8	15.1

4.3　苏打盐碱化耕地甜菜高效栽培技术研究

4.3.1　苏打盐碱地甜菜耐盐品种筛选研究

4.3.1.1　苏打盐碱地甜菜不同品种出苗率研究

由表4-8可知，2020年甜菜不同品种在苏打盐碱地的出苗率不同，不同品种间甜菜出苗率总体以KWS1231、BTS2730和KUHN1001品种较高，分别达81%、76.5%和76.5%。2021年甜菜不同品种在苏打盐碱地的出苗率不同，不同品种间甜菜出苗率总体以KWS1231、BTS2730、SR411和KWS1197品种较高，分别达95.59%、95.59%、94.12%和92.65%。

表4-8 2020—2021年苏打盐碱地甜菜不同品种出苗率

年份	序号	品种	亩保苗株数（株）	出苗率（%）
2020年	1	KWS1197	4 835	65.25
	2	KWS1231	6 003	81.00
	3	BTS2730	5 669	76.50
	4	BTS4880	4 835	65.25
	5	SV1588	5 002	67.50
	6	SV1752	5 002	67.50
	7	IM1162	4 002	54.00
	8	KUHN1001	5 669	76.50
2021年	1	KWS1197	5 550	92.65
	2	KWS1231	5 920	95.59
	3	IM1162	4 810	82.35
	4	KWS2314	4 255	73.53
	5	SV1752	5 550	86.76
	6	SV1588	4 255	75.00
	7	SR411	5 735	94.12
	8	SV1434	4 440	80.88
	9	BT4880	4 440	66.18
	10	BT2730	6 105	95.59

4.3.1.2 苏打盐碱地甜菜不同品种产量比较

由图4-2可知，2020年苏打盐碱地甜菜不同品种产量差异不同，表现为BTS2730>KWS1231>BTS4880>SV1588>KUHN1001>KWS1197>SV1752>IM1162，其中前4个品种产量在4 000kg/亩以上。

由图4-3可知，2021年苏打盐碱地甜菜不同品种产量差异不同，依次表现为BTS2730>KWS1231>KWS1197>SV1434>SV1588>SV1752>KWS2314>BTS4880>SR411>IM1162，其中排名前6个品种产量在4 000kg/亩以上，最高产量BTS2730达到4 530.60kg/亩，且排名前5的品种表现差异不显著。

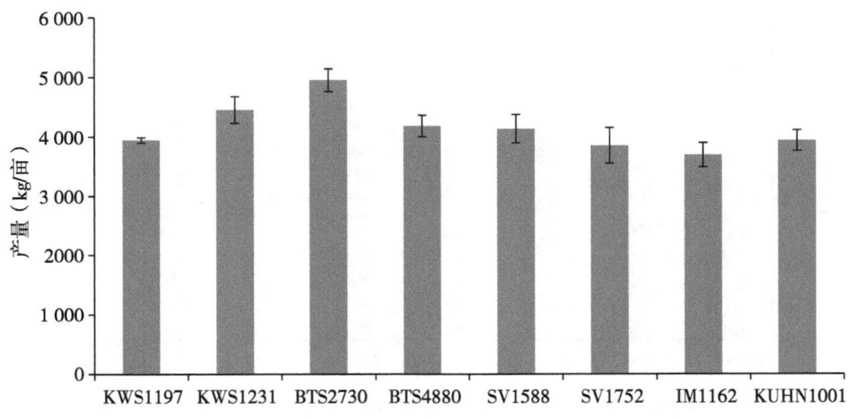

图4-2 2020年苏打盐碱地甜菜不同品种产量比较

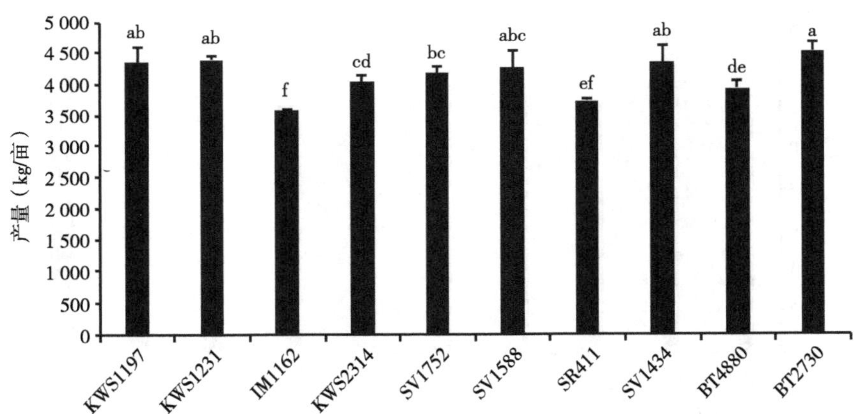

图4-3 2021年苏打盐碱地甜菜不同品种产量比较

4.3.1.3 苏打盐碱地甜菜不同品种含糖率比较

由图4-4可知，2020年苏打盐碱地甜菜不同品种含糖率差异不同，依次表现为KWS1197>KWS1231>BTS2730>KUHN1001>BTS4880>SV1588>SV1752>IM1162，其中前3个品种含糖率在14%以上。

由图4-5可知，2021年苏打盐碱地甜菜不同品种含糖率差异不同，依次表现KWS1231>BTS2730>KWS1197>SV1752>KWS2314>SV1434>BTS4880>SV1588>IM1162>SR411，其中排名前4个品种含糖率在14%以上，含糖率最高为KWS1231，达到14.81%，同时前4个品种差异性表现不显著。

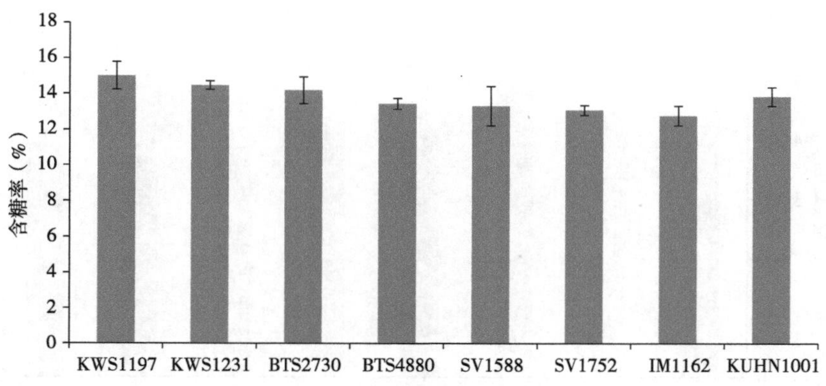

图4-4　2020年苏打盐碱地甜菜不同品种含糖率比较

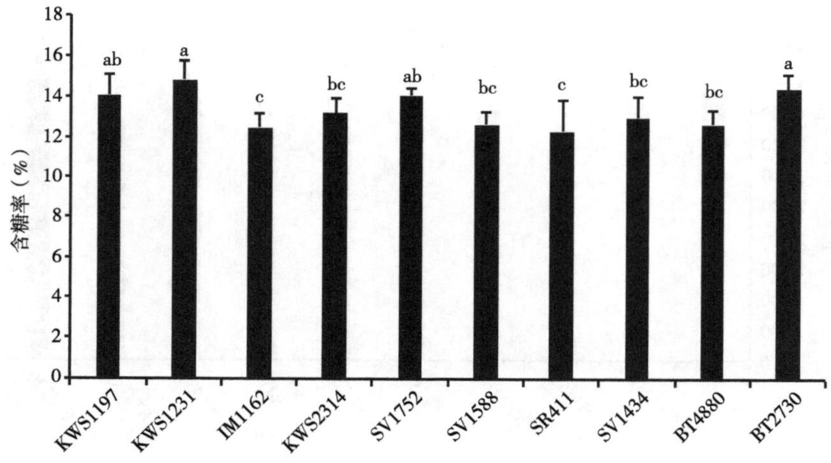

图4-5　2021年苏打盐碱地甜菜不同品种含糖率比较

4.3.1.4　苏打盐碱地甜菜不同品种产糖量比较

甜菜产糖量受甜菜产量和含糖率共同作用的影响，由图4-6可知，2020年苏打盐碱地甜菜不同品种产糖量差异不同，表现为BTS2730>KWS1231>KWS1197>BTS4880>SV1588>KUHN1001>SV1752>IM1162，其中前3个品种综合表现良好。

由图4-7可知，2021年苏打盐碱地甜菜不同品种产糖量差异不同，依次表现BTS2730>KWS1231>KWS1197>SV1752>SV1434>SV1588>KWS2314>BTS4880>IM1162>SR411，其中前3个品种综合表现良好。

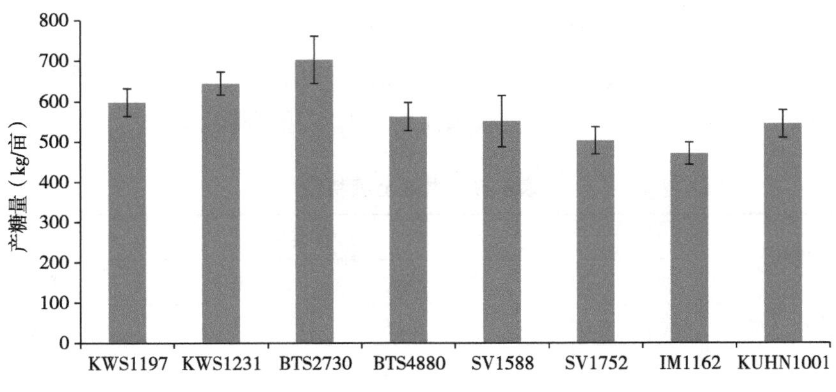

图4-6 2020年苏打盐碱地甜菜不同品种产糖量比较

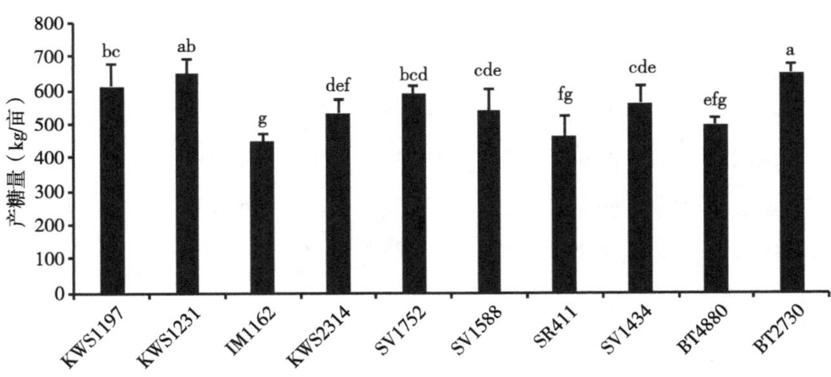

图4-7 2021年苏打盐碱地甜菜不同品种产糖量比较

4.2.2 室内试验

试验取通辽市科尔沁左翼中旗有代表性轻、中、重度苏打盐碱土3个土壤类型进行室内10个甜菜不同品种保苗试验，对照为正常土壤。每200kg土壤加2kg甜菜纸筒育苗苗床专用肥，混匀后每盆装土10kg，每盆播种20粒，于1对真叶小米粒大小时定苗至10株。每个处理重复3次，每个重复种植5盆。

4.2.2.1 供试土壤特性

2021年9月，于通辽市科尔沁左翼中旗试验地根据地表植物生长状况、盐碱表现等，选取对照、轻度盐碱化、中度盐碱化和重度盐碱化土壤，通过实验室室内分析，土壤特性见表4-9，按照苏打盐碱化土壤盐碱程度划分标准，轻度盐碱碱化度在5%～15%、中度盐碱碱化度15%～30%、重度盐碱碱化度30%～45%，本试验所取土壤满足轻、中、重等级。

表4-9　供试土壤特性

指标	土壤类型			
	对照	轻度	中度	重度
含盐量（%）	0.07	0.16	0.21	0.69
Na^{+}（mg/kg）	64.05	296.94	434.31	1 582.93
Mg^{2+}（mg/kg）	20.55	22.15	55.34	134.55
K^{+}（mg/kg）	3.05	5.69	10.31	23.91
Ca^{2+}（mg/kg）	70.71	124.97	158.78	552.15
CO_3^{2-}（mg/kg）	0.00	3.60	45.00	312.66
HCO_3^{-}（mg/kg）	387.50	987.42	1 162.39	2 961.46
Cl^{-}（mg/kg）	88.98	113.36	145.21	867.37
SO_4^{2-}（mg/kg）	46.33	37.33	61.74	417.42
pH值	8.06	8.88	9.60	10.18
阳离子交换量（cmol/kg）	28.44	20.45	23.20	15.30
交换性钠含量（cmol/kg）	0.21	1.69	5.28	5.55
碱化度（%）	0.72	8.26	22.76	36.28

4.3.2.2　不同盐碱化程度土壤对甜菜出苗率的影响

由表4-10可知，不同盐碱化程度土壤对不同甜菜品种出苗率的影响不同。随着盐碱化程度的加重，10个甜菜品种的出苗率均表现下降趋势，但下降幅度不同。根据显著性分析，10个甜菜品种可以大致分为3类，第1类包括BETA2730、KWS1231和KWS1197，这3个品种的耐盐碱程度较好，在轻度、中度和重度盐碱化土壤中出苗率表现差异不显著；第2类包括SV1434、SV1588、SV1752、SR411和KWS2314，这5个品种表现为轻度和中度土壤中出苗率差异不显著，但重度土壤中出苗率较轻度和中度显著降低；第3类包括BT4880和IM1162，这2个品种随着盐碱化程度的加重，出苗率呈现显著降低的趋势，可见这2个品种耐盐碱程度较差。

表4-10　不同盐碱化程度土壤对甜菜出苗率的影响

品种	土壤类型			
	对照	轻度	中度	重度
KWS1197	98.33 ± 1.67a	86.67 ± 1.67b	80.00 ± 2.89b	72.00 ± 5.77b
SV1434	96.67 ± 3.33a	76.67 ± 3.33b	69.33 ± 4.41b	56.67 ± 3.33c
SV1588	96.67 ± 3.33a	73.33 ± 3.33b	65.00 ± 5.58b	54.67 ± 3.33c
SV1752	95.00 ± 2.89a	80.33 ± 6.67b	72.67 ± 6.01b	61.00 ± 5.00c
BETA2730	98.33 ± 1.67a	90.67 ± 3.33b	85.33 ± 4.41b	75.33 ± 4.41b
SR411	96.67 ± 1.67a	88.33 ± 6.67b	80.33 ± 1.67b	69.00 ± 2.89c
KWS1231	100.00 ± 0.00a	90.33 ± 1.67b	84.33 ± 1.67b	75.33 ± 1.67b
BT4880	95.67 ± 4.41a	70.00 ± 5.00b	60.00 ± 2.89c	40.00 ± 8.66d
KWS2314	97.00 ± 2.89a	73.00 ± 5.00b	66.67 ± 3.33b	53.67 ± 6.01c
IM1162	94.67 ± 8.33a	68.33 ± 1.67b	54.33 ± 3.33c	42.00 ± 5.77d

注：表中同一行不同字母表示差异显著（$P<0.05$）。

4.4　甜菜耐碱保苗技术研究

试验设不施改良材料（CK）、施用微生物菌肥（处理MF）、施用有机硅肥（处理SF）和施用腐殖酸（处理HF）4个处理，其中微生物菌肥施用量为1 500kg/hm^2、有机硅肥施用量为750kg/hm^2、腐殖酸肥施用量为1 500kg/hm^2。试验采用随机区组设计，重复3次，共计12个小区，小区面积7.2m × 15m=108m^2。微生物菌肥、有机硅肥和腐殖酸均在播种前与种肥进行混合后撒施，旋耕入土壤，旋耕深度15 ~ 20cm，种肥采用甜菜专用化肥，施用量为900kg/hm^2。采用浅埋滴灌的方式种植，田间管理方式与大田生产一致。

4.4.1 不同改良材料对苏打盐碱化耕地土壤盐碱特性的影响

由表4-11可知，不同改良材料对苏打盐碱化耕地土壤特性产生一定影响，与对照相比，土壤pH值、碱化度、全盐含量呈下降趋势，有机质含量呈增加趋势。

不同处理不同土层土壤pH值均表现为10～20cm>0～10cm，不同处理0～10cm土层表现为CK>MF>HF>SF，10～20cm土层表现为CK>HF>MF>SF。0～10cm土层，与对照相比，处理SF、HF和MF土壤pH值分别降低2.65%、1.80%和1.76%，其中仅有处理SF与对照表现显著性差异。10～20cm土层，与对照相比，处理SF、HF和MF土壤pH值分别降低3.17%、2.66%和2.04%，其中处理SF和MF均与对照表现显著性差异。

不同处理不同土层土壤碱化度表现为10～20cm>0～10cm，不同处理间0～10cm土层和10～20cm土层均表现为CK>MF>HF>SF。0～10cm土层和10～20cm土层，与对照相比，处理SF、HF、MF土壤碱化度分别降低12.19%和14.22%、5.95%和10.21%、3.03%和6.20%，在0～10cm土层仅有处理SF与对照表现显著性差异，10～20cm土层处理SF、HF和MF均与对照表现显著性差异。

不同处理不同土层土壤全盐含量表现为10～20cm>0～10cm，不同处理间0～10cm土层和10～20cm土层均表现为CK>MF>HF>SF。0～10cm土层和10～20cm土层，与对照相比，处理SF、HF、MF土壤全盐含量分别降低17.12%和13.45%、15.07%和7.60%、9.59%和1.17%，在0～10cm土层，处理SF、HF与对照表现显著性差异，10～20cm土层，仅有处理SF与对照表现显著性差异。

不同处理不同土层土壤有机质含量表现为10～20cm>0～10cm，不同处理间0～10cm和10～20cm土层间均表现为SF>HF>MF>CK。0～10cm土层和10～20cm土层，与对照相比，处理SF、HF、MF土壤有机质含量分别提高了14.24%和14.63%、9.74%和10.59%、8.15%和9.90%，且两个土层，3个施用土壤改良材料处理均与对照表现显著性差异。

表4-11　不同改良材料下苏打盐碱化耕地土壤特性变化

指标	土层	处理			
		CK	MF	SF	HF
pH值	0～10cm	9.45 ± 0.10a	9.34 ± 0.10ab	9.20 ± 0.17b	9.28 ± 0.10ab
	10～20cm	9.77 ± 0.15a	9.51 ± 0.15b	9.46 ± 0.08b	9.57 ± 0.10ab
碱化度（%）	0～10cm	17.48 ± 0.68b	16.95 ± 0.60b	15.35 ± 0.40a	16.44 ± 0.60ab
	10～20cm	26.94 ± 1.58a	25.27 ± 0.66ab	23.11 ± 0.23b	24.19 ± 0.35b
全盐含量（g/kg）	0～10cm	1.46 ± 0.08a	1.32 ± 0.08ab	1.21 ± 0.01b	1.24 ± 0.03b
	10～20cm	1.71 ± 0.08a	1.69 ± 0.09a	1.48 ± 0.07b	1.58 ± 0.03a
有机质（g/kg）	0～10cm	12.15 ± 0.23c	13.14 ± 0.25b	13.88 ± 0.22a	13.33 ± 0.29b
	10～20cm	14.35 ± 0.26c	15.77 ± 0.29b	16.45 ± 0.32a	15.87 ± 0.28b

注：表中同一行不同小写字母表示差异达0.05显著水平。

4.4.2　不同改良材料对苏打盐碱化耕地甜菜出苗率和存活率的影响

由图4-8可知，3种改良材料对苏打盐碱地甜菜出苗率和存活率均有一定影响。各处理甜菜出苗率表现为SF>MF>HF>CK，且3种改良材料处理出苗率均显著高于对照，但3种改良材料之间差异不显著，SF、MF、HF处理甜菜出苗率分别较对照提高了11.67个百分点、8.67个百分点、8.33个百分点；各处理甜菜收获期存活率表现为SF>HF>MF>CK，且3种改良材料甜菜收获期存活率均显著高于对照，但3种改良材料之间差异不显著，SF、HF、MF处理甜菜存活率分别较对照提高了15.33个百分点、13.00个百分点、9.33个百分点。可见施用有机硅肥、微生物菌肥和腐殖酸肥对苏打盐碱地甜菜保苗和生育期存活具有促进作用，对提升苏打盐碱地甜菜产量和质量水平奠定了基础。

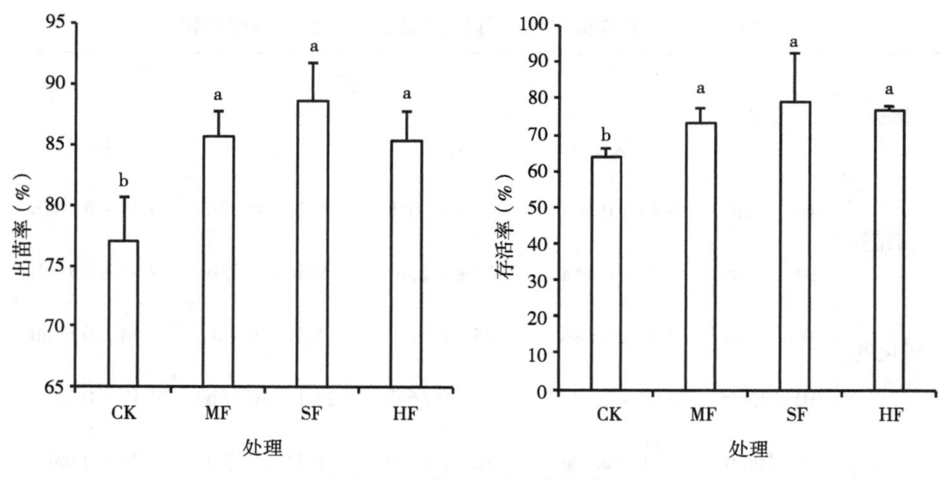

图4-8　不同处理甜菜出苗率和存活率变化

4.4.3　不同改良材料对苏打盐碱化耕地甜菜生长动态的影响

4.4.3.1　不同改良材料对苏打盐碱化耕地甜菜株高和叶面积指数的影响

由图4-9可知，随着生育时期的推进，各处理甜菜株高整体呈现先增加后在收获期降低的趋势，在糖分积累期达到最大值。不同生育时期，苗期各处理甜菜株高基本表现为SF>MF>HF>CK，苗期后各个生育时期则表现为SF>HF>MF>CK。分析各处理间显著性差异可知，与对照相比，仅有处理SF可以在全生育时期提高甜菜株高；处理MF在进入块根及糖分增长期后显著提高甜菜株高；处理HF在进入叶丛快速增长期后显著提高甜菜株高；处理SF在进入叶丛快速增长期后，甜菜株高显著高于MF、HF处理，MF、HF处理在全生育时期甜菜株高均表现差异不显著。与对照相比，处理SF、HF、MF全生育时期甜菜株高分别提高9.74%～25.61%、4.64%～12.28%、4.33%～11.76%。

随着生育时期的推进，各处理甜菜叶面积指数呈现先升高后降低的趋势，在块根及糖分增长期达到最大值。不同生育时期，各处理甜菜叶面积指数均表现为SF>HF>MF>CK。分析各处理间显著性差异可知，苗期各处理间差异均不显著；处理SF在进入叶丛快速增长期后，甜菜叶面积指数均显著高

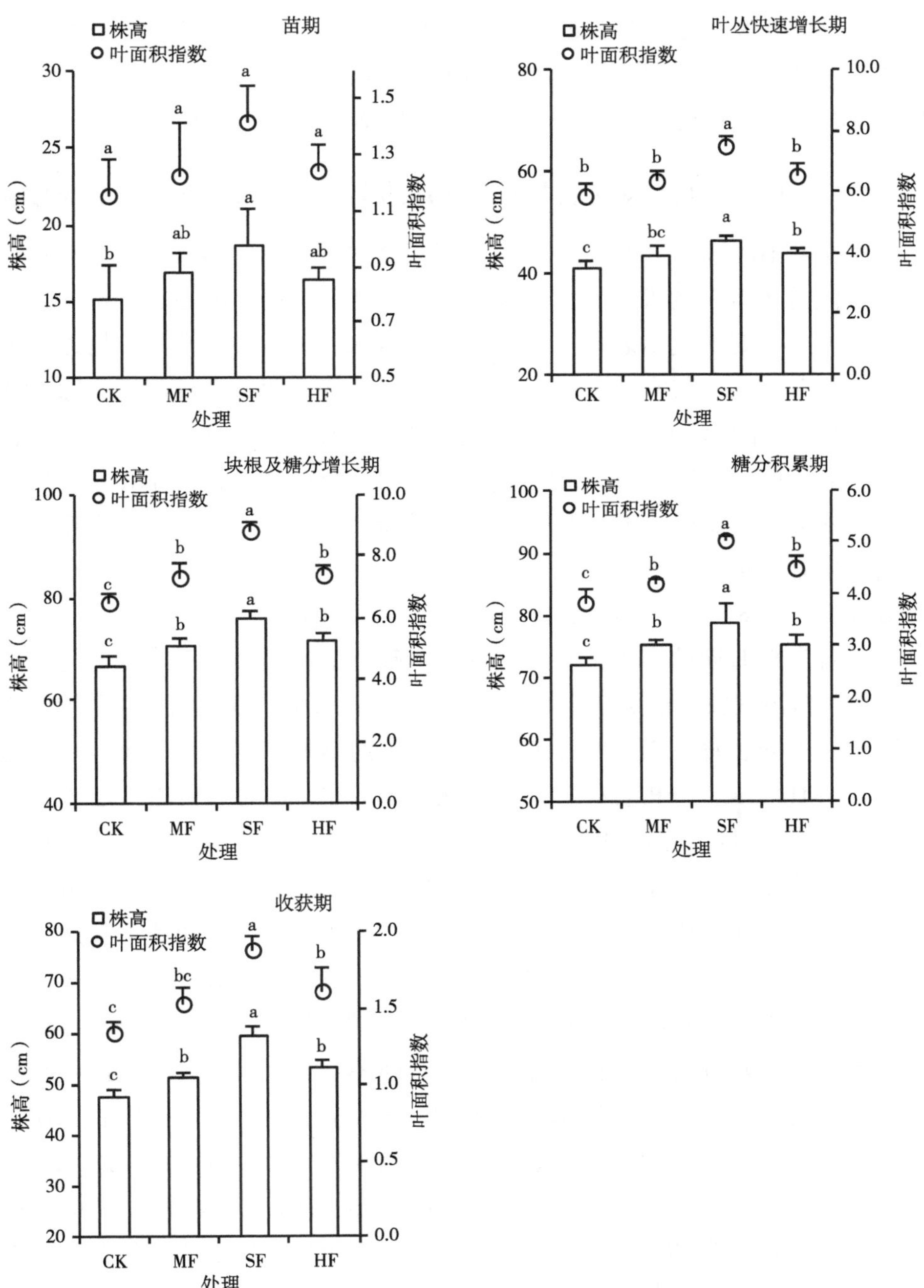

图4-9 不同处理甜菜全生育时期株高和叶面积指数变化

于MF、SF和CK；处理HF在进入块根及糖分增长期后，甜菜叶面积指数显著高于CK；处理MF在块根及糖分增长期和糖分积累期与CK间差异显著；处理MF、HF处理之间在全生育时期甜菜叶面积指数均表现差异不显著。

4.4.3.2　不同改良材料对苏打盐碱化耕地甜菜植株鲜重积累和分配的影响

由图4-10可知，不同改良材料对甜菜全株鲜重和各器官鲜重均有一定影响。随着生育期的推进，甜菜全株鲜重呈现逐渐增加的趋势，不同处理间在不同生育时期基本表现为SF>HF>MF>CK。分析各处理显著性差异可知，与对照相比，仅有处理SF可在全生育时期提高甜菜全株鲜重；除苗期外，处理MF在其余生育时期显著提高了甜菜全株鲜重；除块根及糖分增长期外，处理HF在其余生育时期显著提高了甜菜全株鲜重。处理SF在全生育时期全株鲜重均显著高于处理HF和MF，处理HF和MF全株鲜重仅在糖分积累期表现差异显著。与对照相比，处理SF、HF、MF全生育时期甜菜全株鲜重分别提高17.67%～32.98%、4.24%～16.11%、4.48%～6.76%。

随着生育时期的推进，叶片鲜重和茎鲜重呈现先增加后降低的趋势，叶片最大值出现在块根及糖分增长期，茎鲜重最大值出现在糖分积累期。不同处理在不同生育时期对叶片鲜重和茎鲜重的影响基本表现一致，表现为SF>HF>MF>CK，分析各处理间显著性差异可知，与对照相比，处理SF可在甜菜全生育时期均显著提高叶片鲜重和茎鲜重；处理HF在进入糖分积累期后可显著提高叶片鲜重和茎鲜重；处理MF在进入糖分积累期后显著提高叶片鲜重，仅在收获期显著提高了茎鲜重。处理SF除叶丛快速增长期外，其余生育时期叶片鲜重显著高于处理HF和MF，全生育时期茎鲜重均显著高于处理HF和MF，这可能是由于叶丛快速增长期甜菜叶片快速增长，3种改良材料处理叶片鲜重差异在叶片快速增长时不明显，处理HF和MF叶片鲜重和茎鲜重在全生育时期之间均差异不显著。与对照相比，处理SF、HF、MF全生育时期甜菜叶片鲜重分别提高11.30%～33.86%、6.67%～18.11%、2.61%～11.82%，茎鲜重分别提高12.30%～62.65%、2.46%～17.91%、4.82%～7.46%。随着生育时期的推进，块根鲜重呈现逐渐增加的趋势，不同处理间在不同生育时期基本表现为SF>HF>MF>CK。分析各处理显著性差异可知，与对照相比，仅有处理SF可在全生育时期提高甜菜块根鲜重；处理MF在全生育时期均表现差异不显著；进入叶丛快速增长期后处理HF均显著提高了甜菜块根鲜重。除苗期外，处理SF在全生育时期块根鲜重均显著高于处理HF和MF，这与叶片鲜重和茎鲜重表现不一致，是由于苗期甜菜块根较小，以地上部生长为主，处理HF和MF全株鲜重仅在糖分积累期和收获期表现差异显著。与对照相比，处理SF、HF、MF全生育时期甜菜块根鲜重分别提高8.91%～33.33%、5.17%～23.15%、3.45%～7.84%。

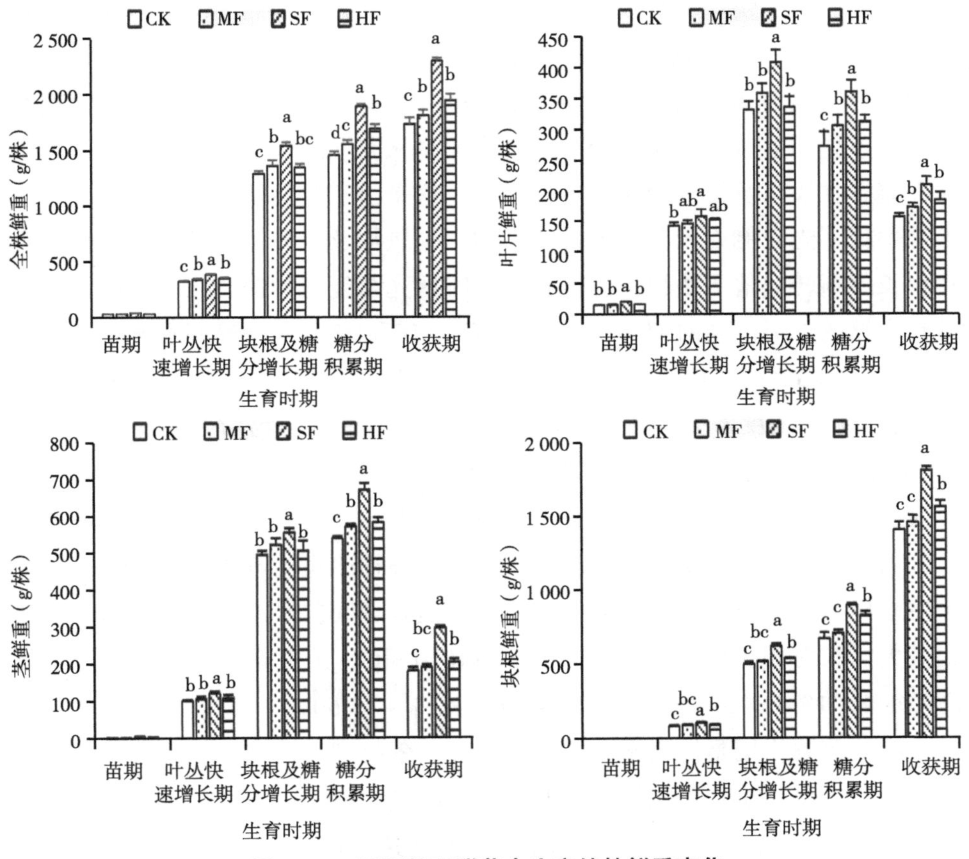

图4-10　不同处理甜菜全生育植株鲜重变化

4.4.4　不同改良材料对甜菜叶片光合特性的影响

4.4.4.1　不同改良材料对甜菜叶片气体交换参数的影响

改良材料的施用能够不同程度影响苏打盐碱化耕地甜菜叶片气体交换参

数，净光合速率、胞间CO_2浓度、蒸腾速率和气孔导度在甜菜全生育时期均表现为先增加后降低的趋势，且各指标的峰值均出现在块根及糖分增长期，这是由大气环境和甜菜生长共同决定的。净光合速率是表征甜菜叶片光合能力的直接指标，各处理在生育期间差异表现不一致。

由表4-12分析可知，与对照相比，处理SF显著提高了全生育时期甜菜叶片净光合速率；处理HF净光合速率除苗期外其余时期显著提高；处理MF则在苗期、叶丛快速增长期、块根及糖分增长期显著提高了净光合速率，在糖分积累期和收获期则表现差异不显著；3种改良材料间表现为除苗期外，处理SF净光合速率均显著高于处理MF和HF，处理MF和HF在全生育时期间均表现差异不显著，同时各处理净光合速率从苗期到叶丛快速增长期迅速增加，差异在块根及糖分增长期达到最大，这是由于叶丛快速增长期甜菜叶片迅速生长，光合能力较苗期大幅度增加，到块根及糖分增长期甜菜由地上叶片生长逐渐转向地下块根快速生长，此时期光合能力的提升直接影响甜菜产量和含糖的形成。与对照相比，处理SF、MF和HF净光合速率在全生育时期分别提高10.32%～21.77%、3.82%～10.36%和5.63%～12.33%。

胞间CO_2浓度各处理在生育期内差异表现不一致。与对照相比，处理SF和HF对胞间CO_2浓度影响与其对净光合速率的影响表现一致；处理MF则表现为在苗期、叶丛快速增长期和收获期显著提高了胞间CO_2浓度，在块根及糖分增长期和糖分积累期表现差异不显著；3种改良材料间胞间CO_2浓度显著性差异与其对净光合速率的影响一致，但处理间差异在叶丛快速增长期达到最大。与对照相比，处理SF、MF和HF胞间CO_2浓度在全生育时期分别提高9.08%～19.62%、4.51%～10.14%和2.37%～13.60%。

叶片蒸腾作用是散失水分的重要途径，各处理蒸腾速率在生育时期内差异表现不一致。与对照相比，苗期各处理蒸腾速率表现差异均不显著，这是由于苗期甜菜叶片较小，蒸腾作用较弱；叶丛快速增长期、块根及糖分增长期和糖分积累期，3种改良材料处理均显著提高了甜菜叶片蒸腾作用，蒸腾速率显著提升，且这3个时期处理SF蒸腾速率显著高于处理MF和HF，处理MF和HF之间差异不显著；收获期则表现为处理SF显著高于对照、处理MF和HF，但处理MF和HF与对照之间差异不显著。与对照相比，处理SF、MF和HF蒸腾速率在全生育时期分别提高17.44%～40.93%、1.46%～26.54%和4.22%～31.01%。

表4-12　不同生育时期甜菜叶片气体交换参数

光合指标	处理	苗期	叶丛快速增长期	块根及糖分增长期	糖分积累期	收获期
净光合速率[μmol/（m^2·s）]	CK	12.21 ± 0.29c	20.11 ± 0.21c	21.01 ± 0.58c	19.36 ± 0.27c	12.71 ± 0.36c
	MF	13.07 ± 0.42ab	21.14 ± 0.57b	23.18 ± 0.48b	20.1 ± 0.63bc	13.29 ± 0.26bc
	SF	13.47 ± 0.32a	23.05 ± 0.79a	25.58 ± 0.56a	21.5 ± 0.49a	14.56 ± 0.51a
	HF	12.91 ± 0.45bc	22.02 ± 0.13b	23.6 ± 0.55b	20.45 ± 0.46b	13.72 ± 0.35b
胞间CO_2浓度[μmol/（m^2·s）]	CK	126.72 ± 8.01c	227.08 ± 14.16c	341.6 ± 8.84c	271.81 ± 5.8c	224.94 ± 7.65c
	MF	139.57 ± 9.56ab	247.97 ± 5.36b	357.02 ± 10.82bc	273.97 ± 5.99bc	245.08 ± 5.45b
	SF	144.1 ± 4.78a	271.63 ± 7.74a	376.65 ± 7.74a	296.49 ± 6.97a	268.45 ± 8.84a
	HF	129.72 ± 7.35bc	257.97 ± 7.32b	359.12 ± 7.58b	286.07 ± 7.13b	255.38 ± 6.43b
蒸腾速率[mmol/（m^2·s）]	CK	3.71 ± 0.33a	4.77 ± 0.32c	6.51 ± 0.27c	5.51 ± 0.26c	4.35 ± 0.26b
	MF	4.05 ± 0.76a	5.53 ± 0.22b	7.51 ± 0.11b	6.98 ± 0.39b	4.41 ± 0.40b
蒸腾速率[mmol/（m^2·s）]	SF	4.35 ± 0.45a	6.17 ± 0.21a	8.51 ± 0.07a	7.77 ± 0.28a	5.35 ± 0.29a
	HF	4.19 ± 0.23a	5.52 ± 0.23b	8.35 ± 0.3ab	7.22 ± 0.12b	4.53 ± 0.46b
气孔导度[mmol/（m^2·s）]	CK	0.15 ± 0.016c	0.47 ± 0.012c	1.34 ± 0.029c	0.90 ± 0.007d	0.56 ± 0.007d
	MF	0.16 ± 0.001bc	0.55 ± 0.03b	1.43 ± 0.039bc	0.97 ± 0.023c	0.67 ± 0.018c
	SF	0.19 ± 0.005a	0.63 ± 0.009a	1.65 ± 0.111a	1.18 ± 0.038a	0.80 ± 0.018a
	HF	0.17 ± 0.008ab	0.58 ± 0.008b	1.54 ± 0.009b	1.13 ± 0.017b	0.74 ± 0.004b

注：同一指标同列不同字母表示差异显著（$P<0.05$）。

气孔导度是反映叶片气体交换能力的重要指标，各处理气孔导度在生育时期内差异表现不一致。与对照相比，处理SF、HF对甜菜叶片气孔导度的影响与其对净光合速率和胞间CO_2浓度的影响一致；处理MF则表现为在叶丛快速增长期、糖分积累期和收获期显著提高了气孔导度，在苗期、块根及糖分增长期则表现差异不显著；3种改良材料间对气孔导度的影响表现为除苗期外，处理SF显著高于MF和HF，处理MF和HF之间在糖分积累期和收获期表现差异显著，其余时期差异不显著。与对照相比，处理SF、MF和HF气孔导度在全生育时期分别提高23.14%～43.35%、6.72%～20.45%和14.65%～32.79%。

4.4.4.2 不同改良材料对甜菜叶片叶绿素相对含量（SPAD）值的影响

由图4-11可知，苏打盐碱化耕地施用3种改良材料后对叶片SPAD值产生不同程度的影响。与对照相比，处理SF显著提高了全生育时期甜菜叶片SPAD值；处理HF显著提高了除苗期外其余生育时期甜菜叶片SPAD值；处理MF则显著提高了苗期、叶丛快速增长期、块根及糖分积累期甜菜叶片SPAD值，对糖分积累期和收获期叶片SPAD值无显著影响，可见硅肥（处理SF）施用见效较快且持续时间稳定，微生物菌肥（处理MF）对甜菜生育前期影响较明显，腐殖酸肥（处理HF）则需进入叶丛快速增长期后表现显著效果。3种土壤改良材料间，表现为处理SF在全生育时期均显著高于处理MF和HF，处理MF和HF之间全生育时期均表现差异不显著。与对照相比，处理SF、MF和HF叶片SPAD值在全生育时期分别提高23.15%～28.87%、5.54%～18.18%和7.93%～20.06%。综上，苏打盐碱化耕地施用改良材料能

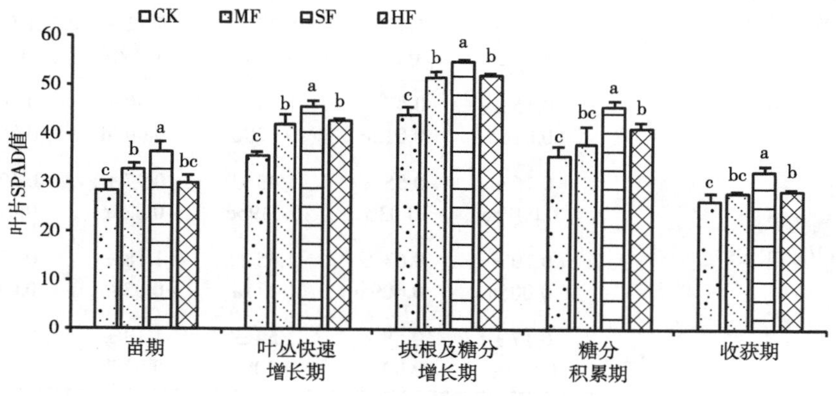

图4-11 不同生育时期甜菜叶片SPAD值

够改善甜菜叶片SPAD值，进而提高光合作用，3种改良材料以硅肥（处理SF）优于微生物菌肥（处理MF）和腐殖酸肥（处理HF）。

4.4.5　不同改良材料对苏打盐碱化耕地甜菜产量和质量的影响

由表4-13可知，不同改良材料对苏打盐碱化耕地甜菜产量和质量均存在一定程度影响。甜菜含糖率表现为SF>HF>MF>CK，且3种改良材料与对照均表现显著性差异，与对照相比，处理SF、HF、MF含糖率分别提高2.70%、1.91%、1.60%，且处理SF显著高于处理MF和HF，处理MF和HF间差异不显著；甜菜产量表现为SF>HF>MF>CK，处理SF、HF显著高于对照，处理MF和对照间差异不显著，与对照相比，处理SF、HF、MF产量分别提高29.54%、10.21%、7.95%，且处理SF显著高于处理MF和HF，处理MF和HF间差异不显著；甜菜产糖量是由产量和含糖率共同决定的，各处理表现为SF>HF>MF>CK，3种改良材料均显著高于对照，与对照相比，处理SF、HF、MF产量分别提高58.30%、27.60%、22.15%，处理SF显著高于处理MF和HF，处理MF和HF间差异不显著。

表4-13　不同改良材料下苏打盐碱化甜菜产量和质量及经济效益分析

处理	含糖率（%）	产量（kg/hm^2）	产糖量（kg/hm^2）
CK	12.17 ± 0.38c	5 3671.27 ± 1 947.29c	6 531.64 ± 360.18c
MF	13.77 ± 0.15b	57 940.07 ± 2 535.67bc	7 978.61 ± 427.78b
SF	14.87 ± 0.21a	69 528.08 ± 2 604.57a	10 339.6 ± 519.43a
HF	14.08 ± 0.68b	59 149.56 ± 2 621.60b	8 334.07 ± 616.31b

注：表中同一列不同小写字母表示差异达0.05显著水平。

4.5　甜菜全程机械化提质增效综合栽培技术示范研究

4.5.1　甜菜全程机械化提质增效配套栽培技术

4.5.1.1　整地

深松、浅翻后耙耱、镇压，深松深度30～35cm，翻耕深度25cm左右。

要求土壤达到细、碎、平、无坷垃、无根茬。

4.5.1.2　基肥

采用有机肥配施化肥的方式，将3 000kg/亩有机肥撒施于地表，结合整地一次性施入土壤。种肥纯N施用量4.2～4.8kg/亩，P_2O_5施用量6.3～7.2kg/亩，K_2O施用量5.25～6kg/亩，随播种施入土壤。肥料使用按照《肥料合理使用准则 通则》（NY/T 496—2010）和《有机肥料》（NY/T 525—2021）规定执行。

4.5.1.3　播种

（1）品种选择。选择耐盐碱性较强的甜菜品种。

（2）播种。连续5d表土5cm土壤温度稳定在5℃以上时即可播种，一般在4月中旬播种为宜。采用气吸式精量播种机一次性完成铺管、播种。大小行距种植，大行行距70cm、小行行距40cm，株距17cm，播种深度1.0～1.5cm。保苗不低于5 500株/亩。

4.5.1.4　田间管理

（1）中耕。苏打盐碱土栽培甜菜应适当增加中耕次数，阻止盐分向地表聚集，一般中耕3次。甜菜叶龄在4～6片叶时进行第一次中耕，8～10片叶时进行第二次中耕，12～15片叶时进行第三次中耕，耕深在10～15cm。

（2）灌溉。灌溉视降雨情况而定，一般为播种后连续灌水两次，播后第一次灌水量为25m^3/亩，为防止盐碱地灌水后形成硬盖儿，阻碍出苗，灌水结束3d后紧接着再灌一次水，灌水量为10m^3/亩；叶丛快速增长期灌水3次，单次灌水量25m^3/亩；块根及糖分增长期灌水2次，单次灌水量25m^3/亩；糖分积累期灌水1次，单次灌水量25m^3/亩。

4.5.1.5　病虫草害防治

（1）病害防治。

①立枯病：播前每千克种子用70%噁霉灵可湿性粉剂5g，或50%福美双可湿性粉剂6～8g拌种，或两种药剂各4g混用拌种效果更好，并加强幼苗期的中耕松土。出苗后如果立枯病发生严重，用70%噁霉灵可湿性粉剂

5～10g/亩，或加50%福美双可湿性粉剂8～16g/亩，兑水35kg喷洒。

②褐斑病：6月下旬至7月上旬，首批病株率达到3%时或田间出现中心病株时开始定点防治，发病率达到5%以上进行大面积联合防治。根据发生趋势和第一次喷药效果，确定第二次防治时间。第一次施药采用氟硅唑或苯醚甲环唑或三苯基乙酸锡，第二次施药采用三苯基乙酸锡。在一个生长季节每种药剂只用1次，减少抗药性菌株出现危险。

（2）虫害防治。

①金龟子幼虫、地老虎和金针虫等地下害虫防治：10%毒死蜱颗粒剂（2～3kg/亩），与种肥拌匀，随播种机同时施入；若苗期发现危害严重，则结合灌溉用40%毒死蜱或50%的辛硫磷500mL/亩等随水滴灌。药剂的使用按《农药合理使用准则》（GB/T 8321）的规定执行。

②甜菜象甲和跳甲防治：锐劲特（氟虫腈）5%悬浮液20～40mL/亩；锐劲特（氟虫腈）5%悬浮液5mL/亩，加2.5%溴氰菊酯（敌杀死）25mL/亩（或其他菊酯类药剂）；48%毒死蜱乳油50mL/亩，可兼治地老虎。

（3）草害防治。杂草3～4叶期，用16%甜安宁150～200mL/亩，加10.8%精喹禾灵50～80mL/亩，兑水30kg/亩；或加10.8%高效氟吡甲禾灵乳油30～35mL/亩，兑水30kg/亩田间喷雾。一周后用21%安·宁·乙呋黄400～530mL/亩，加10.8%精喹禾灵50～80mL/亩，兑水30kg/亩；或加10.8%高效氟吡甲禾灵乳油30～35mL/亩，兑水30kg/亩田间喷雾。若遇芦苇、白茅、狗牙根等多年生禾本科杂草时，用10.8%高效氟吡甲禾灵乳油60～80mL/亩在第二次用药后1个月再施药1次。

4.5.1.6 收获

10月上中旬采用分段式或联合式收获机及时进行收获。收获作业质量应符合下列要求：总损失率≤5%；损伤率≤5%；根体折断率≤5%；切削合格率≥85%。

4.5.2 甜菜全程机械化提质增效综合栽培技术效果分析

4.5.2.1 甜菜全程机械化提质增效综合栽培技术产量分析

由表4-14可知，苏打盐碱化耕地应用甜菜全程机械化提质增效综合栽培技术后，产量较对照有大幅度提高，3年提高幅度分别为27.10%、28.88%和30.52%；含糖率较对照有一定提高，3年提高幅度分别为0.8度、1.3度和0.6度；产糖量较对照有一定提升，3年提高幅度分别为33.79%、40.71%和36.04%；3年产值分别增加475.74元/亩、524.15元/亩和559.91元/亩。

表4-14　甜菜全程机械化提质增效综合栽培技术产量分析

年份	指标	处理	
		集成技术应用	对照
2020年	产量（kg/亩）	4 132	3 251
	含糖率（%）	16.0	15.2
	产糖量（kg/亩）	661.12	494.15
	产值（元/亩）	2 231.28	1 755.54
2021年	产量（kg/亩）	4 253	3 300
	含糖率（%）	15.5	14.2
	产糖量（kg/亩）	659.22	468.6
	产值（元/亩）	2 339.15	1 815
2022年	产量（kg/亩）	4 058	3 109
	含糖率（%）	14.8	14.2
	产糖量（kg/亩）	600.58	441.48
	产值（元/亩）	2 394.22	1 834.31

4.5.2.2　甜菜全程机械化提质增效综合栽培技术土壤改良效果分析

由表4-15可知，应用甜菜全程机械化提质增效综合栽培技术后，2021年和2022年土壤pH值分别降低0.27和0.29，3年土壤碱化度分别降低1.92%、3.18%和2.33%，全盐含量分别降低0.396g/kg、0.241g/kg和0.211g/kg，有机质含量分别提高0.4g/kg、1.42g/kg和1.15g/kg，可见本研究研发集成的甜菜全程机械化提质增效综合栽培技术具有较好的土壤改良效果。

表4-15 甜菜全程机械化提质增效综合栽培技术土壤改良效果分析

年份	指标	处理	
		集成技术应用	对照
2020年	pH值	9.51	9.48
	碱化度（%）	19.82	21.74
	全盐含量（g/kg）	1.909	2.305
	有机质（g/kg）	16.9	16.5
2021年	pH值	8.51	8.78
	碱化度（%）	19.52	22.70
	全盐含量（g/kg）	1.894	2.135
	有机质（g/kg）	15.77	14.35
2022年	pH值	8.73	9.02
	碱化度（%）	19.65	21.98
	全盐含量（g/kg）	1.886	2.097
	有机质（g/kg）	15.81	14.66

4.6 苏打盐碱化耕地向日葵高效栽培技术研究

4.6.1 苏打盐碱地向日葵耐盐品种筛选研究

4.6.1.1 苏打盐碱地向日葵耐盐品种出苗率比较

由表4-16可知，2020年3个向日葵品种出苗率表现为天承3号>9365>SH361，其中天承3号出苗率较9365和SH361分别提高了4.81%和7.44%。

表4-16 2020年苏打碱化耕地向日葵品种出苗率变化

指标	品种		
	9365	天承3号	SH361
出苗率（%）	87.67	91.89	85.53

由表4-17可知，2021年3个向日葵品种出苗率表现为天承3号>9365>SH361，其中天承3号出苗率较9365和SH361分别提高了2.12个百分点和2.93个百分点。

表4-17　2021年苏打碱化耕地向日葵品种出苗率变化

指标	品种		
	9365	天承3号	SH361
出苗率（%）	90.36	92.48	89.55

4.6.1.2　苏打盐碱地向日葵不同品种产量性状比较研究

由表4-18可知，3个向日葵品种收获期株高表现为9365>天承3号>SH361，盘径、收获密度、百粒重则表现为天承3号>9365>SH361，与籽粒产量表现一致，其中天承3号盘径、收获密度、百粒重、单盘粒重较9365和SH361分别提高了5.54%和11.44%、5.88%和8.43%、1.94%和29.10%、1.14%和0.32%。

表4-18　苏打盐碱地向日葵品种产量性状变化

品种	株高（cm）	盘径（cm）	收获密度（株/亩）	百粒重（g）	单盘粒重（g）
9365	238.00	16.43	1 190	11.87	156.09
天承3号	231.00	17.34	1 260	12.10	157.88
SH361	225.00	15.56	1 162	9.75	157.38

由表4-19可知，2021年3个向日葵品种盘径、收获密度、百粒重、单盘粒重则表现为天承3号>9365>SH361，其中天承3号盘径、收获密度、百粒重、单盘粒重较9365和SH361分别提高了2.40%和4.79%、2.29%和4.59%、2.07%和5.09%、2.38%和6.61%。

表4-19　2021年苏打盐碱地向日葵品种产量性状变化

品种	盘径（cm）	收获密度（株/亩）	百粒重（g）	单盘粒重（g）
9365	26.30	1 180	19.82	252
天承3号	26.93	1 207	20.23	258
SH361	25.70	1 154	19.25	242

4.6.1.3　苏打盐碱地向日葵不同品种产量比较研究

由表4-20可知，2020年3个向日葵品种产量表现为天承3号>9365>SH361，其中天承3号产量较9365和SH361分别提高了4.68%和16.02%。

表4-20　2020年苏打碱化耕地向日葵品种产量变化

指标	品种		
	9365	天承3号	SH361
产量（kg/hm^2）	2 818.20	2 950.05	2 743.10

由表4-21可知，2021年3个向日葵品种产量表现为天承3号>9365>SH361，其中天承3号产量较9365和SH361分别提高了4.83%和11.68%。

表4-21　2021年苏打碱化耕地向日葵品种产量变化

指标	品种		
	9365	天承3号	SH361
产量（kg/hm^2）	4 461.66	4 677.13	4 187.81

4.6.2　苏打盐碱化耕地向日葵抗盐保苗技术研究

试验设不施改良材料（CK）、施用微生物菌肥（处理MF）、施用有机硅肥（处理SF）和施用腐殖酸（处理HF）4个处理，其中微生物菌肥施用量为1 500kg/hm^2、有机硅肥施用量为750kg/hm^2、腐殖酸肥施用量为1 500kg/hm^2。试验采用随机区组设计，重复3次，共计12个小区，小区面积7.2m × 15m=108m^2。微生物菌肥、有机硅肥和腐殖酸均在播种前与种肥进行混合后撒施，旋耕入土壤，旋耕深度15～20cm。

4.6.2.1　不同改良材料对向日葵出苗率的影响

由图4-12可知，3种改良材料均能不同程度提高苏打盐碱化耕地玉米出苗率。其中以处理SF（硅肥）表现较优。3种改良材料硅肥、腐殖酸肥和生物菌肥向日葵出苗率分别达到93.27%、90.34%和90.44%，与对照相比，分别提高6.84个百分点、3.91个百分点和4.01个百分点。

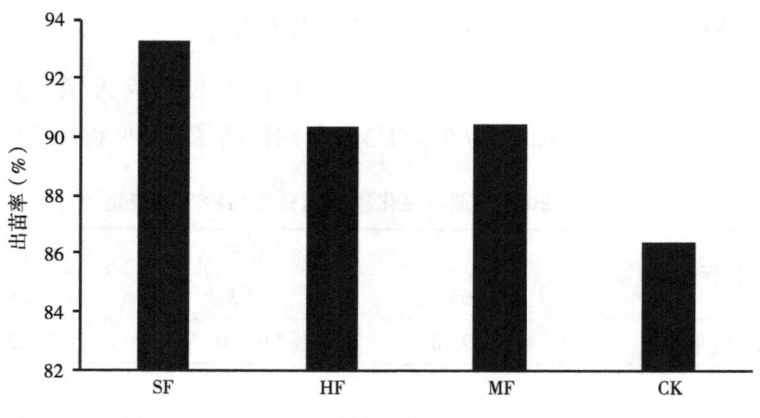

图4-12　不同改良材料对向日葵出苗率的影响

4.6.2.2　不同改良材料对向日葵产量的影响

由表4-22可知，3种改良材料均能不同程度提高苏打盐碱化耕地向日葵产量，改善收获期向日葵收获性状。其中以处理SF（硅肥）表现较优。3种改良材料硅肥、生物菌肥和腐殖酸肥与对照相比，向日葵产量分别提高30.90%、27.85%和7.45%。

表4-22　苏打盐碱地向日葵产量变化

处理	盘径（cm）	收获密度（株/亩）	百粒重（g）	单盘粒重（g）	产量（kg/hm²）
CK	26.30	1 153.67	18.89	212.33	3 674.43
MF	26.51	1 180.33	19.99	265.33	4 697.73
SF	26.59	1 207.00	20.51	265.67	4 809.90
HF	26.42	1 180.33	19.86	223.00	3 948.22

4.6.3　向日葵全程机械化提质增效综合栽培技术示范研究

4.6.3.1　苏打盐碱地向日葵全程机械化提质增效综合栽培技术

（1）整地。深松、浅翻后耙耱、镇压，深松深度30～35cm，翻耕深度25cm左右，要求土壤达到细、碎、平、无坷垃、无根茬。

（2）施肥。结合整地一次性基施有机肥3 000kg/亩；选用向日葵专用复混肥随播种分层施入土壤，用量20～25kg/亩。肥料使用按照《肥料合理

使用准则 通则》（NY/T 496—2010）和《有机肥料》（NY/T 525—2021）规定执行。

（3）播种。

①品种选择：选择耐盐碱性较强的向日葵品种。

②播种时间、密度：6月15—20日，采用一膜单行种植，行距0.8～1.0m，播种密度1 350～1 500株/亩。

（4）田间管理。

①中耕：生育期进行3次中耕培土，第一次在1～2对真叶期进行浅中耕3cm左右，铲除行间杂草；第二次在6片叶左右时进行，中耕深度6～8cm；第三次在封垄之前，中耕深度6～8cm。

②灌溉：视播前土壤墒情播种后滴灌1次，滴灌定额25～30m^3/亩；苗期灌水1次，灌水定额25m^3/亩；现蕾期灌水1～2次，灌水定额25m^3/亩；开花期灌水1～2次，灌水定额25m^3/亩；成熟期灌水1次，灌水定额25m^3/亩。

③追肥：采用水肥一体化技术分3次进行施肥，其中第一次追施尿素8～9kg/亩，第二次追施尿素5～6kg/亩，第三次追施氯化钾2～3kg/亩；现蕾到开花期叶面喷施磷酸二氢钾0.5～1.0kg/亩。

（5）病虫草害防治。

①病害防治：7—9月，菌核病可喷洒50%乙烯菌核利400倍液，间隔7～10d连续喷两次；黄萎病可用65%代森锌可湿性粉剂500～600倍液，或50%退菌特可湿性粉剂500倍液进行叶面喷雾；霜霉病可喷洒40%乙膦铝可湿性粉剂300～500倍液或者58%甲霜灵锰锌可湿性粉剂400～500倍液。

②虫害防治：地老虎用毒饵诱杀，每亩地块用辛硫磷胶囊剂150～200g拌谷子等饵料4～5kg，或辛硫磷乳油50～100g拌饵料3～4kg撒于苗行中；食用型向日葵花期的向日葵螟可以使用黑光灯和性诱剂进行捕杀。

③草害防治：6月底至7月初，一般杂草防治可使用精异丙甲草胺乳油每亩96～124.8g，播后苗前土壤喷雾处理。列当的防治，应在向日葵花盘直径超过10cm时，在列当盛花期之前，用10%硝胺水灌根，每株0.14～0.16L。

（6）收获。籽粒含水率小于20%，花盘背面变黄，舌状花脱落，茎秆变褐色，叶片黄绿或黄枯下垂，及时收获，向日葵收获机械符合GB 16151.12条件。

4.6.3.2 向日葵全程机械化提质增效综合栽培技术产量性状分析

由表4-23可知，应用综合栽培技术后，与对照相比，3年盘径分别提高11.02%、7.02%和5.42%；百粒重分别提高13.31%、13.25%和13.64%；单盘粒重分别提高6.99%、15.04%和10.01%。

表4-23 向日葵全程机械化提质增效综合栽培技术产量性状分析

年份	处理	盘径（cm）	百粒重（g）	单盘粒重（g）
2020年	集成技术应用	17.03	12.17	158.21
	对照	15.34	10.74	147.88
2021年	集成技术应用	27.12	22.05	258.12
	对照	25.34	19.47	224.38
2022年	集成技术应用	25.07	23.24	331.11
	对照	23.78	20.45	300.98

由表4-24可知，苏打盐碱化耕地应用向日葵全程机械化提质增效综合栽培技术后，产量较对照有大幅度提高，3年提高幅度分别为32.06%、34.39%和12.23%，产值分别增加341.9元/亩、575.43元/亩和358.69元/亩。

表4-24 向日葵全程机械化提质增效综合栽培技术产量分析

年份	指标	处理	
		集成技术应用	对照
2020年	产量（kg/hm^2）	3 018.20	2 285.56
	产值（元/亩）	1 408.49	1 066.59
2021年	产量（kg/hm^2）	4 818.22	3 585.15
	产值（元/亩）	2 248.50	1 673.07
2022年	产量（kg/hm^2）	7 053.48	6 284.87
	产值（元/亩）	3 291.63	2 932.94

4.6.3.3 向日葵全程机械化提质增效综合栽培技术土壤改良效果分析

由表4-25可知，应用向日葵全程机械化提质增效综合栽培技术后，2021年和2022年土壤pH值分别较对照降低0.26和0.20，3年土壤碱化度分别较对照降低1.10%、2.32%和2.31%，全盐含量分别较对照降低0.479g/kg、0.349g/kg和0.271g/kg，2020年和2021年有机质含量分别较对照提高了0.20g/kg、0.21g/kg，可见本研究研发集成的向日葵全程机械化提质增效综合栽培技术具有较好的土壤改良效果。

表4-25　向日葵全程机械化提质增效综合栽培技术土壤改良效果分析

年份	指标	处理	
		集成技术应用	对照
2020年	pH值	8.54	9.18
	碱化度（%）	21.11	22.21
	全盐含量（g/kg）	2.501	2.980
	有机质（g/kg）	16.6	16.4
2021年	pH值	8.65	8.91
	碱化度（%）	19.91	22.23
	全盐含量（g/kg）	2.235	2.584
	有机质（g/kg）	16.75	16.54
2022年	pH值	8.86	9.06
	碱化度（%）	20.14	22.45
	全盐含量（g/kg）	2.165	2.436
	有机质（g/kg）	17.34	16.40

4.7　本章小结

（1）通过对甜菜、玉米、向日葵3种作物在苏打盐碱地上主栽品种的适盐性监测，明确其生长发育情况及产量和质量水平，初步筛选出了3种作物在苏打盐碱耕地上的适宜品种。其中甜菜品种在大田试验和室内盆栽试验中均以BTS2730、KWS1231和KWS1197表现较优，玉米品种以京科968较好，向日葵品种以天承3号较好。

（2）苏打盐碱地甜菜氮肥高效利用研究表明，以甜菜综合性状评价，氮肥追肥总体表现为追肥1次<追肥2次处理，且在追肥1次的情况下，基追

比以6：4处理效果较好；在追肥2次的情况下，基追比以7：3处理效果较好；在氮肥全部基施的情况下，甜菜产糖量仅高于基追比为5：5和不施肥处理。

（3）通过开展3种作物抗盐保苗改良材料施用研究，得出在苏打盐碱化耕地栽培过程中，施用50kg/亩的硅肥有较好的抗盐保苗效果。

（4）甜菜、玉米、向日葵全程机械化提质增效综合栽培技术示范研究表明，在苏打盐碱耕地上，以机械化作业和节水技术为核心，通过实施3种作物的综合配套栽培技术，甜菜、玉米和向日葵产量提高30%以上，达到节本增效、优质高效的生产目的，起到示范引领作用，实现农民增收、企业增效的双赢局面。

5　盐碱地适宜饲料作物品种筛选与配套技术集成模式研究

5.1　盐碱地适宜饲料作物品种筛选与集成模式研究试验设计

5.1.1　苏打盐碱地适应性高产饲草品种优选

分别从饲草种植“双减”效果、不同等级盐碱土对饲草生育的影响两个方面进行研究。在2020—2022年试验基础上从8个试验饲草品种中优选出5个类型典型饲料作物进行苏打盐碱地适应性研究，5个类型分别是青贮玉米、高丹草、湖南稷子、甜高粱、朝牧1号稗草。苏丹草、黑麦草、蛋白桑则由于产量低、种植投入大而不予入选适应性饲草。通过对比同等条件下玉米秸秆饲料作物的性状、土壤环境响应等差异和变化，筛选出具有较强适应性及适宜研究区推广示范的饲料品种。

5.1.2　适宜于苏打盐碱化耕地高产栽培技术与模式研究

将浅埋滴灌作为高效节水灌溉形式，综合考虑控水、控肥、控药、控膜等生态农业建设亟待解决的问题，通过田间试验开展饲料作物抗盐种植关键技术研究与示范。

5.1.3　高产优质饲草高效利用方式研究

赴普通农户、养殖大户、现代养殖企业调研，探求高产饲草与这些用户的对接问题，并就饲料加工、贮藏方式、利用方式等进行考察调研，研究和评价适合当地实际情况、适用性较强的高产优质饲草高效利用方式。

选取具备一定盐碱地适应能力的8种饲料作物类型，即青贮玉米、高丹草、湖南稷子、甜高粱、苏丹草、黑麦草、蛋白桑、朝牧1号稗草，进行田间对比试验。除蛋白桑移栽大田后出现死苗情况外，其余饲料作物均能正常出苗，依据土壤盐碱指标并结合牧草长势及产量将土壤等级划分为优、良、中3个等级。2021年优选5种饲料作物进行研究，分别是青贮玉米、高丹草、湖南稷子、甜高粱、朝牧1号稗草。采用土壤盐碱等级和饲料作物种类两因素全面试验，试验共计15个处理，每个处理3次重复，共计45个试验小区，随机区组排列，试验小区面积为48m^2（4m × 12m），小区间设置2m宽隔离带，消除小区间相互干扰。土地整理技术采用深松30cm，联合整地，采用40cm和80cm大小行种植模式，播种、铺管、施肥一次性机械作业完成。浅埋滴灌每隔15d左右灌溉一次，每次灌水量300m^3/hm^2，根据降水及土壤墒情适当调整。病虫害防控则遵循勤观察、早发现、早防治的原则，对症施药。

2020—2022年，分别于饲草作物播种前（4月）和收获后（10月）在每个小区用土钻按照5点取样法采集耕层（0～40cm）土壤样品，土壤样品混合均匀后装入自封袋备用。将土壤样品带回实验室，剔除根茬、碎石，自然阴干后粉磨过80目筛，装入自封袋待测。土壤pH值和电导率（EC）采用pH计（LA-pH值10，美国HACH）和电导率仪（DDS-11A，上海精密仪器仪表有限公司）在水土比为1∶5时测定；阳离子交换量采用乙酸钠-火焰光度法；K^+、Ca^{2+}、Na^+、Mg^{2+}通过离子色谱仪测定（ICS-90A，戴安中国有限公司）；HCO_3^-、CO_3^{2-}采用双指示剂中和滴定法测定；Cl^-采用硝酸银滴定法测定、SO_4^{2-}采用EDTA容量法测定；有机质测定采用重铬酸钾氧化-容量法；碱解氮测定采用碱解扩散法；速效磷测定采用碳酸氢钠浸提-钼锑抗比色法；速效钾测定采用醋酸浸提火焰光度法。

5.2 不同等级盐碱土对饲草生长发育的影响

5.2.1 苏打盐碱土对饲草生长的抑制

饲草在生长过程中，需要从土壤选择自身所需要的离子并进行运输，当土壤中离子含量过多，饲草进行选择难度增大，消耗能量更多，吸收变差，从而耽误了自身的生长发育。此外，当土壤中的可溶性盐离子含量很高时，会使土壤溶液的渗透压升高，这就导致饲草的细胞壁盐分积聚，破坏了细胞壁的结构，从而影响了饲草生长。许多关于饲草抗盐碱的研究都与K^+和Na^+有关，研究表明，饲草通过排除Na^+，吸收K^+来抗盐碱，因此大多数能够抗盐碱的饲草，K^+/Na^+的比值都较高。当土壤中Cl^-含量过高时，会因为阻碍其他离子的吸收而影响生长。当受到盐胁迫时，Ca^{2+}吸收受到阻碍，Na^+会大量吸收，会使Na^+替换掉Ca^{2+}的结合位点，又进一步阻碍了K^+/Na^+的吸收。在液泡膜上，Ca^{2+}通道有两种，当受到盐胁迫时，会被诱导开放，Ca^{2+}被释放出来后，对细胞的代谢过程和基因表达进行调节，达到抗盐碱胁迫的作用。盐碱土也会影响饲草的种子萌发和生长，试验结果证明，NaCl、Na_2SO_4、Na_2CO_3浓度过高时，会抑制生长，使发芽率、发芽势等降低。尤海洋（2014）以苜蓿种子为材料进行的盐碱胁迫试验证明了盐碱浓度过高时会抑制生长；韩润燕（2014）以草木樨为材料进行的温室种子萌发培养试验，NaCl为盐胁迫，高浓度时也会出现生长抑制。

5.2.2 不同等级盐碱土对饲草高度的影响

不同等级盐碱土条件下5种饲草全生育期植株高度变化如图5-1至图5-6所示。

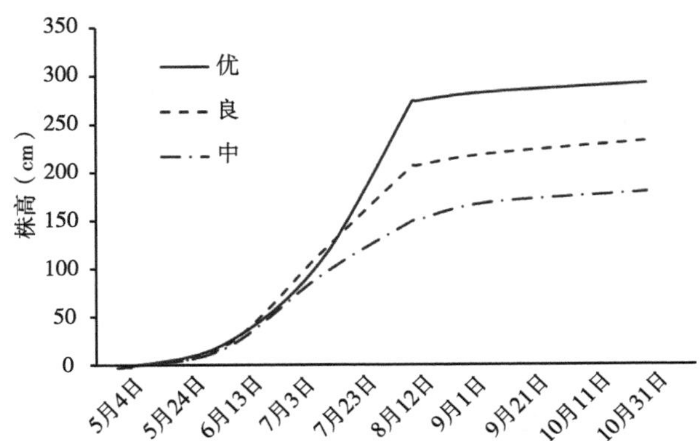

图5-1 不同等级盐碱土条件下青贮玉米全生育期株高变化

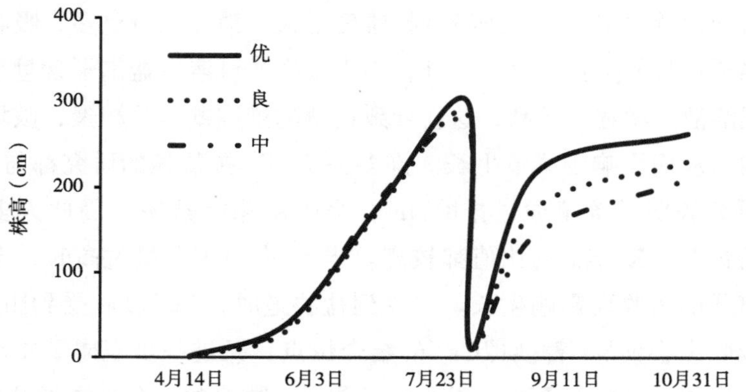

图5-2　不同等级盐碱土条件下高丹草全生育期株高变化

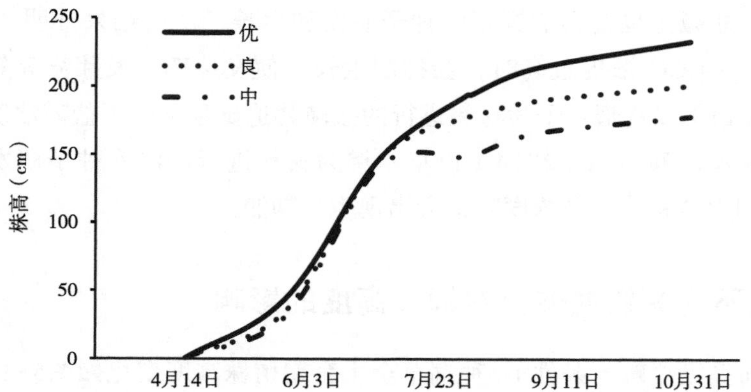

图5-3　不同等级盐碱土条件下湖南稷子全生育期株高变化

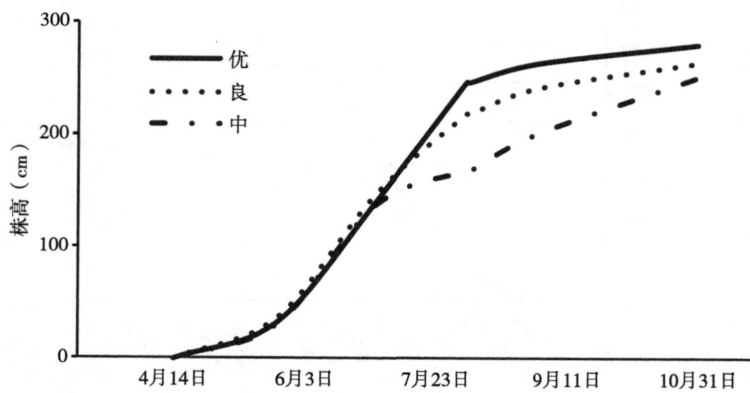

图5-4　不同等级盐碱土条件下甜高粱全生育期株高变化

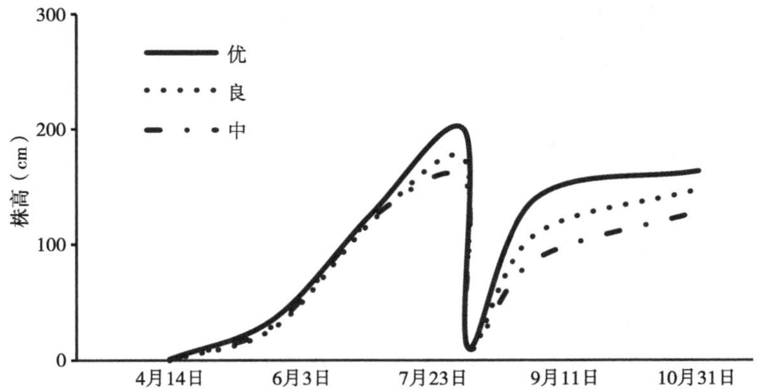

图5-5　不同等级盐碱土条件下朝牧1号稗草全生育期株高变化

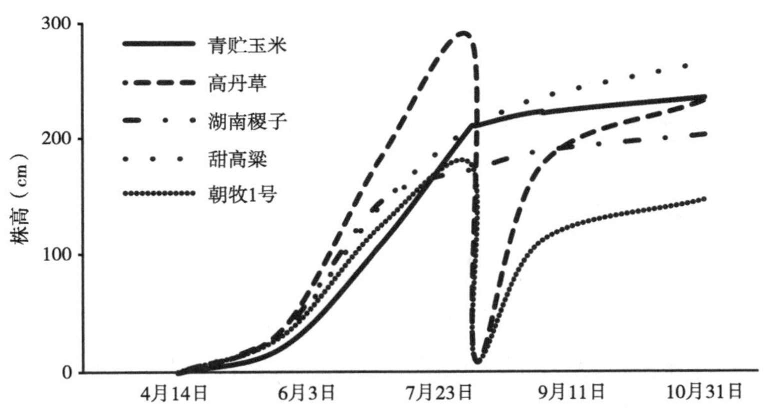

图5-6　苏打盐碱化耕地5种饲草全生育期平均株高变化

不同等级盐碱土对饲草生长发育造成一定影响，通过连续观测不同土壤下饲草生长高度，分析其影响程度。由图5-1至图5-6可知，随着土壤全盐含量、碱化度的上升，饲草的植株高度受到不同程度的抑制。结果分析可知，青贮玉米、高丹草、湖南稷子、甜高粱、朝牧1号稗草高度抑制最大值分别达到111cm、54cm、54cm、30cm、36cm，植株高度最大下降比例分别达到38.09%、20.51%、23.36%、10.55%、21.85%。单从植株高度分析，5种饲草中，甜高粱对于苏打盐碱化土壤的适宜性最强，高丹草、湖南稷子、朝牧1号稗草适应性居中，青贮玉米适应性最弱。

5.3 苏打盐碱化耕地优选饲草高产栽培技术与模式研究

5.3.1 优选饲草高产栽培技术研究

5.3.1.1 青贮玉米

（1）播前准备。

整地：深松30cm深度，联合整地，施用有机肥5m^3（2.5t）/亩。

品种选择：选用优良青贮玉米品种，根据通辽科尔沁左翼中旗气温、光照等气象条件分析，适合种植的青贮玉米品种有明玉6号、金岛88、雨禾2号、曲辰九号。

种子处理：在播种前一周晒种2～3d，提高青贮玉米发芽势，促进种子吸水快、发芽早、出苗齐，从而提高种子的出苗率。同时用敌克松和呋喃丹拌种，防止低温烂种和地老虎为害。

（2）播期选择。青贮玉米对播种温度要求较高，且幼苗抗低温能力较差，当气温降到-2℃会出现冻害，一般5cm地温达到10～12℃时方能发芽出苗。科尔沁左翼中旗每年4月底至5月初易出现低温危害。根据气候条件，青贮玉米的适宜播期在5月中旬，最晚不超过5月25日。同时根据播种面积调整播期，错期播种，确保青贮的质量。

（3）播种方式。

播种模式：采用机械滴灌点播的方式，采用40cm和80cm大小行种植模式，播种、铺管、施肥一次作业完成。株距23～25cm，播深4～5cm。

播种量：根据青贮玉米品种特性和土壤肥力合理调整播种量，用种量达到2.0～2.5kg/亩，保证收获密度5 000～5 500株，预计收获产量可达5 000～6 000kg/亩。

（4）田间管理。

除草：青贮玉米苗显行开始中耕，4～5片叶时结合定苗中耕第2次。根据田间杂草情况，采用机械除草或每亩用玉满田80g除草。出苗1个月后蹲苗，促进幼苗根系发育。

病虫害防治：青贮玉米的主要虫害有玉米螟、红蜘蛛，生长前期个别地块有地老虎。勤观察，早发现，早防治。地老虎用50%辛硫磷或呋喃丹拌种防治；玉米螟在拔节期用中保杀虫剂80g/亩机械喷洒预防，或用50%辛硫磷在玉米大喇叭口期投入心叶进行防治；红蜘蛛在拔节前50g/亩阿维菌素+100g/亩克螨特机械喷洒预防。

中耕培土：在垄间进行浅中耕，一次完成除草培土。

（5）收获。

收获标准：青贮玉米的收获标准是植株青绿，空秆率10%以下，整株玉米的最佳干物质含量在28%～35%，青贮植株水分含量65%～75%。

收获期：青贮玉米的大量能量载体是穗轴，收割早晚影响淀粉产值，其消化性也会变化。青贮玉米的适宜收割期在蜡熟期，即籽粒剖面呈蜂蜡状，没有乳浆汁液，籽粒尚未变硬。在生产中用大拇指甲掐穗轴中间籽粒，以籽粒饱满并有些微玉米乳汁渗出，感觉种仁有掐痕但尚可再挤压时，为最佳青割期。青贮玉米的收获时间应控制在10d内，利于保证质量和产量。

留茬高度：青贮玉米收割中常见刈割很低的现象。下部茎秆养分含量很少，并携带大量的酵母菌、霉菌和污垢。因此，收割高度以高于地面15cm左右为宜，虽然单位面积产量降低，但大大提升了青贮料的质量。

5.3.1.2 高丹草

（1）优势。得力高丹草是根据杂种优势原理，用高粱和苏丹草杂交而成，营养价值高，适口性好，再生能力强，分蘖能力强，是第三届全国饲草品种审定委员会最新审定通过的品种。一次播种多次刈割，亩产鲜草总量0.8万～1.0万kg，肥水条件充足，总产量可达1.4万～2.0万kg。干草中粗蛋白、粗脂肪均高于双亲，含糖量较高，适宜青饲、青贮，也可直接放牧和调制干草，常用来养牛、羊、兔、鹅和鱼等。

（2）特性。

产量高：亩产鲜草1万kg左右，高产可达2万kg以上。

品质好：经分析，高丹草粗蛋白、粗脂肪占鲜重百分比分别为2.49%和0.6%，而占干重百分比分别达到14.07%和3.39%。鲜草喂鱼一般12～15kg可产活鱼0.5kg。

适口性好：经各地试饲，均反映鱼特别喜食高丹草，株高1～1.2m的高丹草，可以被鱼吃光，而苏丹草却留下了残茎。

抗逆性强：由于杂交优势，根系发达，吸收能力旺盛。

（3）生长特点。得力高丹草根系发达，茎高可达2～3m，分蘖能力强，叶量丰富。得力高丹草为喜温植物，它与传统品种苏丹草相比，具有更长的营养生长时间、更高的消化率以及更高的产量，而且抗旱性强、耐热、较耐寒，在降水量适中或有灌溉条件的地区可获得高产，供草期一般为5—10月。种子最低发芽温度为8～10℃，最适发芽温度为20～30℃。高丹草为光周期敏感型植物，表现出很好的晚熟特性，营养生长期比一般品种长。对土壤要求不严，无论沙土、微酸性土和轻度盐碱地均可种植。

（4）种植要点。

播种期：适宜土壤温度15℃，适宜春播，以清明至谷雨播种为宜。

播种方法：可条播或穴播，亩播种量2.5kg，播种深度2～3cm，条播行距15～30cm。

精细管理，防治虫害：种植高丹草也要加强田间管理，水肥的及时足量供应是高产的保证。出苗后要中耕2～3次，及时防除杂草；病害很少发生，虫害以蚜虫为主，应注意防治。

适时刈割，以利再生：高丹草依靠地面上残茬分蘖上的芽再生。因此，每次刈割不能留茬太低，要保证地面留有1～2个节，一般留茬高度以10～15cm为宜。

每年换种，保证高产：由于高丹草是高粱和苏丹草的杂交种，它的高产是利用杂种一代的优势，所以不能自行留种。

5.3.1.3 湖南稷子

（1）播前准备。种植湖南稷子的土要进行秋季深耕翻，消除土壤大块，并施足底肥。如果是生地，干旱时，早春及时整地，进行耙磨保墒，做到地平土碎，以防跑墒。深松30cm，联合整地，施用有机肥5m^3（2.5t）/亩。

（2）种子处理。播种前精选种子，进行发芽试验。发芽率应在90%以上，开始播种前4～5d进行晒种，以提高发芽率。

（3）播种方法。在10cm土层温度达到10℃以上时播种，一般以5月上旬播种为宜。因此，根据当地气候情况可早可晚。最晚不得超过7月上旬，此时播种以收获饲草为目的。湖南稷子根系发达，密度较高，切忌重茬。

一般采用耧播，播种量与种子质量有关，纯净度高，发芽率在90%以上的种子播种量为7.5～11.25kg/hm²。为了控制播种量，播前应与炒熟的谷子或油料作物种子混合均匀一同播种，要节约其他饲草籽实，也可用细沙拌种子后播种。播深2～3cm、行距25～30cm，以利于中耕除草。播种后及时镇压，使土壤与种子紧密接触。在大面积播种时有条件的应尽量采用机械播种，既能节约种子，又能保证播种质量，还可以减免间苗程序。

湖南稷子也是一种很好的保护作物，种植多年生饲草时即可混播，也可间播。播种量一般控制在1∶1或2∶1的比例，这样既能保护多年生饲草幼苗生长发育，也可以当年收获一定的饲草，有一定的经济效益。

（4）管理方法。

苗期管理：为了保全苗，促进幼苗生长、扎根、无病虫害，要在苗期加强管理。当幼苗5cm高时，结合松土锄草进行初步间苗，饲草株高长到15cm左右时进行定苗，株距在10～15cm。为促进饲草生长，此时应根据气候状况、土壤缺水情况及时进行灌水，保证土壤持水量，满足饲草对水分的需求，需要时在苗期还可进行镇压，这样有利于根的生长，同时又能保墒、防风、防烧苗。

田间管理（中后期管理）：湖南稷子从拔节到孕穗、抽穗时期生长迅速，需水量也较多，需要及时灌水。在进入拔节后期应深锄并灌水一次，促进饲草生长。以后根据降水情况和田间持水量，缺水时及时灌溉。在秋季按时收获，收割的青绿草可调制成青干草或青贮，预备在冬、春季节使用。

5.3.1.4 甜高粱

（1）播前准备。种植甜高粱的土要进行秋季深耕翻，消除土壤大块，并施足底肥。如果是生地，干旱时，早春及时整地，进行耙磨保墒，做到地平土碎，以防跑墒。深松30cm，联合整地，施用有机肥5m^3（2.5t）/亩。

（2）选种及种子处理。

选种：一般选择生育期120d左右、茎秆坚韧抗倒伏的粮秆兼用甜高粱杂交种，如平安甜糖6号，需有效积温2 100℃左右，株高350cm、茎粗1.74cm、单秆重1.08kg，亩产茎秆5 000kg，茎汁糖度16.8%，穗长29cm，红壳白粒，穗粒重60～70g，亩产籽粒350kg左右，着壳率10%。

种子处理：播前将种子用清水浸泡一昼夜，捞出晾干，可提高种子发芽率。

（3）播种方法。甜高粱发芽率较低，亩播种量为1.5kg。甜高粱根颈短，顶土能力弱，播种深度为3cm。

（4）管理方法。

间苗、定苗、去分蘖：2～3叶时间苗，4～6叶时定苗，结合定苗去除分蘖，促使单株壮苗。甜高粱分蘖力较强，一般分蘖在3株以上，且分蘖长势强，若不及早去除，主茎、分蘖混长，消耗养分，延长主茎的生育期，造成主茎细软、晚熟等不良后果。

中耕培土：幼苗2～3叶期进行第1次中耕，可起到消灭杂草、防旱保墒的作用；4～6叶时结合定苗进行第2次中耕，深度在10cm左右；第3次中耕，在第2次中耕后10～15d进行，当植株长到70cm左右、即将封行时进行中耕培土，将行间的土壤培于甜高粱的根基部，在行间形成垄沟，促进支柱根的生长。

甜高粱中后期管理：甜高粱开花至成熟期，生育中心转移到籽粒成熟过程和甜高粱茎秆糖分积累过程，籽粒产量和茎秆糖分积累基本是同步进行的。此阶段要注意养根护叶，防止植株早衰。抽穗后植株若有脱肥现象，可用磷酸二氢钾溶液等进行叶面喷施，以促进籽粒成熟和茎秆糖分的积累。田间若发现黑穗病，应及时拔除病株，随即深埋处理。

5.3.1.5 朝牧1号稗草

（1）播种方法。朝牧1号稗草适应我国北方各类型土壤种植，北方播期以4月中旬至5月中旬为宜。黄河以南可春播也可夏播。每亩播量0.75kg，行距55～60cm，株距18～20cm。

（2）管理方法。苗期要早铲、早定苗，促进早发，中期生长遇干旱应灌水，整个生育期不需防病灭虫，成熟时应及时收获。朝牧1号稗草是粮草兼收作物。一般以调制干草利用为主，因它具有较强的再生力，也可青刈，但要在孕穗前刈割，留茬8～10cm。刈割后中耕施肥，以利于再生。

5.3.2 优选饲草水肥一体化及优化栽培技术集成模式研究

5.3.2.1 青贮玉米浅埋滴灌及施肥技术模式研究

浅埋滴灌条件下，青贮玉米灌溉制度如表5-1所示。

表5-1 浅埋滴灌青贮玉米灌溉制度

水文年型	灌溉制度	播种—出苗	出苗—拔节	拔节—抽雄	抽雄—灌浆	灌浆—成熟	全生育期
干旱年	次数（次）	1	1	3	1	3	9
	定额（m^3/亩）	20	25	25/25/25	25	25/20/20	210
平水年	次数（次）	1	1	2	0	3	7
	定额（m^3/亩）	10	25	20/25	0	25/25/18	148

青贮玉米施肥技术模式如下：

底肥：施用有机肥2 500kg/亩。

种肥：磷酸二铵15～20kg/亩，氯化钾10kg/亩。

追肥：结合滴灌追肥，拔节期追施尿素15～20kg/亩。发现白化苗喷施锌肥，发现紫色叶喷施磷酸二氢钾；7月中旬大喇叭口期，结合滴灌追施尿素15～20kg/亩。

5.3.2.2 高丹草浅埋滴灌及施肥技术模式研究

浅埋滴灌条件下，高丹草灌溉制度如表5-2所示。

表5-2 浅埋滴灌高丹草灌溉制度

水文年型	灌溉制度	播种—出苗	出苗—分蘖	分蘖—拔节	拔节—抽穗	抽穗—成熟	全生育期
干旱年	次数（次）	1	1	3	1	3	9
	定额（m^3/亩）	20	20	20/20/20	20	20/20/20	180
平水年	次数（次）	1	1	2	0	3	7
	定额（m^3/亩）	10	20	20/20	0	20/20/20	140

高丹草施肥技术模式如下：

底肥：施用有机肥2 500kg/亩。

种肥：施尿素（CON_2H_4，含氮量46.6%）8kg/亩。

追肥：每次高丹草刈割后追肥，追肥为尿素15kg/亩。

5.3.2.3 湖南稷子浅埋滴灌及施肥技术模式研究

浅埋滴灌条件下，湖南稷子灌溉制度如表5-3所示。

表5-3 浅埋滴灌湖南稷子灌溉制度

水文年型	灌溉制度	播种—出苗	出苗—拔节	拔节—抽穗	抽穗—成熟	全生育期
干旱年	次数（次）	1	2	3	2	8
	定额（m^3/亩）	20	20/20	20/20/20	20/20	160
平水年	次数（次）	1	2	2	2	7
	定额（m^3/亩）	10	20/20	20/20	20/20	130

湖南稷子施肥技术模式如下：

底肥：施用有机肥2 500kg/亩。

种肥：施尿素（CON_2H_4，含氮量46.6%）10kg/亩。

追肥：追肥为尿素15kg/亩。

5.3.2.4 甜高粱浅埋滴灌及施肥技术模式研究

浅埋滴灌条件下，甜高粱灌溉制度如表5-4所示。

表5-4 浅埋滴灌甜高粱灌溉制度

水文年型	灌溉制度	播种—出苗	苗期—拔节	拔节—孕穗	孕穗—开花	开花—成熟	全生育期
干旱年	次数（次）	1	1	2	2	2	8
	定额（m^3/亩）	20	20	20/20	20/20	20/20	160
平水年	次数（次）	1	1	2	1	2	7
	定额（m^3/亩）	10	20	20/20	20	20/20	130

甜高粱施肥技术模式如下：

底肥：施用有机肥2 500kg/亩。

种肥：施尿素（CON_2H_4，含氮量46.6%）15kg/亩。

追肥：追肥为尿素15kg/亩。

5.3.2.5 朝牧1号稗草浅埋滴灌及施肥技术模式研究

浅埋滴灌条件下，朝牧1号稗草每隔15d滴灌一次，灌水量为20m^3/亩，实际灌溉时根据降水量、刈割制度等适当调整。

朝牧1号稷草施肥技术模式如下：

底肥：施用有机肥2 500kg/亩。

种肥：施尿素（CON_2H_4，含氮量46.6%）10kg/亩。

追肥：每次刈割后追肥，追肥为尿素15kg/亩。

植物改变了盐渍化地区的生态环境，从地上到地下的整个系统都发生了明显的变化。饲草有众多强大的根系，能够深入土壤深处，穿透盐渍化土壤的不透水层，增加土壤的通透性，有助于土壤盐分向下淋溶。通过植物根系穿插挤压作用，盐渍化土壤的物理性质发生了明显的变化，土壤结构朝好的方向发展。利用饲草改良盐渍化土壤这一生物治碱技术已经取得了很大成效，并为建立合理的盐碱地草地农业生态系统提供了有效途径。但其方法和技术还有待于进一步改进，如混播技术、改良剂的利用、最佳灌溉措施、新耐盐品种的开发与培育以及饲草治碱与其他生物技术结合对盐渍土地进行综合改良等技术方法尚不完善；而且饲草的耐盐机理尚不十分明确，需要更深入地研究，同时应与生态学观点和持续发展理论相结合，实现盐渍土的开发利用。

5.4 高产优质饲草高效利用方式研究

5.4.1 干草

5.4.1.1 调制方法

干草的调制方法很多，目前应用最普遍的是自然干燥法，自然干燥一般分为两个阶段。

第一阶段，为了使收割下来的饲草细胞迅速死亡，减少营养成分的损失，应采用“地面薄层平铺暴晒法”。暴晒4～5h，使水分迅速蒸发。其优点是不需要额外的能源，成本低，调制方法简便，利于大量生产。如调制得当，可获得较高质量的干草。具体方法是：选择晴朗高温的天气，饲草收割后，先在草地上按3～5cm厚铺开，暴晒4～5h，在叶子开始脱落之前（含水量为35%～40%），将草堆成小堆（30～50kg），饲草在堆中再干燥1～2d就可以调制成干草（含水量为15%～48%）。

第二阶段，要加速晒干，使酶类活动尽快停止；要设法减少由于日光暴晒造成的维生素和胡萝卜素损失，故宜采用小堆或小垄晒制，使其逐渐干燥。堆的大小以高1m左右、直径为1.5m左右为宜。等水分下降到15%～18%时，可上垛贮藏。在空气潮湿地区干草含水量不宜超过10%。

5.4.1.2 贮藏

饲草经过干燥调制后，湿度达到15%左右时（任意取一把干草，在手中摇动或抖动，有清脆的沙沙声，在手中揉卷不会折断），即可堆成大垛贮藏。垛址要选择地势高、干燥、不积水、离畜舍较近的地点。四周最好要有围墙或夹上帐子，这样可以防风，防散畜祸害。同时，也应与各种建筑物相隔一定的距离，特别是不要靠近高压线路，以防触电起火。草垛四周要挖好排水沟，这样可以减少风雨侵蚀。垛底最好先垫上一层木头或树枝等，以防垛底受潮霉烂。

5.4.2 窖藏青贮

5.4.2.1 青贮窖的修建

第一，窖址选择。选择地势较高、向阳、地下水位较低、排水良好且距离畜舍较近的地方。第二，建窖最好选用砖混或石砌永久性青贮窖，窖体牢固，可防止地下水。总体要求不透气、不渗水，达到一定深度。养殖户可根据各自的需求，选择适合的青贮窖。一般养殖户可采用长5～10m、宽

2 ~ 3m、深1.5 ~ 2m的青贮窖。长方形青贮窖最为经济实惠且方便管理。

5.4.2.2 适时收割

青贮玉米含水量应控制在65% ~ 70%，收割后的秸秆要及时青贮，避免堆积时间过长，以利长期保存。

5.4.2.3 铡切均匀

青贮玉米秸秆的长度一般以铡2 ~ 3cm为宜，过短有效纤维减少，影响反刍动物的反刍；过长会影响窖的压实，导致饲料品质下降、饲料变质，甚至青贮失败。

5.4.2.4 快装压实

装窖前，为保证厌氧环境，最好在窖的底部铺一层塑料薄膜。玉米秸秆应边切边贮，一次完成贮制。装填时每装15 ~ 20cm为一层，采用分层青贮法，一层压实后，再装入下一层，直至装满。

5.4.2.5 封窖

青贮原料装完后，及时封窖，隔绝空气。当青贮窖装满秸秆高出窖口一定高度时，将高出的饲料踏实拍平，可先盖一层20cm厚的麦草，再覆盖一层或两层塑料薄膜，铺的时候尽量排出多余的空气，四周窖沿处要用土压实，防止进水、进气。封窖后进入乳酸发酵阶段，青贮料开始脱水、软化。做好日常检查，当封口出现裂口、坍塌时，要及时填补拍实，防止漏水漏气。

5.4.2.6 青贮窖的管理和饲料取用

玉米秸秆经过50d左右的青贮发酵，就可饲喂。青贮窖开启后，为防止青贮饲料与空气直接接触造成二次发酵，消耗营养，造成腐败。因此，应加强管理，每天准确计算当天用量，一次取够。取料动作要快，取用完马上封窖，以免透气，造成二次发酵。取料时从窖口一端开始，缩小取料面积，保持取料面干净，禁止大面积取料。

5.4.3 裹包青贮

5.4.3.1 刈割饲草

在地势平坦的草地上，采用刈割机械刈割饲草，割好后饲草就地平铺在草地上成条成行自然暴晒。

5.4.3.2 翻晒

收割后就地在阳光下摊晒2 ~ 3h，待水分降到70% ~ 75%，草叶卷成筒时用搂草机翻晒。

5.4.3.3 搂草打捆

启动圆捆打捆机顺着搂草机翻晒后的饲草行路进行作业，利用机械原理将收割摊晾于地面的饲草捡拾并切碎成74 ~ 52mm（可根据饲草情况设置程序选择是否需要切碎），随后送入机器加压腔内加压成捆，待充分加压草捆成型，机械根据体积和压力达到预设定指标后，自动对草捆加网绳打成捆，然后自动推至加压腔外待包膜。

5.4.3.4 包膜

成型的草捆被推送到包膜台上，顺时针旋转自动使用拉伸膜把草捆紧紧包裹，完成预设包膜层数后自动推下包膜台，完成包膜程序。草捆体积1.2m × 1.2m，重量800 ~ 1 000kg。

5.4.3.5 发酵

将成品草捆运输到平坦地面堆放，将包膜层数最多的面放在下面，采用直立式多层堆放，利用草捆自身的重量互相压紧实，可避免草捆松散影响贮存效果。待发酵30 ~ 40d后，即可取喂。

5.4.3.6 饲喂

打开包膜后，首先要判定青贮料品质。若呈绿色或黄绿色并伴有酸香味或酒香味且质地松软，外观上看略带湿润，品质优良，可按量饲喂；如遇变质腐败，有臭味、质地黏软等情况可视为品质不合格，切勿饲喂。

5.4.4 不同利用方式下饲草营养价值分析

贮存饲草的两个基本方法是制作干草和青贮，制作干草已沿用几个世纪，青贮因依赖于气候条件程度很小，可在成熟度低时贮存，从而保持饲料较高的营养价值而逐渐被农民采用。青贮的另一优点是贮存饲料的范围较干草广泛。干草的调制依赖于原料的干物质含量，适宜的干物质含量为80%。在良好的干燥条件下，刈割饲草几天即可干燥。干草的后期贮存比较经济，只需防雨即可。与此相比，青贮则需在收割和贮存设备上大量投资。

5.5 饲草种植的土壤改良效应

5.5.1 不同等级盐碱土相关指标测定

每个饲草品种种植小区内，依据土壤测定指标16项，包括全盐、碱化度、pH值、速效磷、速效钾、有机质、全氮、水解氮和八大离子，结合饲草长势将土壤等级划分为优、良、中3个等级。饲草种植前后土壤测试结果如表5-5、表5-6所示。

从饲草种植前土壤指标测试情况分析，试验田播前土壤全盐含量为2.07～2.35g/kg，碱化度为8.82%～23.62%，pH值为8.51～8.93，按照土壤盐碱化程度分级标准，土壤类型基本为轻、中度苏打盐碱化耕地。播后土壤全盐含量为1.91～2.19g/kg，碱化度为7.64%～21.04%，pH值为8.34～8.63。

表5–5　饲草种植前试验小区内不同等级苏打盐碱土指标测定

序号	土样编号	土壤等级	全盐（g/kg）	碱化度（%）	pH值	速效磷（mg/kg）	速效钾（mg/kg）	有机质（g/kg）	全氮（g/kg）	水解氮（mg/kg）	HCO_3^-（mg/kg）	Cl^-（mg/kg）	SO_4^{2-}（mg/kg）	Ca^{2+}（mg/kg）	Mg^{2+}（mg/kg）	K^++Na^+（mg/kg）	电导率（mS/cm）
1	高丹草	中	2.19	18.06	8.71	57.70	341.5	15.670	1.066	70.79	366.1	141.8	288.2	60.1	24.3	253.0	0.342
2	高丹草	良	2.13	14.41	8.93	44.20	281.0	12.640	1.004	122.16	396.6	106.4	288.2	40.1	36.5	241.5	0.342
3	高丹草	优	2.25	12.14	8.64	24.60	394.5	19.883	1.074	122.37	366.1	70.9	240.2	20.0	36.5	207.0	0.268
4	朝牧1号	中	2.22	15.07	8.69	61.80	292.5	17.025	0.894	113.00	427.1	106.4	192.1	80.2	48.6	138.0	0.277
5	朝牧1号	良	2.19	13.05	8.68	38.05	260.0	13.511	0.841	90.42	457.7	106.4	288.2	60.1	36.5	241.5	0.373
6	朝牧1号	优	2.23	10.59	8.52	40.55	447.5	23.652	1.169	119.01	366.1	70.9	288.2	40.1	36.5	207.0	0.337

（续表）

序号	土样编号	土壤等级	全盐（g/kg）	碱化度（%）	pH值	速效磷（mg/kg）	速效钾（mg/kg）	有机质（g/kg）	全氮（g/kg）	水解氮（mg/kg）	HCO_3^-（mg/kg）	Cl^-（mg/kg）	SO_4^{2-}（mg/kg）	Ca^{2+}（mg/kg）	Mg^{2+}（mg/kg）	K^++Na^+（mg/kg）	电导率（mS/cm）
7	青贮玉米	中	2.35	23.62	8.72	32.75	272.0	13.529	1.102	113.75	640.7	106.4	96.1	60.1	36.5	218.5	0.385
8	青贮玉米	良	2.20	18.40	8.55	29.00	249.5	18.474	0.977	109.80	366.1	106.4	384.2	60.1	48.6	230.0	0.404
9	青贮玉米	优	2.07	10.20	8.56	36.10	334.0	16.237	1.031	101.48	427.1	106.4	144.1	40.1	72.9	115.0	0.244
10	湖南稷子	中	2.32	16.55	8.59	30.25	262.0	18.971	1.093	85.96	366.1	106.4	288.2	80.2	24.3	207.0	0.303
11	湖南稷子	良	2.11	13.34	8.65	20.70	425.5	16.913	1.095	116.79	335.6	106.4	336.2	80.2	24.3	218.5	0.365

（续表）

序号	土样编号	土壤等级	全盐(g/kg)	碱化度（%）	pH值	速效磷(mg/kg)	速效钾(mg/kg)	有机质(g/kg)	全氮(g/kg)	水解氮(mg/kg)	HCO_3^-(mg/kg)	Cl^-(mg/kg)	SO_4^{2-}(mg/kg)	Ca^{2+}(mg/kg)	Mg^{2+}(mg/kg)	K^++Na^+(mg/kg)	电导率(mS/cm)
12	湖南稷子	优	2.08	8.82	8.51	37.80	361.0	22.357	1.329	95.69	427.1	70.9	192.1	100.2	36.5	115.0	0.277
13	甜高粱	中	2.23	12.37	8.66	21.95	227.0	15.670	0.973	42.20	488.2	106.4	96.1	60.1	48.6	138.0	0.269
14	甜高粱	良	2.22	11.99	8.63	40.80	280.5	19.703	1.158	92.83	396.6	70.9	384.2	60.1	36.5	241.5	0.397
15	甜高粱	优	2.17	10.77	8.63	16.85	295.5	19.846	1.135	64.56	427.1	106.4	192.1	60.1	48.6	161.0	0.282

表5-6 饲草种植后小区内不同等级苏打盐碱土指标测定

序号	饲草类型	土壤等级	全盐 (g/kg)	碱化度 (%)	pH值	速效磷 (mg/kg)	速效钾 (mg/kg)	有机质 (g/kg)	全氮 (g/kg)	水解氮 (mg/kg)	HCO_3^- (mg/kg)	Cl^- (mg/kg)	SO_4^{2-} (mg/kg)	Ca^{2+} (mg/kg)	Mg^{2+} (mg/kg)	K^++Na^+ (mg/kg)	电导率 (mS/cm)
1	高丹草	中	2.13	16.83	8.58	42.35	371.0	26.116	1.261	93.96	366.1	177.3	288.2	20.0	36.5	299.0	0.303
2	高丹草	良	2.11	10.92	8.62	52.90	239.5	21.545	1.067	78.30	366.1	177.3	240.2	40.1	12.2	299.0	0.277
3	高丹草	优	1.94	9.23	8.34	31.80	188.0	15.857	0.972	141.88	274.6	212.7	384.2	80.2	36.5	264.5	0.365
4	朝牧1号	中	1.99	11.75	8.62	23.10	225.5	18.522	1.178	82.43	335.6	212.7	288.2	40.1	12.2	333.5	0.337
5	朝牧1号	良	2.19	11.88	8.46	27.40	234.0	16.081	0.867	77.78	274.6	248.2	288.2	80.2	12.2	287.5	0.277
6	朝牧1号	优	2.01	8.71	8.49	41.30	169.5	16.105	0.842	82.97	335.6	141.8	384.2	60.1	24.3	287.5	0.373

（续表）

序号	饲草类型	土壤等级	全盐（g/kg）	碱化度（%）	pH值	速效磷（mg/kg）	速效钾（mg/kg）	有机质（g/kg）	全氮（g/kg）	水解氮（mg/kg）	HCO_3^-（mg/kg）	Cl^-（mg/kg）	SO_4^{2-}（mg/kg）	Ca^{2+}（mg/kg）	Mg^{2+}（mg/kg）	K^++Na^+（mg/kg）	电导率（mS/cm）
7	青贮玉米	中	2.16	21.04	8.45	36.20	474.0	20.319	1.280	93.34	305.1	319.1	288.2	60.1	12.2	368.0	0.404
8	青贮玉米	良	2.09	15.55	8.55	55.60	296.5	10.391	0.640	57.04	213.6	319.1	192.1	40.1	12.2	310.5	0.244
9	青贮玉米	优	1.91	9.03	8.41	30.30	196.0	16.371	0.912	126.96	244.1	283.6	336.2	60.1	24.3	322.0	0.385
10	湖南稷子	中	2.07	12.43	8.38	33.55	245.5	19.442	1.151	52.55	244.1	283.6	384.2	60.1	48.6	299.0	0.397
11	湖南稷子	良	2.10	11.07	8.55	28.35	206.5	16.592	0.746	46.98	335.6	141.8	288.2	40.1	12.2	287.5	0.282

（续表）

序号	饲草类型	土壤等级	全盐（g/kg）	碱化度（%）	pH值	速效磷（mg/kg）	速效钾（mg/kg）	有机质（g/kg）	全氮（g/kg）	水解氮（mg/kg）	HCO_3^-（mg/kg）	Cl^-（mg/kg）	SO_4^{2-}（mg/kg）	Ca^{2+}（mg/kg）	Mg^{2+}（mg/kg）	K^++Na^+（mg/kg）	电导率（mS/cm）
12	湖南稷子	优	1.94	7.64	8.44	33.20	183.0	18.013	1.100	88.74	274.6	177.3	288.2	40.1	12.2	287.5	0.269
13	甜高粱	中	1.94	10.02	8.63	22.65	189.5	17.107	0.903	67.41	305.1	212.7	336.2	40.1	36.5	299.0	0.342
14	甜高粱	良	2.19	9.94	8.50	43.55	216.0	18.072	1.099	86.18	305.1	248.2	288.2	60.1	24.3	299.0	0.342
15	甜高粱	优	2.00	8.44	8.52	38.10	153.0	15.090	0.929	63.06	396.6	141.8	288.2	20.0	36.5	287.5	0.268

5.5.2 土壤改良效应

饲草种植后，各项指标均有不同程度下降。种植前后指标变化幅度如表5-7所示。

表5-7 饲草种植后土壤相关指标变化幅度（正为增加，负为减少，%）

饲草类型	土壤等级	全盐	碱化度	pH值
高丹草	中	−2.45	−6.83	−1.49
	良	−1.20	−24.20	−3.47
	优	−13.85	−23.95	−3.47
	平均	−5.83	−18.33	−2.81
朝牧1号	中	−10.34	−22.05	−0.81
	良	−0.02	−9.01	−2.53
	优	−10.07	−17.69	−0.35
	平均	−6.81	−16.25	−1.23
青贮玉米	中	−8.26	−10.92	−3.10
	良	−4.92	−15.52	0.00
	优	−7.96	−11.46	−1.75
	平均	−7.05	−12.63	−1.62
湖南稷子	中	−10.67	−24.86	−2.44
	良	−0.20	−16.99	−1.16
	优	−6.63	−13.44	−0.82
	平均	−5.83	−18.43	−1.47
甜高粱	中	−13.11	−19.03	−0.35
	良	−1.57	−17.07	−1.51
	优	−8.07	−21.59	−1.27
	平均	−7.59	−19.23	−1.04

经过一年的饲草种植及土壤改良，土地盐分含量、碱化度均有不同程度下降。不同土壤等级中全盐含量下降0.02%～13.85%，碱化度下降6.83%～24.86%，pH值下降0.00%～3.47%。其中高丹草种植后，土壤平均全盐含量下降5.83%，碱化度下降18.33%，pH值下降2.81%；朝牧1号稗草种植后，土壤平均全盐含量下降6.81%，碱化度下降16.25%，pH值

下降1.23%；青贮玉米种植后，土壤平均全盐含量下降7.05%，碱化度下降12.63%，pH值下降1.62%；湖南稷子种植后，土壤平均全盐含量下降5.83%，碱化度下降18.43%，pH值下降1.47%；甜高粱种植后，土壤平均全盐含量下降7.59%，碱化度下降19.23%，pH值下降1.04%。

从土壤改良的角度分析，5种饲草均具有改良盐碱化土壤的作用，其中改良效果最好的为高丹草、湖南稷子、甜高粱，其次为朝牧1号稗草，青贮玉米也具有较好的改良效果，但相对于其他4个品种的饲草稍有差距。饲草种植对于苏打盐碱化耕地的改良，原因一部分在于适盐饲草种植，还有部分原因在于土地改良措施、田间管理措施等。

5.5.3 改土效应分析

盐渍化土壤种植饲草后，一方面由于庞大致密的根系对土壤的穿插和挤压作用，改善了土壤的结构，使其朝良性方向发展，促进了盐分向下淋溶作用；另一方面饲草覆盖地表，减少了土壤水分的直接蒸发，增加了水分的叶面蒸腾，从而抑制了土壤返盐。同时，种植耐盐饲草后，随着土壤耕层根量增加，提高了有机物含量，使土壤中阴阳离子溶解度增加，有利于脱盐。另外，植物自身也可以直接吸收土壤表层盐分。与此同时，试验田管理过程中通过耕作改良措施、化学改良技术、生物改良技术、施肥技术、耕作栽培技术、管理技术、病虫草害防治技术等综合技术集成，对盐渍化土壤的改良也起到积极作用，最终达到土壤脱盐、碱化度降低、pH值下降的效果。

5.6 不同饲料作物对苏打盐碱地土壤改良效应

5.6.1 不同饲料作物对土壤盐化和碱化参数的影响

种植前后不同饲料作物对土壤盐化和碱化参数的影响如图5-7所示。试验结果表明，土壤pH值相对较为稳定，种植前后pH值分别介于8.51～8.93、8.34～8.63，土壤平均pH值较种植前降低1.64%，种植前后土壤pH值差异不显著（$P>0.05$）。土壤EC在相同饲料作物不同处理间差异显著（$P<0.05$），高丹草、朝牧1号稗草、青贮玉米、湖南稷子、甜高粱收获后土壤平均EC比播种前分别降低17.18%、13.22%、18.68%、15.55%、13.19%；中、良、优土壤等级下，饲料作物收获后土壤平均EC比播种前分别降低11.30%、6.81%、27.09%。土壤总可溶性盐在土壤等级为良时，种植前后土壤总可溶性盐差异均不显著（$P>0.05$，青贮玉米除外），高丹草、朝牧1号稗草、青贮玉米、湖南稷子、甜高粱收获后土壤平均总可溶性盐比播种前分别降低10.56%、12.36%、14.96%、10.64%、13.87%；中、良、优土壤等级下，饲料作物收获后土壤平均总可溶性盐比播种前分别降低16.04%、3.86%、17.52%。土壤碱化度随土壤等级提升而降低，相同饲料作物不同处理间差异显著（$P<0.05$），高丹草、朝牧1号稗草、青贮玉米、湖南稷子、甜高粱收获后土壤平均碱化度比播种前分别降低18.33%、16.25%、12.63%、18.43%、19.23%；中、良、优土壤等级下，饲料作物收获后土壤平均碱化度比播种前分别降低16.74%、16.56%、17.63%。综合来看，不同饲料作物种植在抑制盐渍化方面均有一定效果，当土壤等级为优时种植前后土壤盐化和碱化降幅最大。

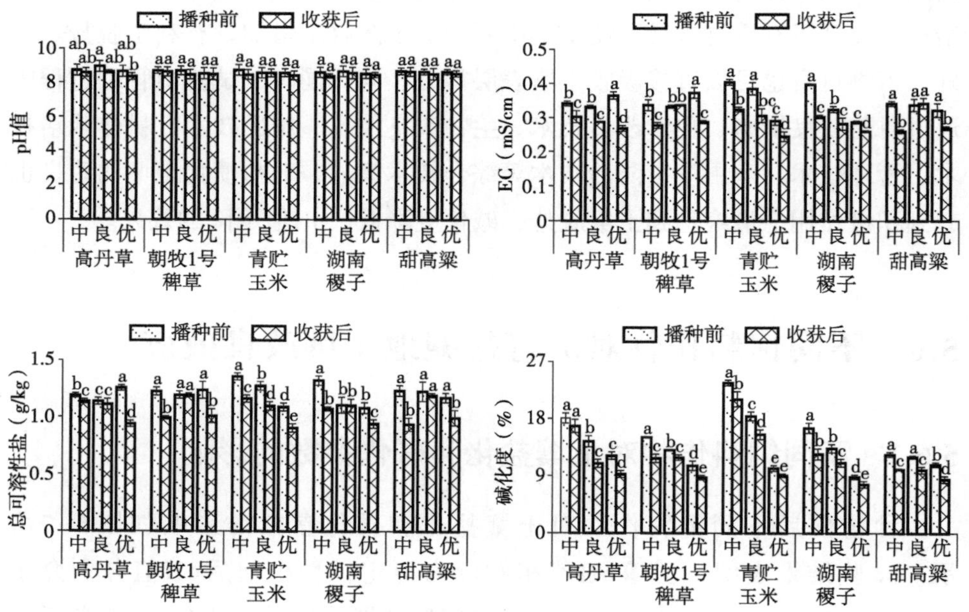

图5-7　种植前后不同饲料作物对土壤盐化和碱化参数的影响

注：图中不同小写字母表示相同饲料作物处理间差异显著，$P<0.05$。下同。

5.6.2 不同饲料作物对土壤盐离子的影响

种植前后不同饲料作物对土壤盐离子的影响如图5–8所示。

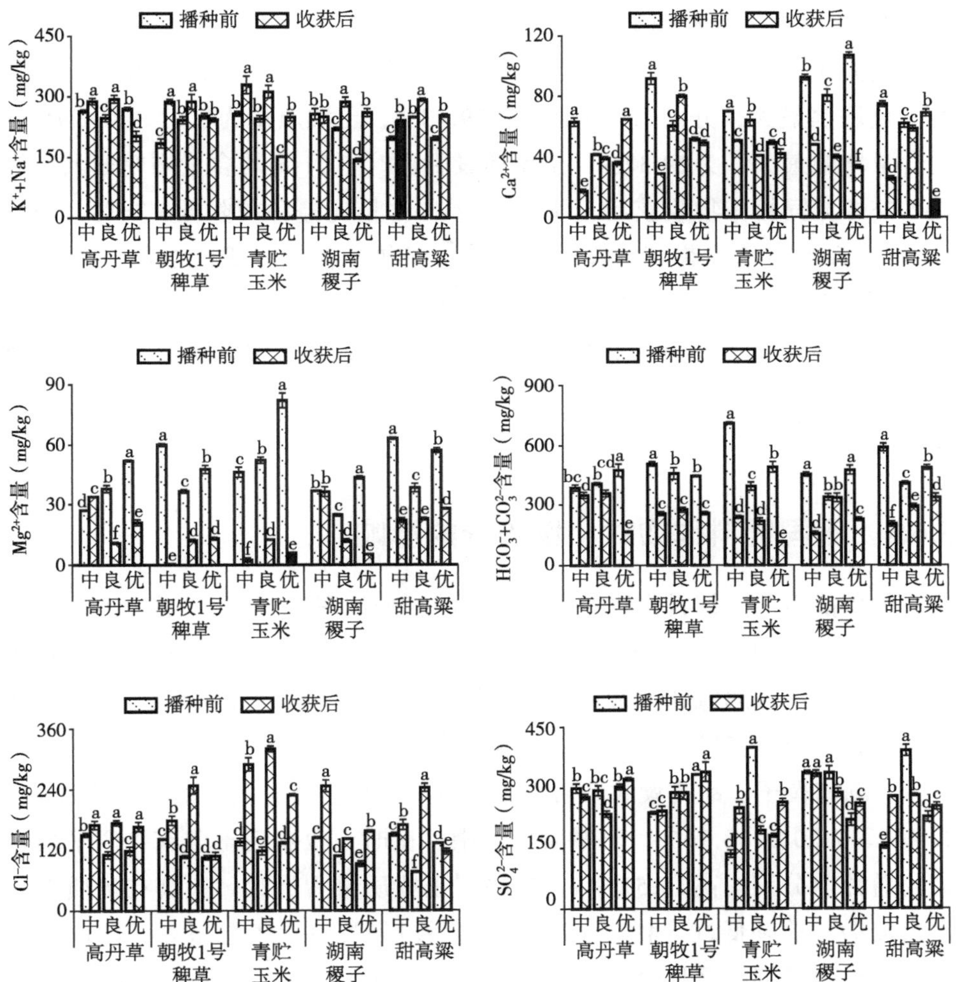

图5–8 种植前后不同饲料作物对土壤盐离子的影响

总体上，不同饲料作物种植降低土壤Ca^{2+}、Mg^{2+}、$HCO_3^-+CO_3^{2-}$含量，提高土壤K^++Na^+、Cl^-含量，对土壤SO_4^{2-}含量影响存在差异。饲料作物收获后土壤Ca^{2+}、Mg^{2+}、$HCO_3^-+CO_3^{2-}$平均含量分别比播种前显著降低（$P<0.05$）29.33%、60.41%、43.36%，其中青贮玉米土壤Mg^{2+}、HCO_3^-+

CO_3^{2-}平均含量降幅最大，分别为87.79%和62.56%，湖南稷子土壤Ca^{2+}平均含量降幅最大，为55.94%；土壤质量为优时，Mg^{2+}、HCO_3^-+CO_3^{2-}含量降幅最大，分别为72.96%、53.50%，土壤等级为中时，Ca^{2+}平均含量降幅最大，为56.66%。饲料作物收获后土壤K^++Na^+、Cl^-平均含量分别比播种前显著提升（P<0.05）24.92%、68.33%，其中青贮玉米土壤K^++Na^+、Cl^-平均含量增幅最大，分别为119.19%和39.93%；土壤质量为优时，K^++Na^+平均含量增幅最大，为29.37%，土壤质量为良时，Cl^-平均含量增幅最大，为122.76%。饲料作物收获后土壤SO_4^{2-}平均含量比播种前降低0.76%，朝牧1号稗草和甜高粱收获后土壤平均SO_4^{2-}含量较播种前降低1.17%、5.06%，高丹草、青贮玉米、湖南稷子收获后土壤平均SO_4^{2-}较播种前提高6.75%、1.17%、1.32%；土壤等级为中、优时，收获后土壤平均SO_4^{2-}含量分别较播种前提高18.67%、13.86%，土壤等级为良时，收获后土壤平均SO_4^{2-}含量较播种前降低24.79%。

5.6.3 不同饲料作物对土壤养分的影响

种植前后不同饲料作物对土壤养分的影响如图5-9所示。总体上，不同饲料作物种植前后显著降低土壤碱解氮和速效钾含量（P<0.05），饲料作物收获后土壤碱解氮和速效钾含量比播种前分别降低15.15%、24.06%。高丹草收获后土壤有机质平均含量较播种前提升31.80%，朝牧1号稗草、青贮玉米、湖南稷子、甜高粱收获后土壤有机质平均含量较播种前降低6.42%、2.40%、7.20%、8.96%，土壤质量为中、良时，收获后土壤有机质平均含量较播种前分别提高25.52%、1.77%，土壤质量为优时，土壤有机质平均含量较播种前降低20.14%。高丹草、朝牧1号稗草、青贮玉米、湖南稷子收获后土壤碱解氮平均含量较播种前分别降低0.38%、24.58%、14.67%、39.92%，甜高粱收获后土壤碱解氮平均含量较播种前提高8.54%；土壤质量为中、良时，收获后土壤碱解氮平均含量较播种前分别降低8.46%、34.91%，土壤质量为优时，土壤碱解氮平均含量较播种前提高0.10%。高丹草、青贮玉米、湖南稷子、甜高粱收获后土壤速效磷平均含量较播种前分别提高0.43%、24.78%、7.15%、31.03%，朝牧1号稗草收获后土壤速效磷平

均含量较播种前降低34.62%；土壤质量为中时，收获后土壤速效磷平均含量较播种前降低22.79%，土壤质量为良、优时，土壤速效磷平均含量较播种前分别提高20.29%、12.06%。高丹草、朝牧1号稗草、湖南稷子、甜高粱收获后土壤速效钾平均含量较播种前分别降低21.48%、37.10%、39.44%、30.45%，青贮玉米收获后土壤速效钾平均含量较播种前提高12.97%；土壤质量为中时，收获后土壤速效钾平均含量较播种前提高7.92%，土壤质量为良、优时，土壤速效钾平均含量较播种前分别降低20.31%、51.46%。

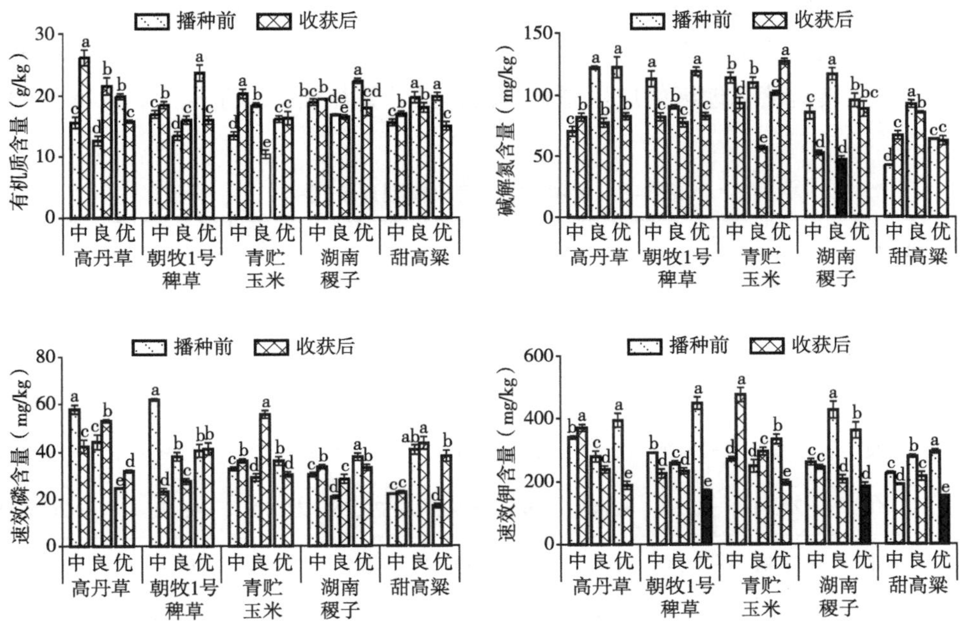

图5-9 种植前后不同饲料作物对土壤养分的影响

5.6.4 基于模糊物元-熵权模型的土壤改良效应

试验供试饲料作物为高丹草、朝牧1号稗草、青贮玉米、湖南稷子、甜高粱，共有15种不同的饲草、土壤等级处理，评价指标包括全盐、碱化度、pH值、速效磷、速效钾、有机质、碱解氮、$HCO_3^-+CO_3^{2-}$、EC，各指标数据见表5-8。基于模糊物元-熵权模型的综合评价可知，不同饲草、土壤等级处理评价结果与全盐、碱化度、pH值、速效磷、速效钾、有机质、碱解氮、$HCO_3^-+CO_3^{2-}$、EC关联性大小介于0.109 2～0.111 5。

由图5-10可知，不同饲草、土壤等级处理通过模糊物元-熵权模型得到的综合评价值从大到小排序依次为青贮玉米中、甜高粱良、高丹草良、甜高粱优、高丹草中、高丹草优、湖南稷子中、朝牧1号稗草良、甜高粱中、青贮玉米优、朝牧1号稗草中、湖南稷子优、湖南稷子良、朝牧1号稗草优、青贮玉米良。排名前6的处理中，包括青贮玉米1个处理、甜高粱、高丹草各2个处理，说明青贮玉米对土壤盐渍化程度较高的土壤改良效果更佳，而甜高粱与高丹草更适合盐渍化较轻土壤的改良。通过模糊物元-熵权模型对不同饲草、土壤等级处理进行评价，与实际情况较为接近，说明该方法在内蒙古东部土壤盐渍化地区的应用是合理的，且计算简便，易于推广，具有实用价值。

表5-8　模糊物元-熵权模型评价指标

处理		全盐	碱化度	pH值	速效磷	速效钾	有机质	碱解氮	$HCO_3^-+CO_3^{2-}$	EC
饲料作物	土壤分级									
高丹草	中	−4.51	−6.83	−1.49	−26.60	8.64	66.66	32.72	−9.73	−11.40
	良	−2.25	−24.20	−3.47	19.68	−14.77	70.45	−35.91	−11.93	−13.55
	优	−24.91	−23.95	−3.47	29.27	−52.34	−20.25	15.94	−65.20	−26.58
朝牧1号稗草	中	−18.81	−22.05	−0.81	−62.62	−22.91	8.79	−27.06	−49.73	−17.80
	良	−0.04	−9.01	−2.53	−27.99	−10.00	19.03	−13.98	−40.06	1.20
	优	−18.23	−17.69	−0.35	1.85	−62.12	−31.91	−30.28	−42.24	−23.06
青贮玉米	中	−14.37	−10.92	−3.10	10.53	74.26	50.19	−17.95	−66.55	−19.55
	良	−13.77	−15.52	0.00	91.72	18.84	−43.75	−48.05	−44.85	−20.32
	优	−16.73	−11.46	−1.75	−16.07	−41.32	0.82	25.11	−76.28	−16.15
湖南稷子	中	−18.76	−24.86	−2.44	10.91	−6.30	2.48	−38.87	−65.23	−23.68
	良	−0.38	−16.99	−1.16	36.96	−51.47	−1.90	−59.77	−0.87	−13.23
	优	−12.78	−13.44	−0.82	−12.17	−49.31	−19.43	−7.27	−52.40	−9.76

（续表）

饲料作物	土壤分级	全盐	碱化度	pH值	速效磷	速效钾	有机质	碱解氮	$HCO_3^-+CO_3^{2-}$	EC
甜高粱	中	−23.77	−19.03	−0.35	3.19	−16.52	9.17	59.75	−65.65	−24.27
	良	−2.86	−17.07	−1.51	6.74	−22.99	−8.28	−7.17	−28.38	1.48
	优	−14.97	−21.59	−1.27	126.11	−48.22	−23.96	−2.33	−31.36	−16.77

注：表中数据为饲料作物种植前后变化率，单位均为%，负数表示播种前土壤指标数值高于收获后，正数反之。

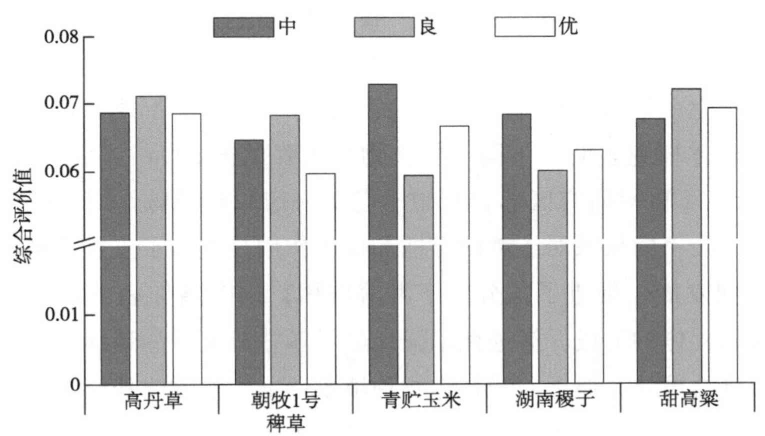

图5-10 模糊物元-熵权模型的综合评价值

5.6.5 讨论

作物与土壤间的交互效应十分复杂，对于盐渍化土壤改良的关键是压盐抑碱。在盐渍化土壤上种植耐盐碱作物，能够改变土壤理化性质，有利于土壤盐渍化改良，相比种植盐生植物也更具农业经济效益，但不同饲料作物类型对盐渍化土壤的影响存在较大差异。本研究表明，不同饲料作物种植后土壤平均pH值较种植前降低1.64%，种植前后土壤pH值差异不显著（$P>0.05$），这是由于有机酸代谢和饲料作物抗盐碱关系密切，作物根系在盐渍等逆境胁迫的影响下，分泌有机酸从而降低土壤pH值，而有研究认为，种植牧草可显著降低土壤pH值，且随土壤深度增加pH值降幅逐渐变小，这可能与不同地区土壤盐碱程度、水文气象条件以及种植年限等因素有关。种植饲草作物具有降盐抑碱效果，主要由于作物对土层中盐离子的吸收作用，且根系生长增强土壤通气性、导水性，促进盐分淋洗，同时饲草作物增加土壤盖度，植株蒸腾代替部分棵间蒸发，从而抑制土壤盐分表聚。本研究表明，饲料作物种植显著降低EC、总可溶性盐、碱化度（$P<0.05$），当土壤盐渍化程度较低时盐化和碱化参数降幅最大，这与迟春明等（2013）关于松嫩平原不同类型草原植被对盐渍化表层土壤具有明显脱盐效果相类似。

土壤盐离子浓度不平衡是影响土壤盐渍化的直接因素，由于本研究区域广泛分布富含钠、钾的近代火山岩，钠与钾主要以铝硅酸盐形式存在，在风化过程中，形成了含钠、钾、钙、镁的重碳酸盐类，随水溶解汇集到低地，钙、镁的重碳酸盐经蒸发转化为碳酸盐而沉淀，含钾、钠的重碳酸盐及含氯、硫的化合物则呈易溶性盐被淋洗迁移于低地，为形成苏打盐渍土提供了补给源。本研究表明，不同饲料作物种植降低土壤Ca^{2+}、Mg^{2+}、$HCO_3^-+CO_3^{2-}$含量，可以对研究区苏打盐碱土起到一定脱盐降碱作用，这可能是由于作物庞大致密的根系对土壤的穿插和挤压作用，改善了土壤的结构，使其朝良性方向发展，促进了盐分向下淋溶作用，同时增加表土腐殖质含量，促进了大团聚体的形成，渗透性增强促进了各盐分离子的运移，一定程度上抑制了土壤盐渍化，但不同饲料作物种植条件下，作物耐盐机理尚不十分明确，如何能达到土壤盐离子含量比例变化最优还有待进一步深入研究。

有研究表明，耐盐作物可显著提升土壤养分含量，但关于种植作物对土壤速效钾含量变化的研究结果存在差异。本研究表明，不同饲料作物收获后土壤碱解氮和速效钾含量比播种前分别降低15.15%、24.06%。而潘洁等（2015）关于滨海盐碱地4种耐盐草本植物对土壤养分影响的研究表明，耐盐植物种植后，土壤速效钾含量呈上升趋势。乔艳辉等（2021）关于NyPa牧草对滨海盐碱地土壤改良的研究发现，速效钾含量变化不大，始终低于同期荒草地。相关分析表明，土壤盐化及碱化参数受盐离子浓度的影响高于土壤养分指标，速效钾与全盐、碱化度、EC间呈显著正相关（$P<0.05$），说明土壤盐碱指标含量增加在一定程度上促进土壤速效钾的积累和转化，但其内在机理不清，是今后重点研究的方向之一。

随着科学技术的发展，新的研究方法和手段将不断涌现。截至目前，盐碱地改良由原来单一的物理方法、化学方法发展到了现在的以水肥为中心的工程措施、农业措施、生物措施相结合的综合改良措施。其中，采用生物技术投资少、见效快、效益高，是开发利用盐碱地最为有效的途径。

利用饲草改良盐渍化土壤这一生物治碱技术已经取得了很大成效，并为建立合理的盐碱地草地农业生态系统提供了有效途径，但其方法和技术还有待于进一步改进。如混播技术、改良剂的利用、最佳灌溉措施、新耐盐品种的开发与培育以及饲草治碱与其他生物技术结合对盐渍土地进行综合改良等技术尚不完善；而且，饲草的耐盐机理尚不十分明确，需要更深入地研究，同时应与生态学观点和持续发展理论相结合，实现盐渍土的开发利用。

5.7 本章小结

不同饲料作物种植前后土壤pH值差异不显著（$P>0.05$），显著降低EC、总可溶性盐、碱化度（$P<0.05$），在抑制土壤盐渍化方面均有一定效果，当土壤盐渍化程度较低时盐化和碱化参数降幅最大。总体上，不同饲料作物种植降低土壤Ca^{2+}、Mg^{2+}、$HCO_3^-+CO_3^{2-}$含量，提高土壤K^++Na^+、Cl^-含量，对土壤SO_4^{2-}含量影响存在差异，收获后土壤碱解氮和速效钾含量比播种前分别降低15.15%、24.06%。基于模糊物元-熵权模型的综合评价，青贮玉米对土壤盐渍化程度较高的土壤改良效果更佳，而甜高粱与高丹草更适合盐渍化较轻土壤的改良。

耐盐碱饲草品种栽培试验表明，通过合理选择饲草品种，综合应用土地整理、种植栽培、田间管理、合理刈割等技术，可以实现苏打盐碱化耕地饲草优质高产。2021年8月7日对年内多次刈割饲草高丹草、朝牧1号稗草进行第一次收获，其第一茬收获株高分别可达3.00m、2.10m，其第一茬鲜草产量分别达到3.67t/亩、4.38t/亩。2021年10月14日，年终测产时，5种饲草植株高度由高到低分别为甜高粱2.64m、青贮玉米2.34m、高丹草2.33m、湖南稷子2.04m、朝牧1号稗草1.46m；鲜、干草产量由高到低分别为青贮玉米6.72t/亩、1.42t/亩，朝牧1号稗草6.02t/亩、1.25t/亩，高丹草5.89t/亩、1.24t/

亩，甜高粱4.71t/亩、0.86t/亩，湖南稷子4.01t/亩、0.84t/亩。

优选饲草栽培关键技术为，土地整理技术采用深松30cm，联合整地，施用有机肥5m^3（2.5t）/亩。适宜播种期选择在4月下旬到5月上旬，采用40cm和80cm大小行种植模式，播种、铺管、施肥一次性机械作业完成。种肥施尿素（CON_2H_4，含氮量46.6%）15kg/亩；追肥为尿素15kg/亩，浅埋滴灌每隔15d左右灌溉一次，每次灌水量20m^3/亩，根据降水及土壤墒情适当调整。病虫害防控则遵循勤观察、早发现、早防治的原则，对症施药。对于一年多次刈割饲草，留茬高度应控制在20cm左右。

6 苏打盐碱地甜菜浅埋滴灌灌溉制度试验研究

6.1 苏打盐碱地甜菜浅埋滴灌灌溉制度试验设计

研究方法依据《灌溉试验规范》（SL13—2015）进行，采取大田小区对比试验的方法，拟在苏打盐碱化耕地土壤改良基础上开展甜菜灌溉制度试验研究。

通过在不同生育期阶段设置土壤含水率上下限确定灌水定额处理，分析不同灌溉定额对甜菜生理性状（叶面积指数、块根、茎粗等）、产量和含糖量的影响，通过监测不同处理的田间土壤水分的动态变化，根据田间水量平衡方程计算得出甜菜各生育期需水量及总需水量，制定甜菜浅埋滴灌条件下的灌溉制度。同时分析甜菜各个生育期内生长情况优劣，并通过最终产量、块根含糖量以及灌溉水有效利用系数等数据对比，综合评价甜菜浅埋滴灌条件下的经济效益和社会效益。

本试验设置5种试验处理（图6-1），根据作物生育期内生理性状、产量、块根含糖量、水分生产率等指标分析，最终提出甜菜适宜的灌溉制度。甜菜播种时间为4月20—30日，甜菜播种后试验田各处理均按照40m^3/亩的灌水定额进行灌溉，称为保苗水。保苗水不计入生育期灌溉定额。甜菜生育期灌溉制度按照设计的土壤水分上、下限（占田持的百分比）进行灌溉，不同试验设计如表6-1所示。

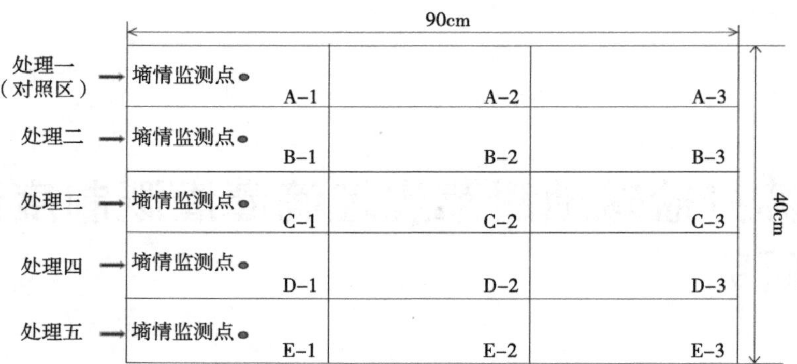

图6-1　甜菜试验小区布置

表6-1　不同处理含水率上、下限（%）

生育期	苗期—叶丛繁茂期	叶丛繁茂期—块根生长期	块根生长期—糖分积累期	糖分积累期—收获
时间	5月5日至6月10日	6月11日至7月31日	8月1—31日	9月1日至10月8日
处理一（CK）	30m^{3}亩（1次）	30m^3/亩（3次）	30m^3/（亩3次）	30m^3/（亩1次）
处理二	90～75	95～75	100～80	90～80
处理三	85～65	90～70	95～70	85～75
处理四	85～70	85～70	95～75	85～75
处理五	80～60	85～65	90～65	80～70

6.2　试验灌水次数及灌水量分析

该试验设置了对照（CK）、低水（DS）、中水1（ZS1）、中水2（ZS2）、高水（GS）5个不同的灌水处理，2020年生育期内甜菜灌溉定额达到250m^3/亩，每个处理的灌溉定额分别为240m^3/亩，207.24m^3/亩、179.01m^3/亩、168.18m^3/亩、151.51m^3/亩。2021年每个处理的灌溉定额分别为128m^3/亩、146.67m^3/亩、160.67m^3/亩、182m^3/亩、210m^3/亩。2022年每个处理的灌溉定额分别为116.39m^3/亩、137.43m^3/亩、150.8m^3/亩、167.26m^3/亩、180m^3/亩。灌溉定额如表6-2至表6-4所示。

表6-2　2020年不同处理各生育期灌水定额

灌水时间	5月30日	6月18日	7月10日	7月24日	8月5日	8月20日	8月30日	9月13日	灌溉定额（m^3/亩）
灌水次数	第一次灌水（m^3/亩）	第二次灌水（m^3/亩）	第三次灌水（m^3/亩）	第四次灌水（m^3/亩）	第五次灌水（m^3/亩）	第六次灌水（m^3/亩）	第七次灌水（m^3/亩）	第八次灌水（m^3/亩）	
对照	30.00	30.00	30.00	30.00	30.00	30.00	30.00	30.00	240.00
高水	30.39	28.86	31.6	31.31	29.24	27.53	28.31		207.24
中水1	30.94	27.64	30.57	31.46	27.90	30.50			179.01
中水2	29.57	25.86	28.13	27.53	28.94	28.15			168.18
低水	26.79	26.00	26.60	24.72	28.09	19.31			151.51

表6-3　2021年不同处理各生育期灌水定额

灌水时间	5月17日	6月15日	7月10日	7月22日	8月2日	8月15日	8月30日	灌溉定额（m^3/亩）
灌水次数	第一次灌水（m^3/亩）	第二次灌水（m^3/亩）	第三次灌水（m^3/亩）	第四次灌水（m^3/亩）	第五次灌水（m^3/亩）	第六次灌水（m^3/亩）	第七次灌水（m^3/亩）	
对照	30.00	30.00	30.00	30.00	30.00	30.00	30.00	210.00
高水	31.33	29.33	29.33	30.67	30.67	28.00		182.00
中水1	32.67	32.00	32.00	32.00	32.00			160.67
中水2	30.00	30.00	29.33	30.00	29.33			148.67
低水	26.67	25.33	26.00	26.67	23.33			128.00

表6-4　2022年不同处理各生育期灌水定额

灌水时间	5月19日	8月12日	8月28日	9月6日	9月18日	9月23日	灌溉定额（m^3/亩）
灌水次数	第一次灌水（m^3/亩）	第二次灌水（m^3/亩）	第三次灌水（m^3/亩）	第四次灌水（m^3/亩）	第五次灌水（m^3/亩）	第六次灌水（m^3/亩）	
对照	30.00	30.00	30.00	30.00	30.00	30.00	180.00
高水	27.13	26.46	26.33	29.76	30.72	26.86	167.26
中水1	29.13	27.62	30.00	31.49	32.65		150.89
中水2	27.16	25.53	26.78	27.96	30.00		137.43
低水	23.88	20.23	21.47	24.26	26.55		116.39

2020—2022年不同处理的节水率如表6-5至表6-7所示。2020年低水、中水2、中水1和高水处理较对照分别节水36.88%、20%、25.41%和3.75%；2021年低水、中水2、中水1和高水处理较对照分别节水39%、29.2%、23.5%和13.3%；2022年低水、中水2、中水1和高水处理较对照分别节水35.34%、23.65%、16.17%和7.08%。

表6-5　2020年生育期内灌溉定额

处理	低水	中水2	中水1	高水	对照
灌溉定额（m^3/亩）	151.50	168.00	179.00	207.00	240.00
节水量（m^3/亩）	88.50	72.00	61.00	33.00	0
节水率（%）	36.88	20.00	25.41	13.75	0

表6-6　2021年生育期内灌水定额

处理	低水	中水2	中水1	高水	对照
灌溉定额（m^3/亩）	128.00	148.67	160.67	182.00	210.00
节水量（m^3/亩）	82.00	61.33	49.33	28.00	0
节水率（%）	39.00	29.20	23.50	13.30	0

表6-7　2022年生育期内灌溉定额

处理	低水	中水2	中水1	高水	对照
灌溉定额（m^3/亩）	116.39	137.43	150.89	167.26	180
节水量（m^3/亩）	63.61	42.57	29.11	12.74	0
节水率（%）	35.34	23.65	16.17	7.08	0

6.3　不同灌水处理条件下作物生理指标变化分析

6.3.1　不同处理甜菜出苗率分析

甜菜是耐盐碱作物，不同生长时期耐盐碱能力不同，若在出苗和幼苗时期能够提高出苗率和保苗率，则可提高其产量。通过统计种子破土出苗数占种子总数的百分比来计算甜菜的出苗率，2020—2022年的出苗率及保苗率如表6-8至表6-10所示。

表6-8　2020年苏打盐碱地不同处理甜菜出苗率和保苗率

处理	出苗率（%）	出苗增长率（%）	保苗率（%）	保苗增长率（%）
处理一	70.23	0.00	70.36	0.00
处理二	73.15	2.92	73.65	3.29
处理三	72.69	2.46	72.74	2.38
处理四	71.38	1.15	70.72	0.36
处理五	68.27	−1.96	69.88	−0.48

表6-9　2021年苏打盐碱地不同处理甜菜出苗率和保苗率表

处理	出苗率（%）	出苗增长率（%）	保苗率（%）	保苗增长率（%）
处理一	67.00	0.00	67.64	0.00
处理二	72.50	5.50	72.70	5.06
处理三	70.50	3.50	71.04	3.40
处理四	69.80	2.80	68.68	1.04
处理五	66.50	−0.50	67.02	−0.62

表6-10　2022年苏打盐碱地不同处理甜菜出苗率和保苗率

处理	出苗率（%）	出苗增长率（%）	保苗率（%）	保苗增长率（%）
处理一	69.00	0.00	70.86	0.00
处理二	73.14	6.00	74.79	5.55
处理三	72.00	4.35	73.57	3.82
处理四	70.76	2.55	72.00	1.61
处理五	69.57	0.83	70.26	−0.85

从2020年苏打盐碱地不同处理甜菜出苗率和保苗率可以看出，苏打盐碱地不同灌水条件下甜菜出苗率不同，处理二出苗率较高，达到73.15%，比对照组高2.92%，处理三、处理四次之，分别达到72.69%、71.38%，比对照组高2.46%、1.15%。处理五最低，为68.27%。从2021年苏打盐碱地不同

处理甜菜出苗率和保苗率可以看出，处理二出苗率最高，为72.5%，比对照组高5.5%，处理五出苗率最低，为66.5%，比对照组低0.5%。对比2020年与2021年出苗率与保苗率得出，灌水量的不同对出苗率有一定的影响，随着灌水量的增加，出苗率也随之增大。

6.3.2 甜菜株高变化分析

甜菜的各个生育期内，每个不同的灌水处理分别取代表性完整的样株3株，每株测量最长的枝干，相加取均值得出如图6-2

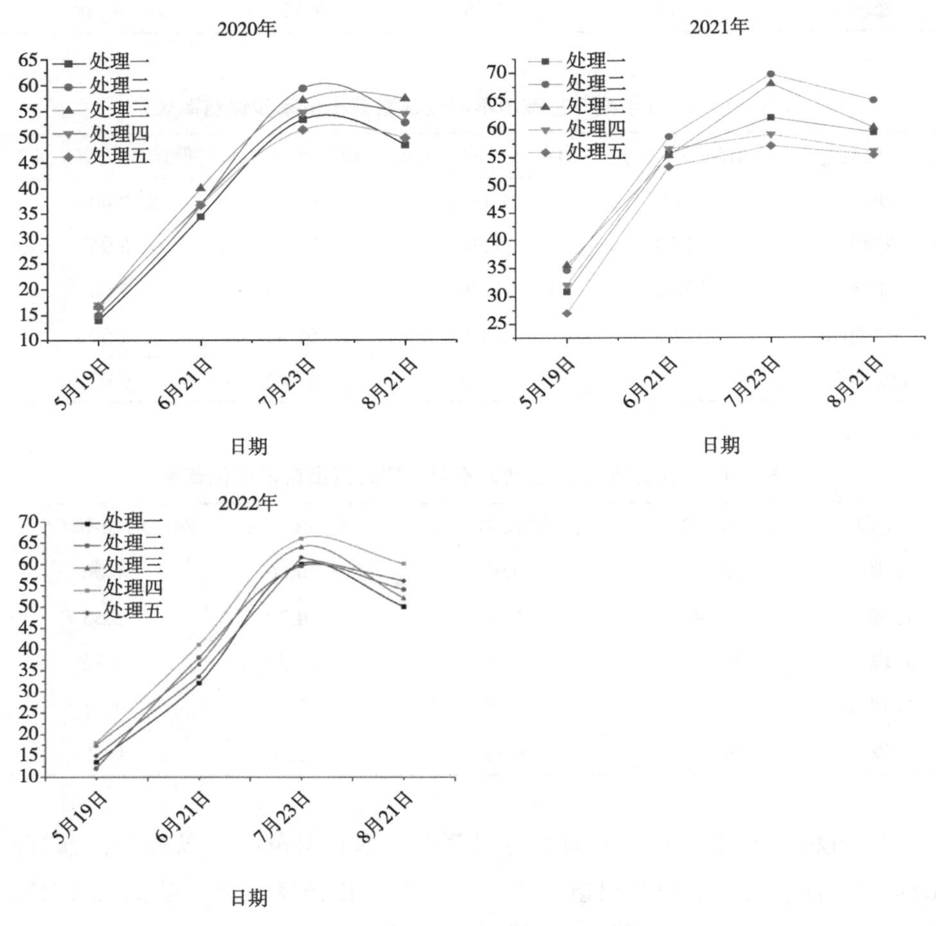

图6-2 2020—2022年各处理生育期内株高变化

根据2020—2022年3年的甜菜各处理生育期内株高变化对比分析可以得出，随着甜菜生长发育的逐步推进，株高逐渐增高，2020年、2021年苗期至叶丛繁茂期是甜菜株高增长最快的时期，2022年叶丛繁茂期至块茎增长期甜菜增长最快，3年试验均在块根增长期达到最大值，随后停止增长甚至产生普遍降低的现象，转变为块根增长和糖分积累。由2022年对比甜菜各生育期内不同灌水量条件下株高的变化情况可以看出，在块茎增长期处理四株高最高，达到66cm，处理三次之，为64cm，处理二最低，为59.5cm。因此可以得出，在不同灌水处理条件下，甜菜的株高随着灌水的增加呈现先升高后降低的趋势，处理四的灌水量最适宜当年甜菜株高的生长。

6.3.3 干物质积累量变化分析

在甜菜的各个生育期内，每个不同的灌水处理分别取代表性完整的样株3株，将块根、叶柄、茎等分开，先用叶面积仪测定甜菜叶面积指数，然后采用设置温度为80℃的烘干箱烘干至恒重，记录块根、叶柄、茎等干物质的量，如表6-11至表6-13及图6-3所示。

表6-11 2020年干物质积累量变化分析

处理	苗期	叶丛繁茂期	块根增长期	糖分积累期
DS	28.15	109.00	264.29	291.05
ZS2	33.09	121.00	267.00	321.10
ZS1	35.17	125.75	289.64	344.62
GS	36.38	149.72	276.10	334.03
CK	34.89	142.15	251.35	301.60

表6-12 2021年干物质积累量变化分析

处理	苗期	叶丛繁茂期	块根增长期	糖分积累期
DS	18.03	109.06	259.66	310.00
ZS2	18.89	112.18	277.33	327.00
ZS1	17.00	119.55	291.33	341.87

（续表）

处理	苗期	叶丛繁茂期	块根增长期	糖分积累期
GS	16.99	127.30	360.00	383.56
CK	16.87	126.15	286.67	331.87

表6-13　2022年干物质积累量变化分析

处理	苗期	叶丛繁茂期	块根增长期	糖分积累期
DS	16.08	102.40	239.30	299.60
ZS2	22.00	135.46	270.60	373.50
ZS1	23.99	147.20	296.80	396.80
GS	25.69	123.00	203.50	367.60
CK	18.76	114.99	227.70	348.60

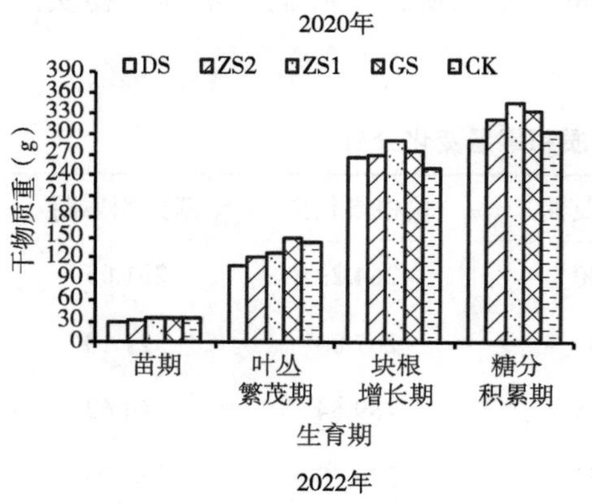

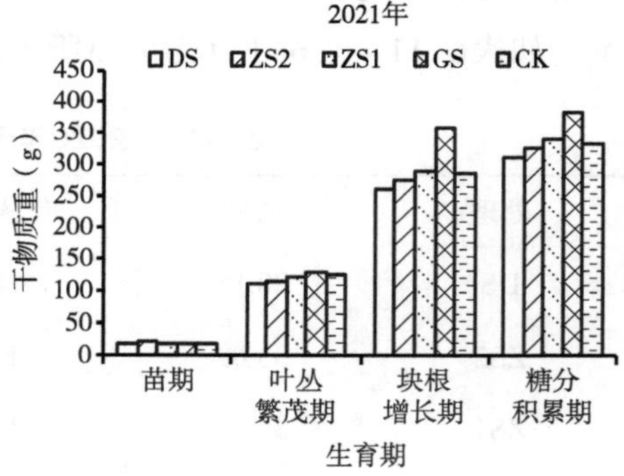

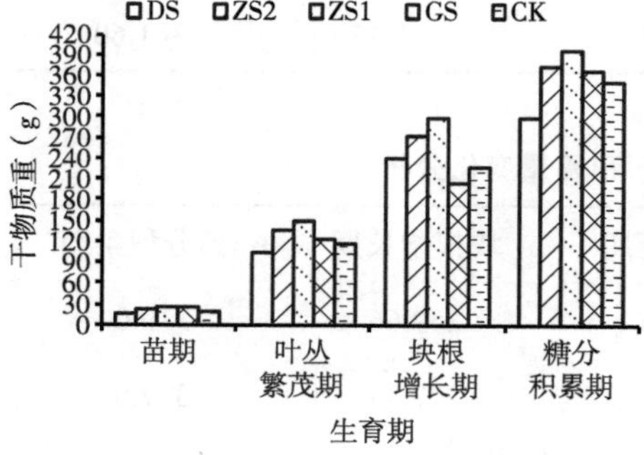

图6-3　2020—2022年干物质积累量变化分析

干物质积累量是反映植物光合产物积累量的重要指标。从图6-3可以看出，整个生育期甜菜干物质量呈增加趋势。各个灌水处理从苗期至块茎增长期几乎呈直线上升，苗期到块根增长期，块根增长速率没有显著差异，直到块根增长期至糖分积累期增长速率变缓，这主要是因为甜菜生长到块茎增长期以前，土壤水分效应主要反映在地面生长部分，到块茎增长期后，主要表现在块根的干物质积累。

在苗期，3年甜菜不同灌水处理的干物质重量均无明显差异；在叶丛繁茂期，2020年、2021年GS处理下的干物质重量最高，分别为149.72g/株和127.3g/株，而2022年ZS1干物质积累量最高，为147.2g/株。块根增长期至糖分积累期干物质积累相对稳定，其增长速率相对缓慢。在糖分积累期，2020年、2022年干物质积累量均ZS1最高，2021年ZS1处理仅低于GS处理，连续3年DS处理干物质积累量均为最低，可见灌水量的增加可以提高甜菜的干物质积累量，但过量的灌水则会导致干物质积累量的降低。综合3年的干物质积累量来看，ZS1和ZS2处理最适宜甜菜干物质的积累，ZS1在3年中各个生育期干物质积累量均优于ZS2，则在干物质积累量中，ZS1处理更适合当地甜菜的种植。

6.3.4 不同灌水处理对甜菜叶面积指数（LAI）的影响

图6-4为2020—2022年不同灌水处理下生育期叶面积指数变化，甜菜苗期植株幼小，叶片数少，叶面积指数较小，各处理间LAI无显著差异。进入叶丛繁茂期，甜菜叶丛生长旺盛，叶片数增多，叶面积指数迅速增大，且到达最高峰值，其中2020年、2021年GS处理LAI较高，2022年ZS1处理LAI较高。进入块根增长期，甜菜LAI有所下降，该时期甜菜光合作用所积累的营养物质由茎叶向根部积累，甜菜LAI不再增加，同时该时期气温高，降雨频繁，导致部分甜菜产生褐斑病，叶片有所枯黄脱落，故该时期的不同处理LAI均呈明显下降趋势。2022年，不同灌水处理LAI由大到小的顺序为ZS1>ZS2>GS>DS>CK，表明随着灌水量的增加，甜菜叶面积指数呈先增加后降低的趋势，综合3年数据统筹考虑节水优先的条件下，ZS1和ZS2处理下的叶面积指数更适宜当地甜菜种植。

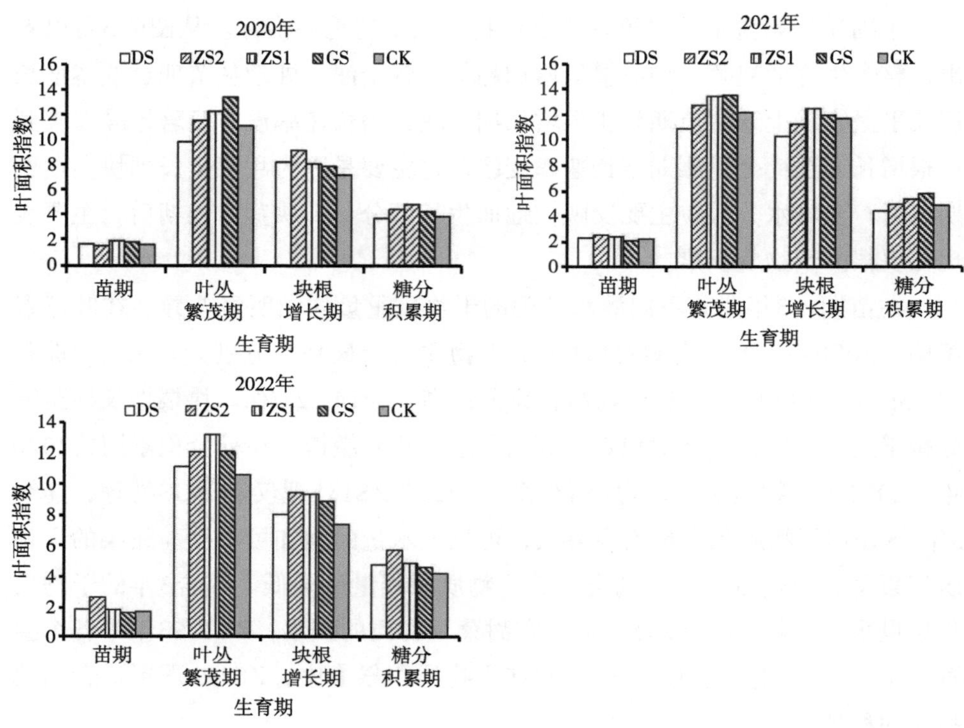

图6-4　甜菜生育期叶面积变化

6.3.5　不同灌水处理对甜菜光合指标的影响

由图6-5可以看出，2020—2022年不同灌水处理的净光合速率在苗期至叶丛繁茂期逐渐增加，3年均在叶丛繁茂期达到峰值，随后直到糖分积累期甜菜光合指标呈先减少后增加的变化趋势。在块根增长期迅速下降，可能是由于在该时期气温较高，环境潮湿，甜菜产生褐斑病，叶片腐坏导致光合速率及蒸腾速率下降。3年的光合速率各处理在苗期无显著差异，进入叶丛繁茂期，甜菜叶面积增大，叶片数增多，其光合作用增大，其中2020年、2021年以GS最高，分别较DS增加4.37μmol/（m^2·s）和4.5μmol/（m^2·s)，显著高于其他处理；2022年ZS1处理净光合速率最高，最高值为24.87μmol/（m^2·s)，较DS高1.92μmol/（m^2·s），较CK高3.21μmol/（m^2·s）。块根增长期的净光合速率随灌水的增加呈先增大后减小的变化趋势，糖分积累期由于部分叶片恢复正常，故较块根增长期缓慢上升，各处理间无显著差异。

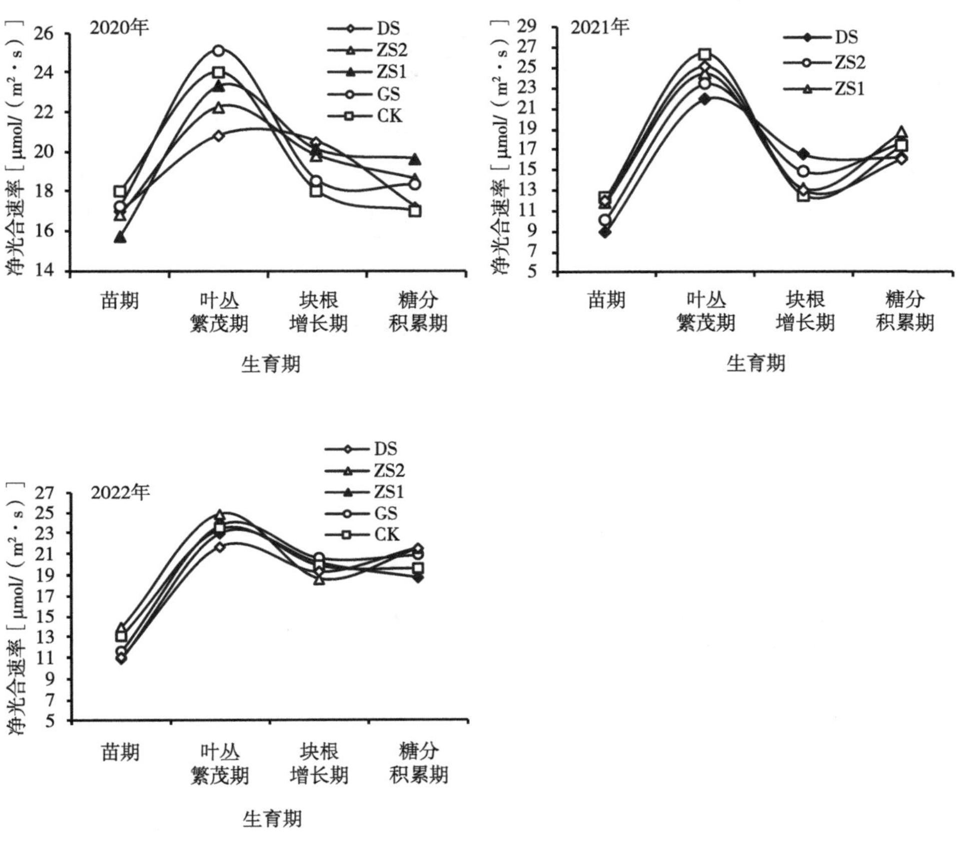

图6-5　不同灌水处理甜菜净光合速率

6.4　不同灌水处理条件下产量、含糖量变化分析

6.4.1　不同灌水处理条件下甜菜产量分析

对于未破坏的小区进行实收，每个小区取5m双行，面积为6cm²，称量各处理的鲜重以及块根的锤度值。不同处理条件下甜菜产量如表6-14至表6-16所示。

表6-14　2020年不同处理条件增产量对比

处理	处理一	处理二	处理三	处理四	处理五
亩产量（t）	3.15	3.49	3.46	3.84	3.59
增产量（t）	0.00	0.34	0.31	0.69	0.44
增产率（%）		10.79	9.80	21.90	13.97

表6-15　2021年不同处理条件增产量对比

处理	处理一	处理二	处理三	处理四	处理五
亩产量（t）	4.83	5.11	5.17	4.43	3.70
增产量（t）	0.00	0.28	0.34	−0.4	−1.13
增产率（%）		5.80	7.04	−8.30	−23.40

表6-16　2022年不同处理条件增产量对比

处理	处理一	处理二	处理三	处理四	处理五
亩产量（t）	1.30	1.38	1.48	1.43	1.61
增产量（t）	0.00	0.08	0.18	0.13	0.31
增产率（%）		6.15	13.85	10.05	23.84

由表6-14至表6-16可知，2020年处理四的产量最高，为3.84t/亩，较常规相比增加了0.69t/亩。2021年处理三的产量最高，为5.17t/亩，较常规相比增加了0.34t/亩，2022年处理五的产量最高，为1.61t/亩，较常规相比增加了0.31t/亩。总结得出灌水量过高或过低都会影响作物的产量，这是由于过多灌水促进了地上茎部叶的生长，而致使光合产物消耗和茎叶增长繁茂，向根部输送减少，限制了块根产量的提高，而灌水不足也会影响茎叶以及块根的生长。同时在固定的灌水处理下，不同年份降水量的不同也会直接导致甜菜产量的不同，2022年较2021年和2020年产量都低，是因为2022年6—8月降水量较大，使得部分甜菜患有根腐病，且雨水充足导致虫害严重，大大降低了甜菜产量。综合分析表明，处理三的灌水量能够在不同年份维持一个较高的产量水平，较适宜当地甜菜的生长及增产。

6.4.2　不同灌水处理条件下甜菜含糖量分析

甜菜含糖量采用锤度计测定甜菜的可溶性固体物含量，取样并切掉青头部分，沿块根45°角方向切取10cm厚、中心条状块根，去除表皮，捣碎成汁，采用锤度计检测不同小区的可溶性固形物含量，含糖率（%）=可溶性固形物含量（%）×0.85，糖产量为甜菜产量与含糖率的乘积。不同灌水处理条件下甜菜含糖量如表6-17至表6-19所示。

表6-17　2020年不同处理含糖量

处理	处理一	处理二	处理三	处理四	处理五
含糖率（%）	12.00	11.86	11.92	12.60	12.98
产糖量（t/亩）	0.38	0.41	0.41	0.48	0.47
增糖量（t/亩）	0.00	0.03	0.03	0.10	0.09

表6-18　2021年不同处理含糖量

处理	处理一	处理二	处理三	处理四	处理五
含糖率（%）	8.67	9.16	10.16	10.66	10.50
产糖量（t/亩）	0.42	0.47	0.52	0.47	0.39
增糖量（t/亩）	0.00	0.05	0.10	0.05	−0.03

表6-19　2022年不同处理含糖量

处理	处理一	处理二	处理三	处理四	处理五
含糖率（%）	9.35	9.40	9.85	11.95	11.15
产糖量（t/亩）	0.12	0.13	0.15	0.17	0.18
增糖量（t/亩）	0.00	0.01	0.03	0.05	0.06

由2020年试验数据可知，处理四的产糖量高于其他处理，达到0.48t/亩，相比较对照处理增加了0.1t/亩。由2021年试验数据可知，处理三的产糖量

最高，达0.52t/亩，相比较对照处理增加了0.1t/亩。由2022年试验数据可知，处理五的产糖量高于其他处理，达到0.18t/亩，相比较对照处理增加了0.06t/亩。由此表明，随着灌水量的增加产糖量在不断下降，甜菜的产糖量不是随着灌水量的增加而增加，灌水过多反而会影响其糖分的积累。

6.5 甜菜浅埋滴灌水分利用效果分析

6.5.1 不同处理各生育期耗水量

水量平衡法估算作物需水量（田间耗水量）是以农田水量平衡方程为基础的。Δ*t*时段内的作物需水量计算公式为：

$$ET=P+I+S-\Delta W$$

式中，P为时段内的有效降水量；I为灌水量；S为地下水利用量；ΔW为时段始、末土壤储水量之差。如果地下水位较深，则不存在S地下水的利用；如果S小于0，则为渗漏水量。对于旱田作物，作物需水量等于作物耗水量，而对于水田作物，作物耗水量包括需水量和渗漏水量两部分之和。

本次甜菜耗水量采用水量平衡方程计算，根据甜菜不同处理每个生育期内的降水量、灌水量及水层变化量，进而计算出甜菜的每个生育期内的作物需水量。由于旱田作物耗水量等于需水量，因此可计算出甜菜的耗水量。

图6-6分别为2020—2022年甜菜不同生育期阶段的耗水量及日耗水强度，对比发现3年中各处理均在叶丛繁茂期耗水量较高，均值分别达205.91m^3/亩、274.88m^3/亩和250.78m^3/亩，其次为块茎生长期，这两个生长期耗水量极显著高于其他生育期，日耗水强度分别为3.5～5.5mm、2.3～8.4mm，因为该生育期较长，降雨较多，雨量集中，光合作用所产生的营养物质向地下块根输送，故耗水量较大。而苗期和糖分积累期耗水量较小，2020年苗期和糖分积累期耗水量分别为55.12m^3/亩、46.34m^3/亩，占整个生育期的12%～15%，其日耗水强度均在1～2mm；2021年苗期和糖分积累期耗水量分别为69.41m^3/亩、94.61m^3/亩，占整个生育期的20%～27%；2022年苗期和糖分积累期耗水量分别为75.4m^3/亩、

68.22m³/亩，占整个生育期的11.1%～12.3%，其日耗水强度均在1～5mm。这是因为苗期温度低，甜菜植株幼小，糖分积累期叶片大面积变枯黄，作物生理机能衰退，导致耗水量减少。

2020年各处理间耗水量差异显著，CK耗水量显著高于其他处理，达到440.27m³/亩，水分利用效率为7.15kg/m³，处理三、处理四的耗水量分别为382.8m³/亩，362m³/亩。各处理水分利用效率分别提高18.6%、26.4%、48.2%、52%。2021年同样是CK耗水量显著高于其他处理，达到490.16m³/亩，水分利用效率为9.86kg/m³，处理三、处理四的耗水量分别为425.56m³/亩、377.21m³/亩。甜菜的不同灌水处理耗水量和产量呈二次曲线关系，处理二与处理一的含水量显著高于其他处理，处理五的耗水量较小。

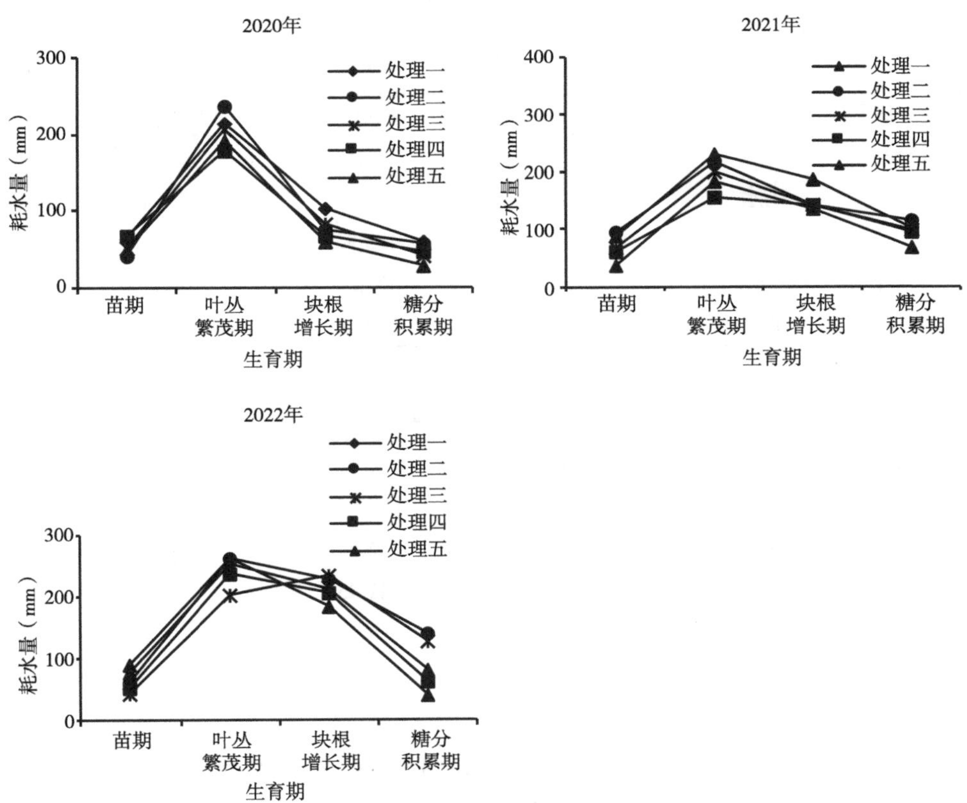

图6-6　不同处理耗水量

6.5.2 不同处理水分生产率变化分析

统计试验数据分析，计算出2020—2022年不同处理甜菜水分生产率如表6-20至表6-22所示。

表6-20 2020年不同处理水分生产率

处理编号	处理	2020产量（kg/亩）	耗水量（m^3/亩）	水分生产率（kg/m^3）
处理一	对照	3 150.00	440.27	7.15
处理二	高水	3 490.00	411.48	8.48
处理三	中水1	3 460.00	382.80	9.04
处理四	中水2	3 840.00	362.35	10.60
处理五	低水	3 590.00	329.56	10.89

表6-21 2021年不同处理水分生产率

处理编号	处理	2021产量（kg/亩）	耗水量（m^3/亩）	水分生产率（kg/m^3）
处理一	对照	4 831.00	490.16	9.86
处理二	高水	5 111.00	451.67	11.32
处理三	中水1	5 165.44	425.56	12.14
处理四	中水2	4 434.00	377.21	11.75
处理五	低水	3 702.00	382.06	9.69

表6-22 2022年不同处理水分生产率

处理编号	处理	2022产量（kg/亩）	耗水量（m^3/亩）	水分生产率（kg/m^3）
处理一	对照	1 300.00	625.01	2.08
处理二	高水	1 380.00	696.84	1.98
处理三	中水1	1 480.00	611.95	2.42
处理四	中水2	1 270.00	558.16	2.28
处理五	低水	1 610.00	578.64	2.78

由表6-20至表6-22可知，2020年灌溉制度试验4种处理的水分生产率较对照处理提高了18%～52%，2021年3种处理的水分生产率较对照处理提高了14%～23%，2022年3种处理的水分生产率较对照处理提高了9%～34%，表明3年的灌水模式的水分利用效率均高于当地传统灌溉的水分利用效率，

因此，灌水过多反而不利于甜菜产量的提高。纵向比较各个处理在叶丛繁茂期和块根生长期的耗水量较其他时期显著增大，而苗期、糖分积累期总体上耗水量较小，这是由于甜菜在苗期植株幼小，叶面积小，气温低，叶面积蒸腾小，需水量也小，而叶丛繁茂期、块根糖分增长期植株茂盛，叶面蒸腾速率增大，同时气温升高，甜菜的需水量增大，而在糖分积累期由于叶片大面积变枯黄，生理机能衰退，导致需水量减小。

6.6 本章小结

通过2020—2022年试验研究，结合不同处理产量、作物生理指标及水分生产率分析，综合分析ZS1处理优于其他处理，根据ZS1处理提出甜菜一般年份推荐的浅埋滴灌灌溉制度，丰水年和枯水年灌溉制度根据一般年型可折算得到轻度苏打盐碱化耕地甜菜灌溉制度如表6-23所示，根据土壤含盐量及碱化度可得中度苏打盐碱化耕地甜菜灌溉制度如表6-24所示。

表6-23 苏打盐碱化耕地浅埋滴灌甜菜适宜灌溉制度（轻度）

生育期		苗期至叶丛繁茂期	叶丛繁茂期至块根增长期	块根增长期至糖分积累期	糖分积累期至收获期
时间		5月上旬至6月上旬	6月上旬至7月下旬	7月下旬至8月下旬	8月下旬至9月下旬
枯水年（P=75%）	灌水定额（m^3/亩）	30	22～25	22～25	22～25
	灌水次数	1	2～3	2～3	1～2
	灌溉定额（m^3/亩）	140～230			
平水年（P=50%）	灌水定额（m^3/亩）	30	22～25	22～25	22～25
	灌水次数	1	2～3	1～2	1～2
	灌溉定额（m^3/亩）	118～205			

（续表）

生育期		苗期至叶丛繁茂期	叶丛繁茂期至块根增长期	块根增长期至糖分积累期	糖分积累期至收获期
时间		5月上旬至6月上旬	6月上旬至7月下旬	7月下旬至8月下旬	8月下旬至9月下旬
丰水年（*P*=25%）	灌水定额（m^3/亩）	30	22～25	22～25	22～25
	灌水次数	1	1	1	1
	灌溉定额（m^3/亩）	96～105			

表6-24　苏打盐碱化耕地浅埋滴灌甜菜适宜灌溉制度（中度）

生育期		苗期至叶丛繁茂期	叶丛繁茂期至块根增长期	块根增长期至糖分积累期	糖分积累期至收获期
时间		5月上旬至6月上旬	6月上旬至7月下旬	7月下旬至8月下旬	8月下旬至9月下旬
枯水年（*P*=75%）	灌水定额（m^3/亩）	30	25～28	25～28	25～28
	灌水次数	1	2～3	2～3	1～2
	灌溉定额（m^3/亩）	155～254			
平水年（*P*=50%）	灌水定额（m^3/亩）	30	25～28	25～28	25～28
	灌水次数	1	2～3	1～2	1～2
	灌溉定额（m^3/亩）	130～226			
丰水年（*P*=25%）	灌水定额（m^3/亩）	30	25～28	25～28	25～28
	灌水次数	1	1	1	1
	灌溉定额（m^3/亩）	105～114			

由表6-23可知，苗期至叶丛繁茂期灌水定额30m^3/亩，其他3个生育期灌水定额为22～25m^3/亩。枯水年（*P*=75%）灌水次数6～9次，灌水定额为140～230m^3/亩；平水年（*P*=50%）灌水次数5～8次，灌水定额为118～205m^3/亩；丰水年（*P*=25%）灌溉次数4次，灌水定额96～105m^3/亩。由表6-24可知，苗期至叶丛繁茂期灌水定额30m^3/亩，其他3个生育期灌水定额为25～28m^3/亩。枯水年（*P*=75%）灌水次数6～9次，灌水定额为155～254m^3/亩；平水年（*P*=50%）灌水次数5～8次，灌水定额为130～226m^3/亩；丰水年（*P*=25%）灌溉次数4次，灌水定额105～114m^3/亩。

7　苏打盐碱化耕地下水盐运移规律及调控技术研究

7.1　不同灌溉方式下水盐运移规律及研究试验设计

2020年共设计7个试验小区，试验区总面积为10.5亩。A1、A2、A3、B1、B2、B3、CK试验小区面积分别为1.391亩、2.725亩、1.724亩、1.557亩、1.557亩、1.557亩、0.378亩。播种前、收获后取样深度为1.0m，生育期期间取样深度为0～40cm。垂直滴灌带方向上，在抽雄期一次灌水后1d、3d、5d、7d取样，取样点距滴灌带中心5.0cm、15cm、30cm。各小区以滴灌带为界，试验小区取样测试点设计保护行，另外滴管灌水定额小，侧渗小，设计保护行可有效隔断不同灌水定额的互相影响，因此不设计隔离带。

2021年试验区设计对照、深松+旋耕、粉垄+旋耕3种处理方式，深松+旋耕、粉垄+旋耕设计140m^3/亩、180m^3/亩两种灌水量。对照处理不深松、不粉垄，仅进行表层旋耕，灌水量为140m^3/亩。灌溉制度如表7-1所示，耕作方式及灌溉试验设计如表7-2所示。

试验处理采用浅埋滴灌、膜下滴灌两种灌溉方式。结合内蒙古自治区地方标准《露地玉米浅埋滴灌技术规程》（DB15/T 1382—2018），按生育期设计灌水定额及灌溉定额。试验采用腐熟的有机肥，各试验处理有机肥施用量2020年为5m^3/亩，2021年为8m^3/亩。

试验采用当地高产的玉米品种及种植模式，大小垄种植，大垄宽80cm、小垄宽40cm，种植密度5 000株/亩。播种前耕作，2020年耕作方式有两种。其一：施有机肥8m³/亩，腐殖酸25kg/亩；深松35cm。其二：粉垄深度40cm，施有机肥8m³/亩，腐殖酸25kg/亩；4月底播种，采用玉米浅埋滴灌铺带播种一体机完成播种、施肥、铺带一体化作业。2021年不施腐殖酸，施有机肥8m³/亩。

表7-1 滴灌灌溉制度

生育期	出苗前期	苗期	拔节期	抽雄期	灌浆期	灌溉定额（m³/亩）
灌水次数（结合学者经验估计）	1	1	2	0	2～3	6～7
灌水量（m³/亩）	10	25	20，25	0	25，25，10	140
	20	25	25，30	0	30，25，25	180

表7-2 耕作方式及灌溉试验设计

耕作方式	深松+旋耕			粉垄+旋耕			对照旋耕
灌水量（m³/亩）	100/0	180	140	100/0	180	140	140
编号	A1	A2	A3	B1	B2	B3	CK

7.2 不同耕作方式、灌溉定额对苏打盐碱土水盐变化的影响

7.2.1 生育期土壤含水率及pH值的变化

图7-1为2020年深松、粉垄、对照处理膜下滴灌与浅埋滴灌不同土壤层深度土壤含水率，该土样取样时间为2020年6月19日，玉米株高约50cm，地表植被盖度30%～40%。膜下滴灌可有效保持土壤0～10cm土壤含水率，深松耕作处理膜下滴灌0～5cm、5～10cm土壤含水率较浅埋滴灌提高21.2%、13.7%；粉垄耕作处理膜下滴灌0～5cm、5～10cm土壤含水率较浅埋滴灌提

高23.3%、1.7%；对照处理膜下滴灌0～5cm、5～10cm土壤含水率较浅埋滴灌提高75.6%、24.6%。

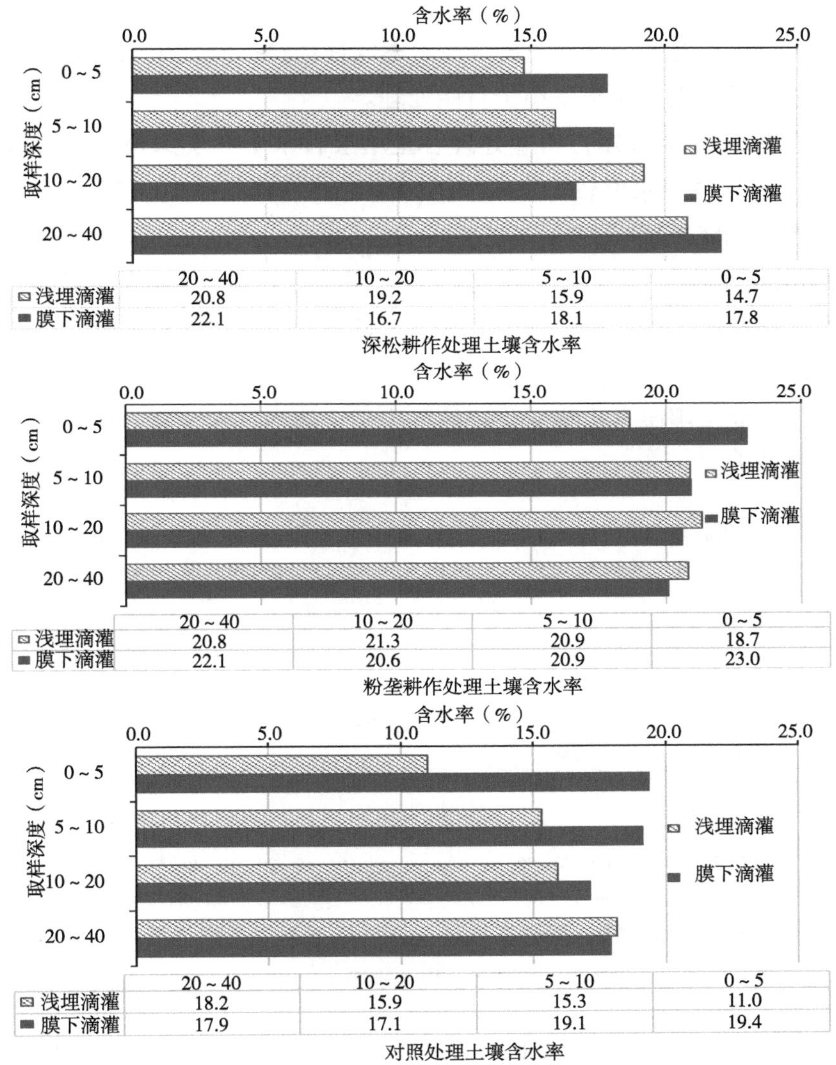

图7-1　浅埋、膜下滴灌土壤含水率（2020年）

图7-2为2021年播种后不同耕作处理方式下土壤含水率，由图7-2（a）可知，0～5cm、5～10cm、10～20cm、20～40cm、40～60cm、60～80cm、

80～100cm土层含水率较对照分别降低了89.5%、53.6%、90.3%、27.4%、46.2%、56.0%、65.3%。深松处理后各土壤层含水率显著低于对照处理（对照未粉垄、未深松，仅进行表层旋耕）土层含水率，分析原因，可能是深松处理后0～40cm土壤层松软，透水性、透气性优良，有利于土壤水分渗透，因此深松处理各土层含水率小于对照处理。

由图7-2（b）可知，粉垄处理各土壤层含水率大于深松各土壤层含水率，0～5cm土层含水率较对照增加了54.8%，5～10cm、10～20cm土壤含水率较对照分别降低了163.9%、47.5%；20～40cm、40～60cm、60～80cm、80～100cm土层土壤含水率较对照分别增加了1.0%、66.7%、84.0%、97.3%，总体上，各土层土壤含水率变化规律不明显，分析原因，可能是播种进行灌溉，兼顾玉米种子萌发湿度和温度要求，进行小于5m^3/亩的低灌水量灌水，因此土壤层含水率变化规律取决于土壤本地含水率。因此，总体上时空差异较大。

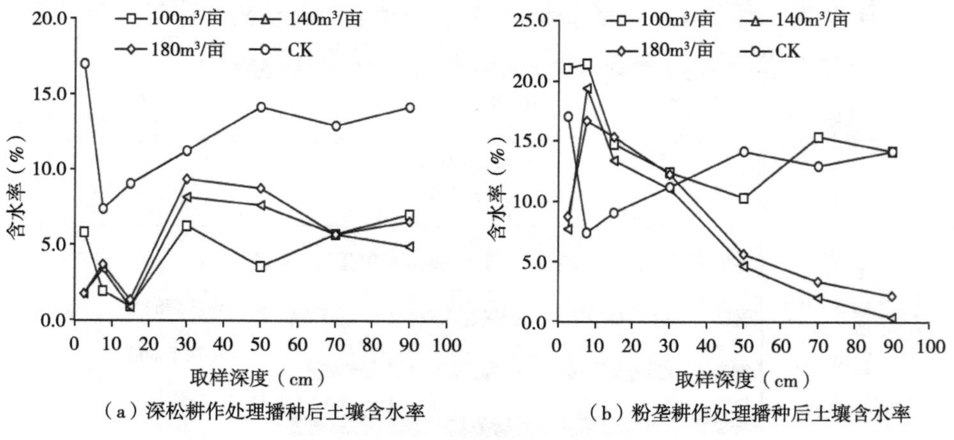

（a）深松耕作处理播种后土壤含水率

（b）粉垄耕作处理播种后土壤含水率

图7-2　播种后土壤含水率（2021年）

图7-3为2022年播种前土壤含水率，由该图可知，经过春秋休耕季后，深松、粉垄耕作处理土壤含水率低于对照，粉垄处理土壤耕作层含水率最低，显著低于对照处理土壤含水率，各土层含水率低于对照约5个百分点。综合比较可知，粉垄耕作处理可有效打破犁底层，提高土壤的透水透气性，其长效性方面显著高于深松处理。

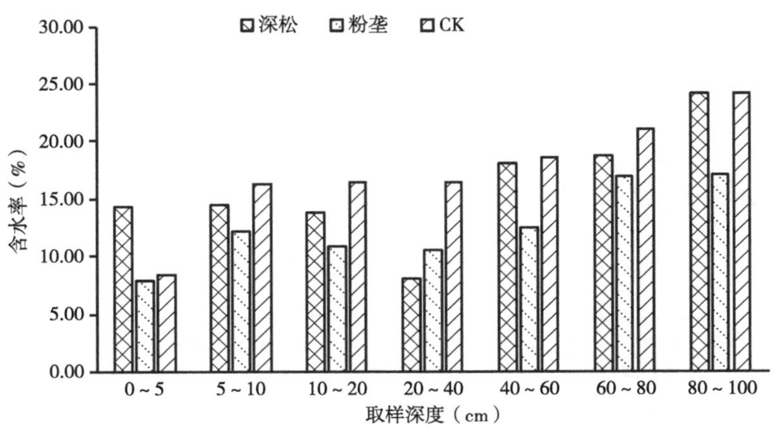

图7-3　播种前土壤含水率（2022年）

图7-4为改良1年2020年收获后0～100cm土壤含水率变化，由图7-4（a）可以看出，灌水量均为140m³/亩时，深松耕作处理收获后土壤含水率显著小于对照（灌水量140m³/亩）土壤含水率。0～5cm、5～10cm、10～20cm、20～40cm、40～60cm、60～80cm、80～100cm土层含水率较对照分别降低了28.7%、10.0%、4.8%、27.6%、21.6%、60.5%、85.2%。60～80cm、80～100cm土层含水率降低幅度较大，原因可能是该土层为沙质土壤，土壤持水率低。深松前20～40cm土壤碱化层渗透系数低，透气性差，形成致密的隔水层。该分析与降雨后中、重度碱化地地表严重积水，形成内涝现象吻合。深松耕作处理后，增加了20～40cm土壤碱化层的透水、透气性，因此土壤水分向深层渗透，有利于盐分向深层运移。

图7-4（b）为粉垄耕作处理收获后土壤含水率，由该图可以看出，除灌水量180m³/亩处理外（CK灌水量为140m³/亩），土壤含水率较对照显著降低。灌水量为140m³/亩时，粉垄处理0～5cm、5～10cm、10～20cm、20～40cm、40～60cm、60～80cm、80～100cm土层含水率较对照分别降低了59.6%、13.4%、7.8%、9.7%、11.1%、14.3.5%、32.2%。粉垄处理0～40cm土壤含水率降低百分比均大于深松0～40cm土壤含水率降低比。40～100cm土层含水率降低百分比小于深松对应土壤含水率降低百分比。深松、粉垄两种耕作方式均未扰动40～60cm土壤层，因此分析原因可能是取样点土壤差异所致，对比土壤试样发现深松取样点60～100cm所取土壤为沙土，土壤持水率低。

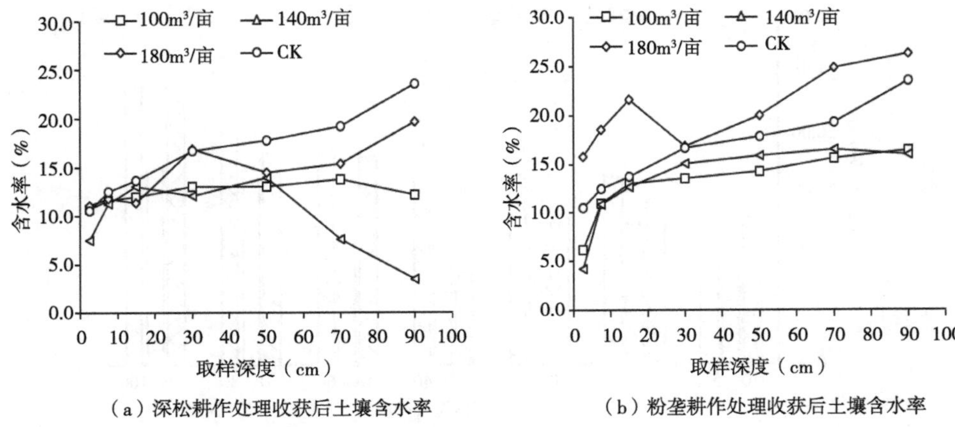

（a）深松耕作处理收获后土壤含水率
（b）粉垄耕作处理收获后土壤含水率

图7-4　收获后土壤含水率（2020年）

图7-5为不同耕作方式及灌溉处理的一次灌水后1～7d土壤含水率变化，由图7-5可知，灌水后，随着时间的延续，土壤含水率呈逐渐降低趋势，各处理间差异显著，灌水后1d，0～5cm土壤含水率较高，最大值为B3处理的0～5cm土壤含水率，最大值为35.9%。距滴灌带中心越近，土壤含水率越高；距滴灌带中心越远，土壤含水率越低。A1处理灌水1d后距滴灌带中心5cm处0～5cm、5～10cm、10～20cm、20～40cm土壤层含水率是距滴灌带30cm处土壤含水率的14.3%、15.8%、13.6%、16.7%。7d后30cm处0～5cm、5～10cm、10～20cm、20～40cm土壤含水率是5cm处土壤含水率的2.4%、24.9%、25.8%、28.1%。即灌水后土壤水分从滴灌带中心向四周逐渐入渗，中、重度苏打碱化土壤入渗速度慢。7d后各土层土壤含水率比较接近，差异较小。

由图7-5可以看出，灌溉后不同处理的0～5cm土壤含水量呈现先降低，随后又升高的现象。出现此现象的原因可能是，苏打碱化土具有入渗率较低的典型特性，灌溉1d后，入渗率较低导致表层土壤含水率较高。1d后因蒸发旺盛，因此表层土壤含水率降低幅度较大。随后土壤含水率又呈升高趋势，可能是因为取样时间差所致。本次取样为灌溉后1～7d，前两天取样时间为10:00—12:00，此阶段，气温已显著升高，土壤表层蒸发旺盛，表层土壤水分呈降低趋势。取样劳动强度较高，此阶段玉米试验田气温更高，容易引起中暑，故后几天取样时间提前至6:00—8:00进行，该时间段气温相对较低，因此蒸发量较小，土壤表层含水量较高。

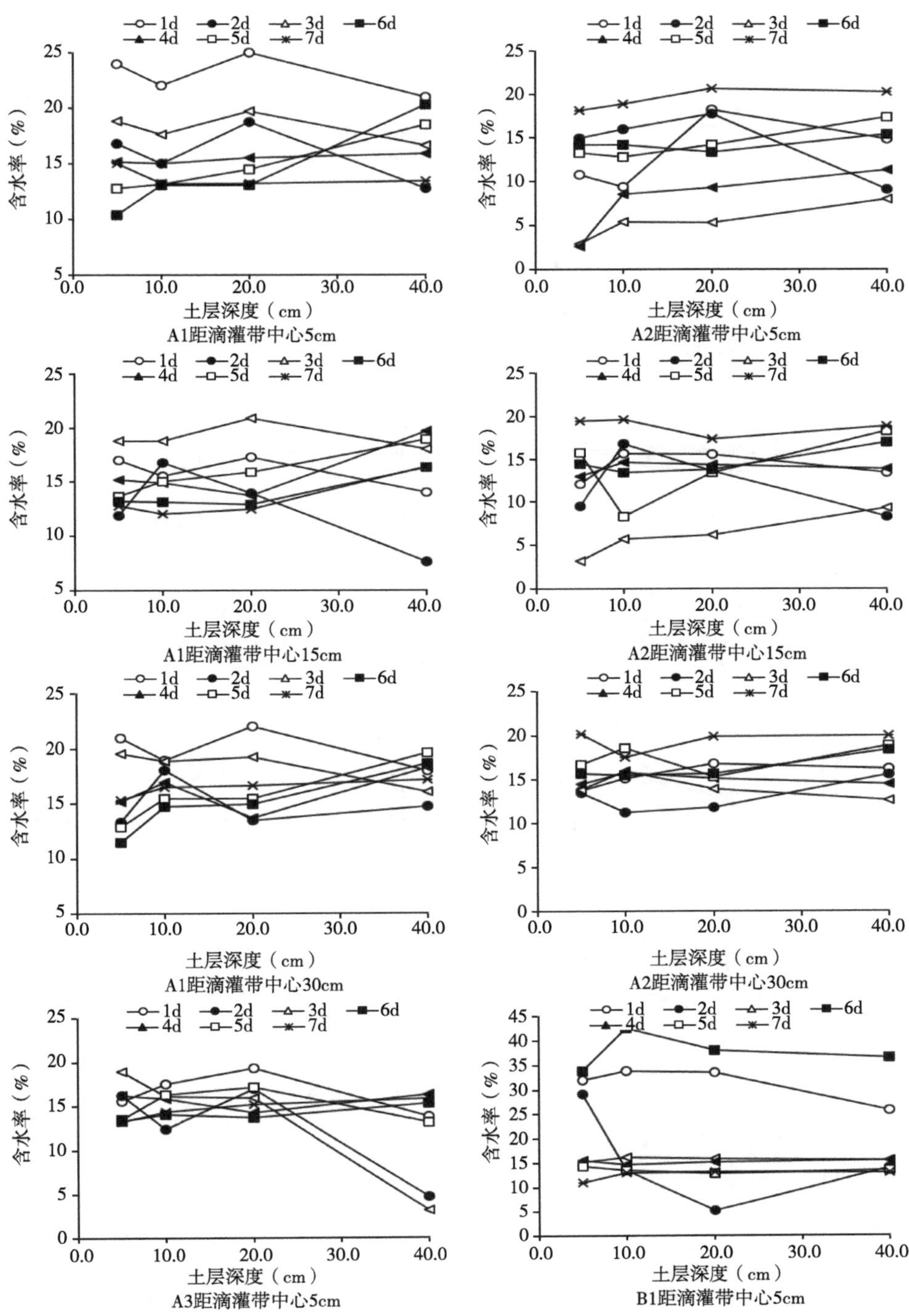
1d
2d
3d
6d
4d
5d
7d
含水率（%）
土层深度（cm）
A1距滴灌带中心5cm
A2距滴灌带中心5cm
A1距滴灌带中心15cm
A2距滴灌带中心15cm
A1距滴灌带中心30cm
A2距滴灌带中心30cm
A3距滴灌带中心5cm
B1距滴灌带中心5cm

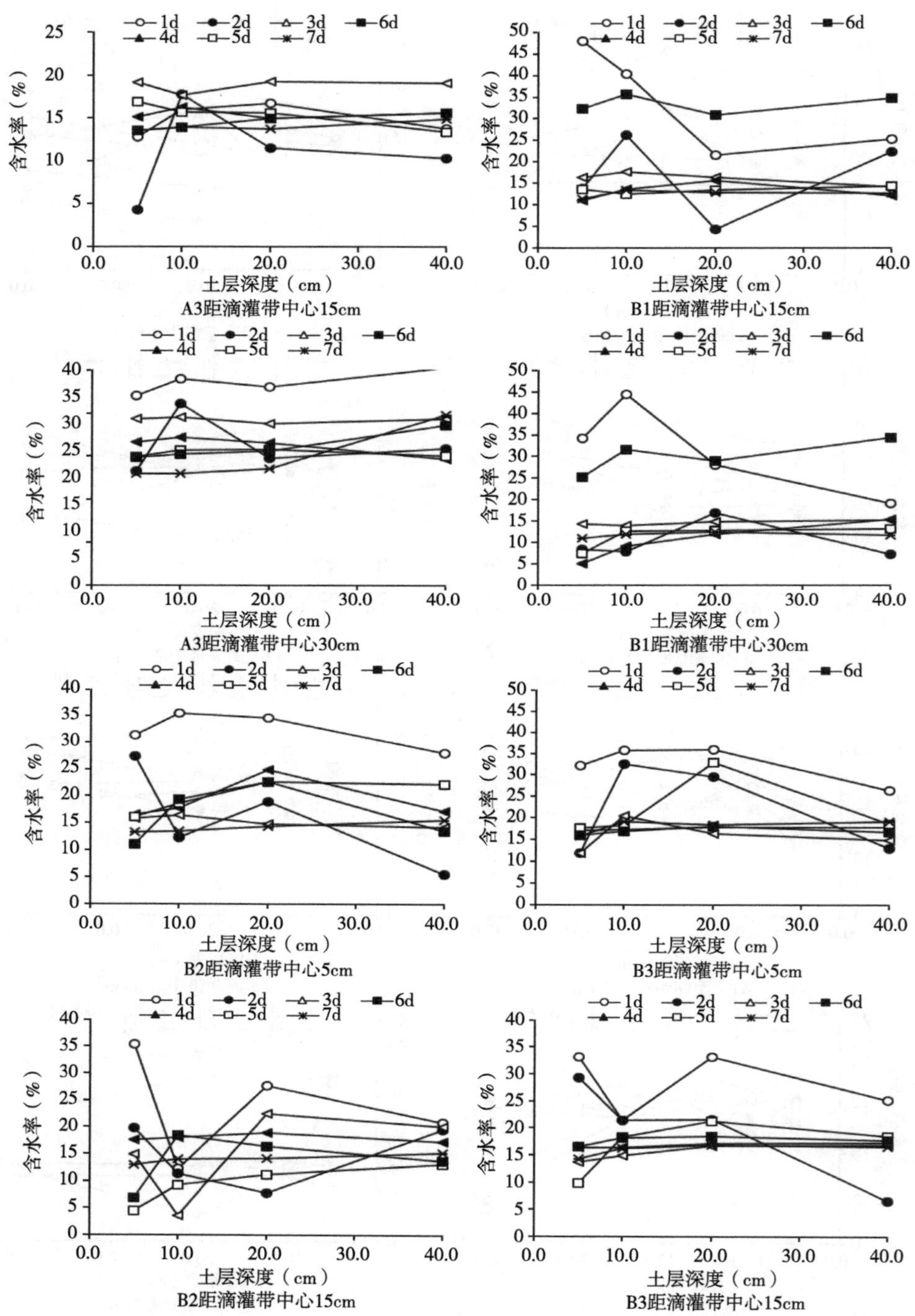

1d 2d 3d 6d 4d 5d 7d
含水率（%）
土层深度（cm）
A3距滴灌带中心15cm
B1距滴灌带中心15cm
A3距滴灌带中心30cm
B1距滴灌带中心30cm
B2距滴灌带中心5cm
B3距滴灌带中心5cm
B2距滴灌带中心15cm
B3距滴灌带中心15cm

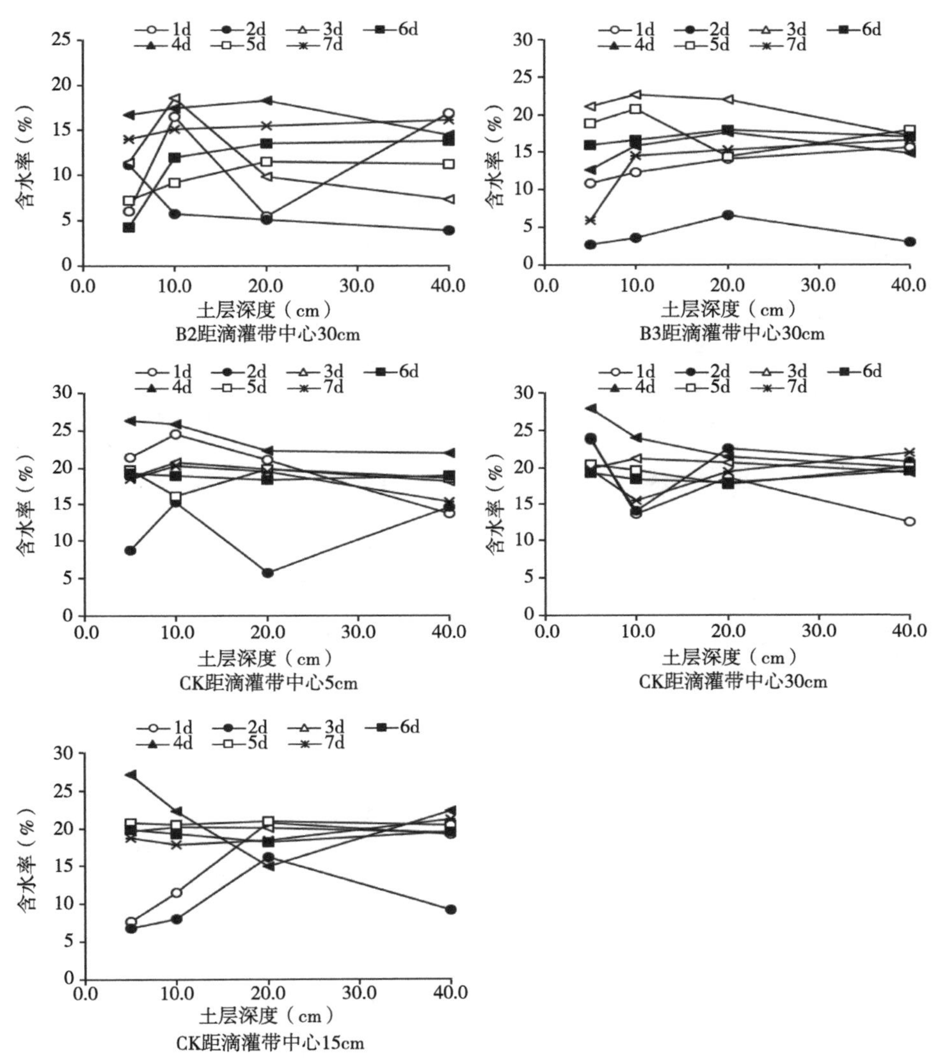

图7-5 不同处理土壤含水率随时间变化（2020年）

图7-6为改良2年后（2021年）不同处理生育期含水率，由图7-6可知，播种前土壤含水率较低，播种前期粉垄、深松土壤含水率均高于对照处理，粉垄处理播种前10～20cm、20～40cm土层含水率较对照分别提高了2.3个百分点、5.6个百分点；深松处理播种前10～20cm、20～40cm土层含水率较对照分别提高了2.7个百分点、11.6个百分点。随着灌水量的增加，土壤含水率逐渐升高。

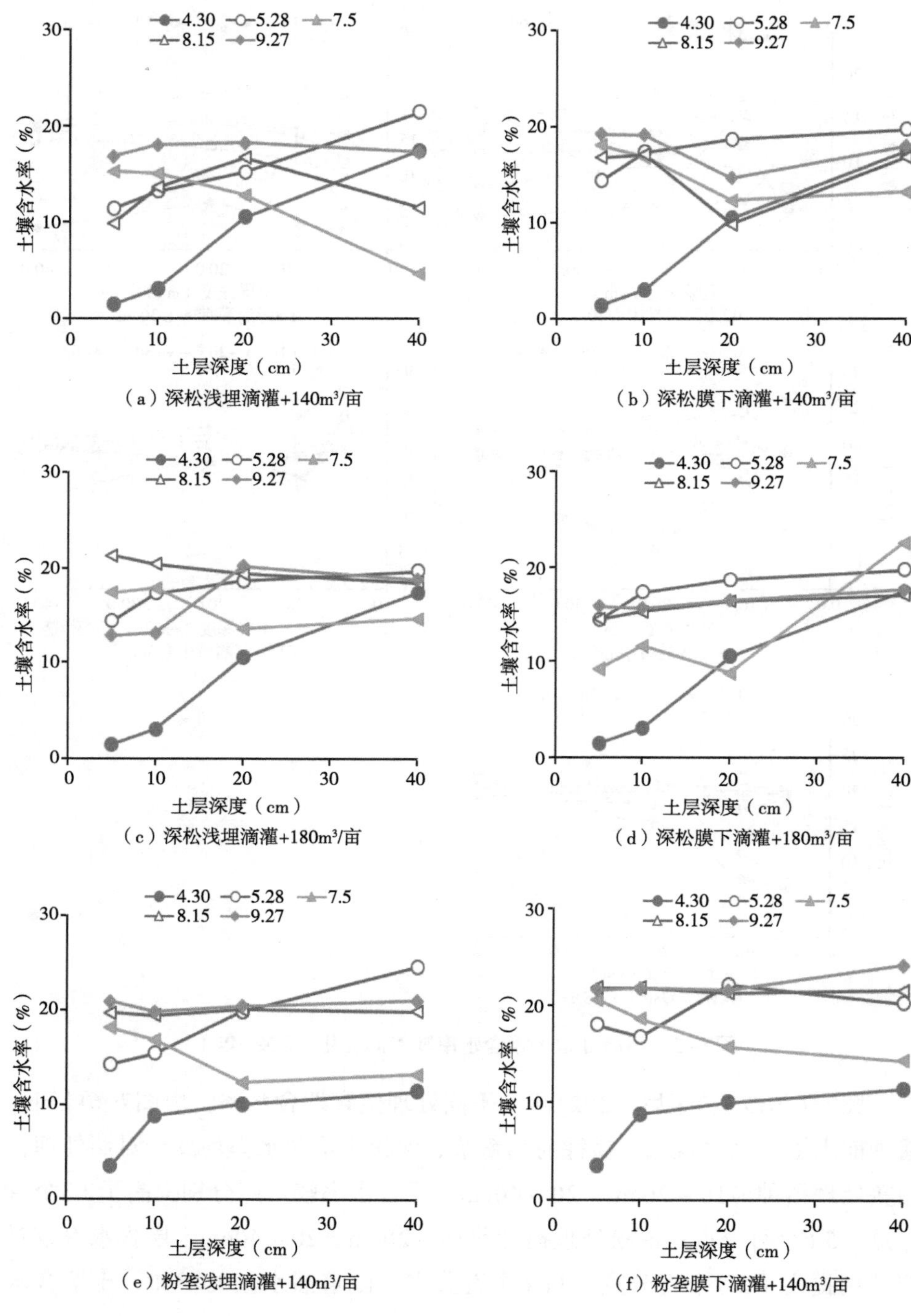

（a）深松浅埋滴灌+140m³/亩

（b）深松膜下滴灌+140m³/亩

（c）深松浅埋滴灌+180m³/亩

（d）深松膜下滴灌+180m³/亩

（e）粉垄浅埋滴灌+140m³/亩

（f）粉垄膜下滴灌+140m³/亩

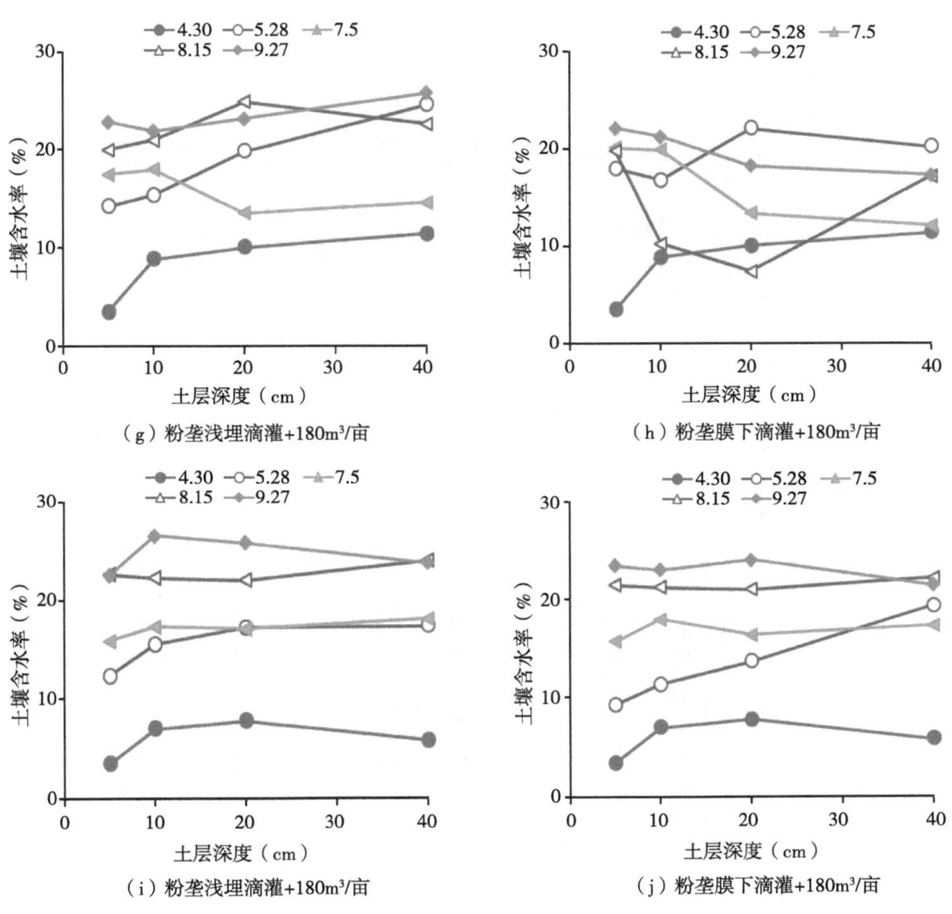

（g）粉垄浅埋滴灌+180m³/亩

（h）粉垄膜下滴灌+180m³/亩

（i）粉垄浅埋滴灌+180m³/亩

（j）粉垄膜下滴灌+180m³/亩

图7-6 不同处理生育期含水率（2021年）

图7-7为改良3年后不同生育期土壤含水率，由图7-7可以看出，通过对比不同耕作措施苗期土壤含水率可以看出，通过3年的改良，在维持较低灌溉定额且不覆膜的基础上，苗期土壤含水率已呈现出阶梯状分布，含水率随土层深度的增加，一方面能够证明土壤耕作改良的实际效果，另一方面也能够显示土壤持续支持作物生长的能力在逐步增强。其中粉垄处理的效果更加明显，尤其是20～40cm土壤含水率增量较高，表明水分纵向运输能力显著增加。综合来看，深松、粉垄两种耕作方式改良下，土壤孔隙结构得到一定程度的优化，水分纵向移动能力增强，一定程度上改良了苏打碱土易板结、不透水的问题，为灌溉后作物持续用水提供了帮助。

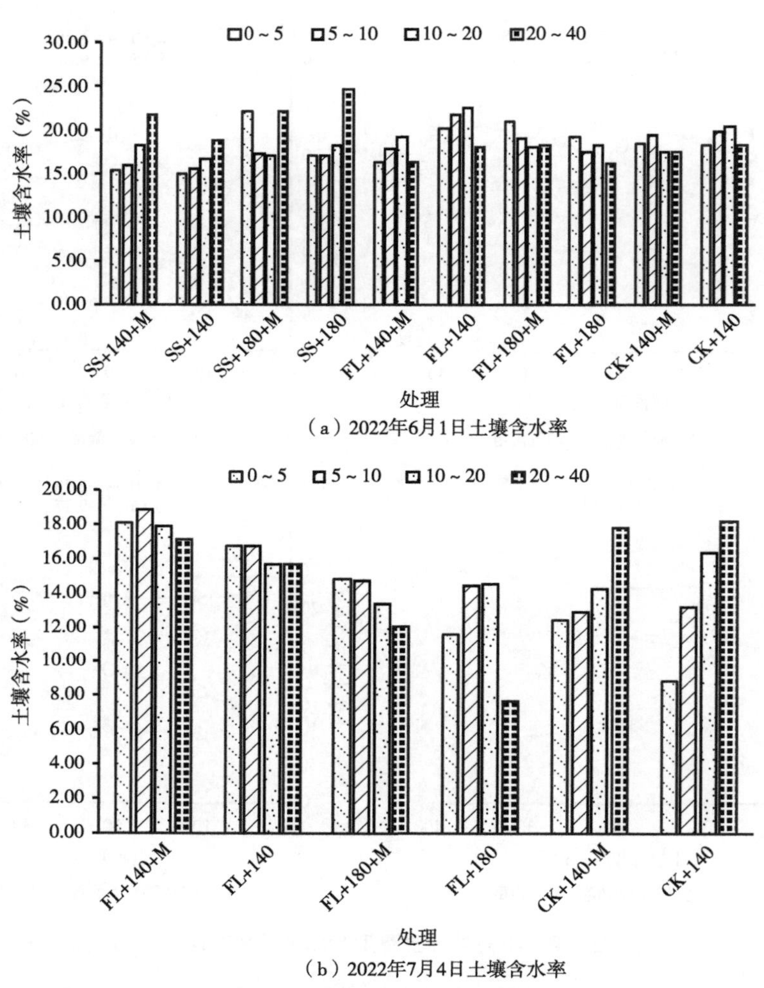

（a）2022年6月1日土壤含水率

（b）2022年7月4日土壤含水率

图7-7　不同处理生育期土壤含水率（2022）

注：图中SS表示深松，FL表示粉垄，M表示覆膜，140、180表示灌水定额为140m³/亩和180m³/亩。

图7-8为改良2年（2021年）收获后土壤含水率，由图7-8（a）可以看出，收获后不同处理土壤含水率均较高，深松（SS）、粉垄（FL）处理土壤含水率均低于对照处理土壤含水率。粉垄耕作处理，140m³/亩灌水定额，0～5cm、5～10cm、10～20cm、20～40cm、40～60cm、60～80cm、80～100cm土层含水率较对照分别降低了2.4个百分点、3.1个百分点、3.5个

百分点、0.3个百分点、-3.8个百分点、1.6个百分点、0个百分点。深松处理则分别降低了6.5个百分点、4.9个百分点、5.7个百分点、4.1个百分点、8.7个百分点、4.2个百分点、1.3个百分点。深松前20～40cm土壤碱化层渗透系数低，透气性差，形成致密的隔水层。该分析与降雨后中、重度碱化地地表严重积水，形成内涝现象吻合。深松耕作处理后，增加了20～40cm土壤碱化层的透水、透气性，因此土壤水分向深层渗透，有利于盐分向深层运移。

图7-8（b）为膜下滴灌处理收获后土壤含水率，由图7-8（b）可知，膜下滴灌粉垄140m^3/亩时，粉垄耕作处理较对照含水率分别降低了0.9个百分点、4.8个百分点、4.3个百分点、-0.4个百分点、-4.8个百分点、-0.7个百分点、-0.1个百分点；深松耕作处理则分别降低了3.2个百分点、7.4个百分点、11.2个百分点、5.8个百分点、5.9个百分点、14.0个百分点、17.0个百分点。综上所述，粉垄、深松耕作处理不同程度提高了土壤通气透水性，收获后土壤含水率呈不同程度降低趋势，因此有利于脱碱、排碱。

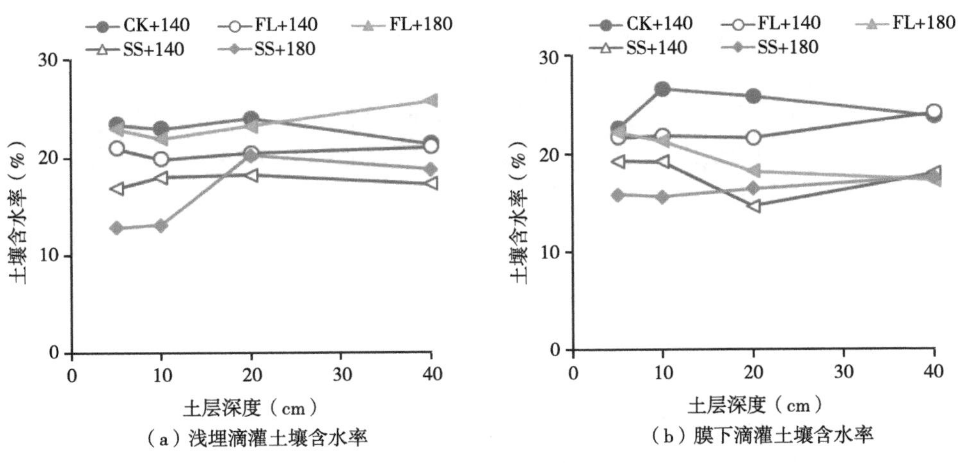

图7-8　收获后土壤含水率（2021）

图7-9为收获后各处理土壤含水率，由图7-9（a）可以看出，深松处理收获后40～100cm土层土壤含水率高于20%，高于0～40cm各土层土壤含水率约5个百分点。由图7-9（b）可以看出，粉垄处理收获后灌溉定额180m^3/亩，处理80～100cm土层土壤含水率高于20%，高于0～80cm各土层土壤含水率约5个百分点。

同时，两种耕作方式在收获后土壤含水率较耕作前均有大幅提升，除农田灌溉原因外，不同耕作措施对土壤结构的改良促进了水分的纵向移动，在提升土壤通透性的同时增强了水分对农作物的有效性。是否覆膜对收获后土壤含水率影响相对较小，不论哪种耕作方式均未在不同深度土壤中完全表现出理论上的覆膜优于未覆膜的变化规律。说明苏打碱土中的水分纵向移动并未表现出其他类型土壤的规律性，土壤通透性差导致水分不能很好地随蒸发在团聚体中移动，地膜覆盖的效果不佳。因此总体地膜对于苗期保墒的作用不能够在全生育期体现。从含水率分布可知，粉垄各层土壤含水率较为平均，粉垄对于土壤均质性的促进作用要显著优于深松，但是由于耕作深度的限制，均未能显著影响60～100cm位置。

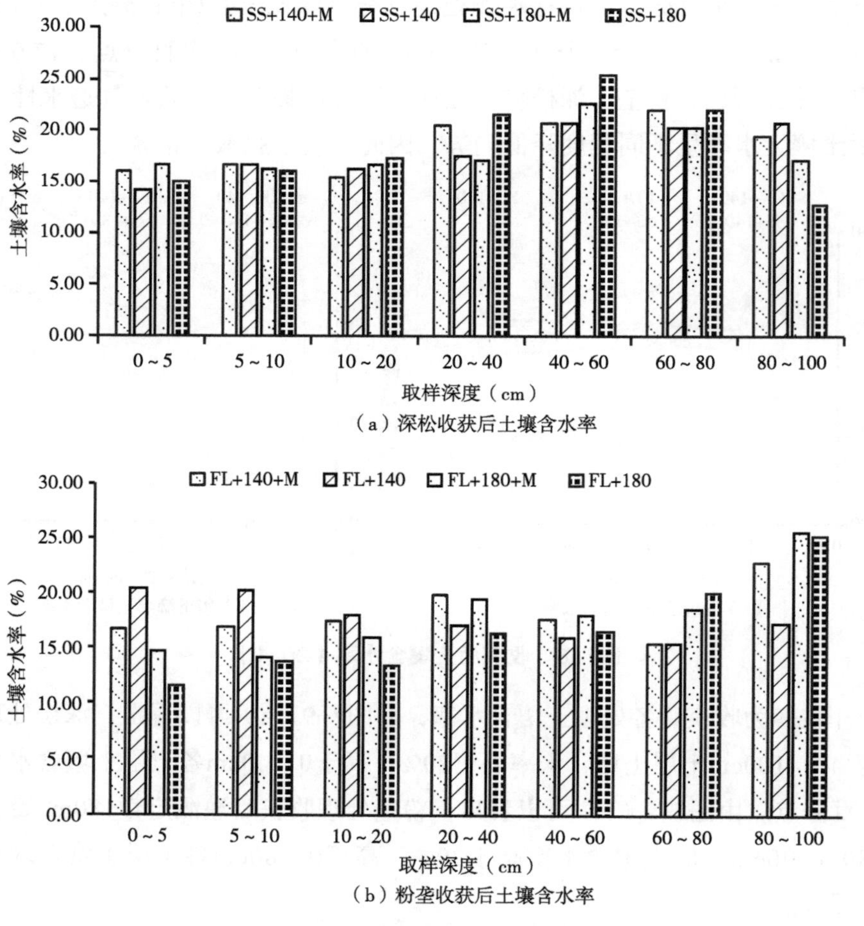

（a）深松收获后土壤含水率

（b）粉垄收获后土壤含水率

图7-9　收获后土壤含水率（2022年）

综合比较可以看出，粉垄、深松耕作处理均可以打破犁底层，提高土壤的通水透气性，有利于改良苏打盐碱地。在提升土壤透水通气长效性方面，粉垄处理优于深松耕作处理。

图7-10为改良1年（2020年）一次灌水后1d、3d、5d、7d不同处理各层土壤pH值变化。由图7-10可知，深松耕作处理与粉垄耕作处理差异显著。深松耕作处理一次灌水1d、3d、5d、7d后，各层土壤pH值基本上呈增加趋势，20～40cm土层增加量大于0～20cm土层pH值增加量，增加幅度较大。粉垄耕作处理一次灌水1d、3d、5d、7d后，各层土壤pH值基本上呈降低趋势，各土层间降低幅度较均匀，20～40cm土层增加幅度也较小。综上分析认为，深松只是将0～40cm进行疏松，短时间透气性、透水性增加，随着灌溉、不同生育期田间机械耕作的进行，经过多次压实，透气性、渗透性变差，不利于水分渗透至40cm以下，因此0～40cm各土层pH值随着土壤水分的蒸发、入渗呈增加趋势。粉垄耕作处理将0～40cm土层进行混合，通过施加腐熟牛粪，混合后土壤耕作层增厚，0～40cm透水性、通气性增强，因此有利于水分入渗，有利于土壤耕作层脱碱排碱，将盐碱排至40cm以下。综上所述，粉垄更有利于苏打盐碱耕地脱碱排碱，同时有利于增加土壤耕作层深度，有利于盐碱地改良，促进农业耕地的可持续健康发展。

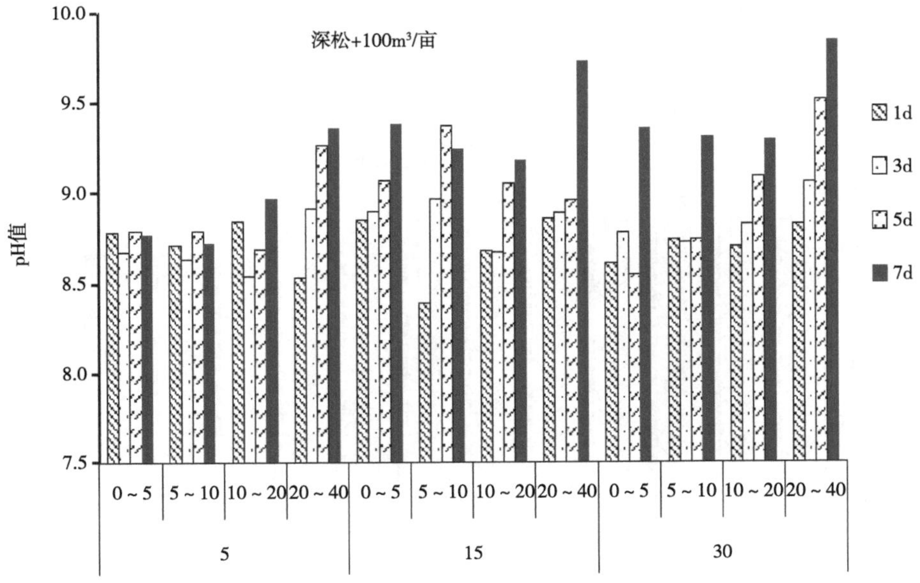

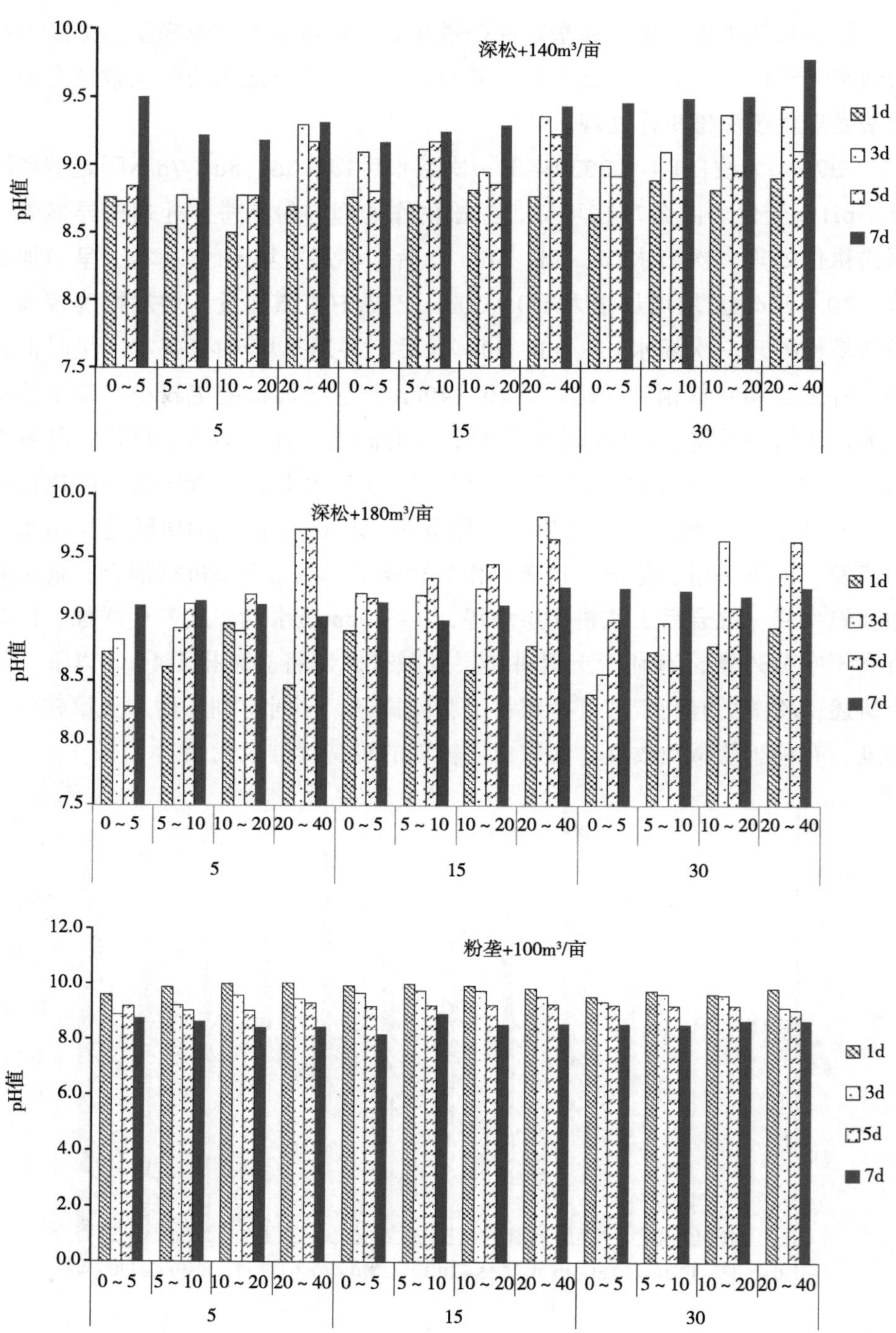
深松+140m³/亩
pH值
1d
3d
5d
7d
0～5
5～10
10～20
20～40
5
15
30
深松+180m³/亩
粉垄+100m³/亩

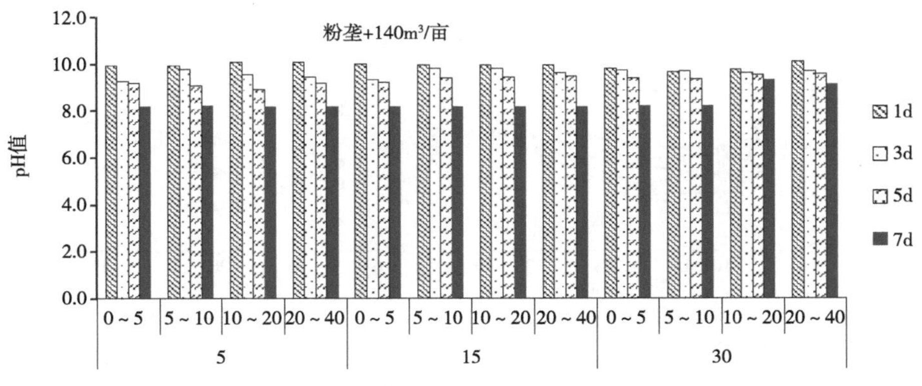

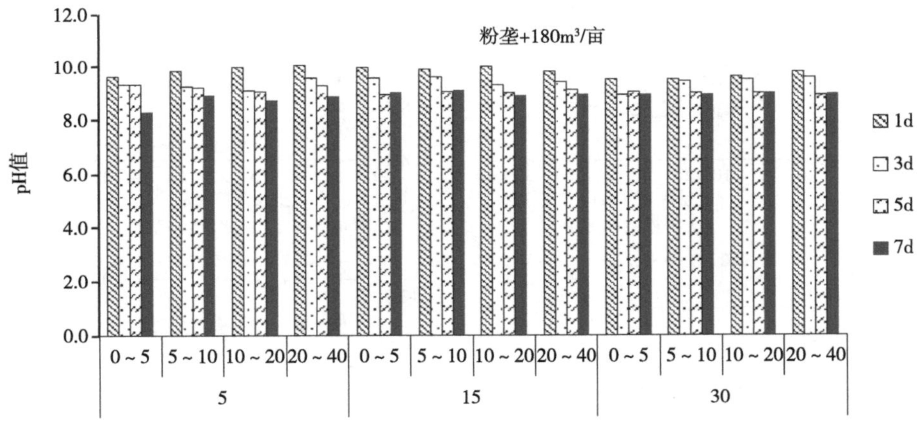

图7-10　一次灌水后土壤pH值变化（2020年）

7.2.2　耕作方式、灌溉定额对土壤剖面内盐分分布的影响

7.2.2.1　生育期土壤pH值变化

图7-11为改良1年（2020年）生育期不同处理土壤0~5cm、5~10cm、10~20cm、20~40cm土层pH值变化。由图7-11可知，整个生育期0~5cm、5~10cm、10~20cm土层pH值呈降低趋势，20~40cm除A3、B1处理外，其余处理也呈降低趋势。深松耕作处理20~40cm土层pH值大于0~20cm土层pH值，同一土层pH值在整个生育阶段呈降低趋势，即深松耕作措施有利于耕层脱碱排碱。粉垄耕作处理0~5cm、5~10cm、10~20cm、

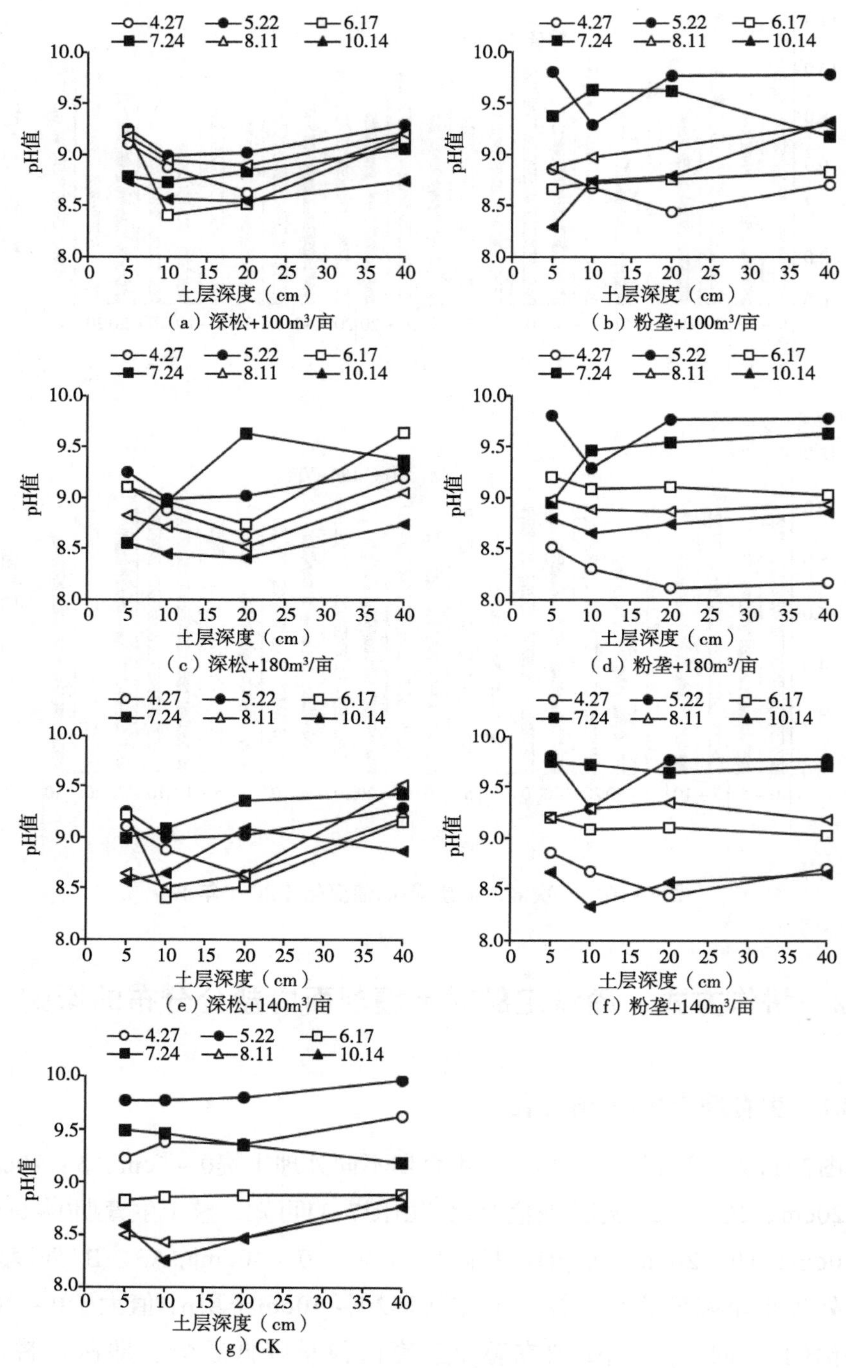

图7-11　生育期不同处理土壤pH值变化（2020年）

20～40cm各土层间pH值相对较均匀，差异较小。即粉垄耕作方式将0～40cm各层土进行混合，相对较均匀，因此各土层间pH值差异较小。随着生育期的延续，各土层pH值除B1处理外都呈减小趋势，分析原因可能是B1处理灌水量较低，为100m³/亩，较低的灌水量没有多余的水分向深层入渗，因此在20～40cm土层间聚集，因此该土层pH值呈增大趋势。140m³/亩、180m³/亩处理，灌水量相对较大，多余的土壤水分向深层入渗，有利于将盐碱排入40cm土层以下。因此，40cm土层pH值没有显著增加。

图7-12为改良2年（2021年）生育期内深松处理土壤pH值变化，图7-13为生育期内粉垄处理土壤pH值变化，图7-14为对照处理。对比可知，深松、粉垄处理可不同程度降低土壤pH值。从生育期对比可知，随着灌水量的增加，土壤pH值呈不同程度降低趋势。

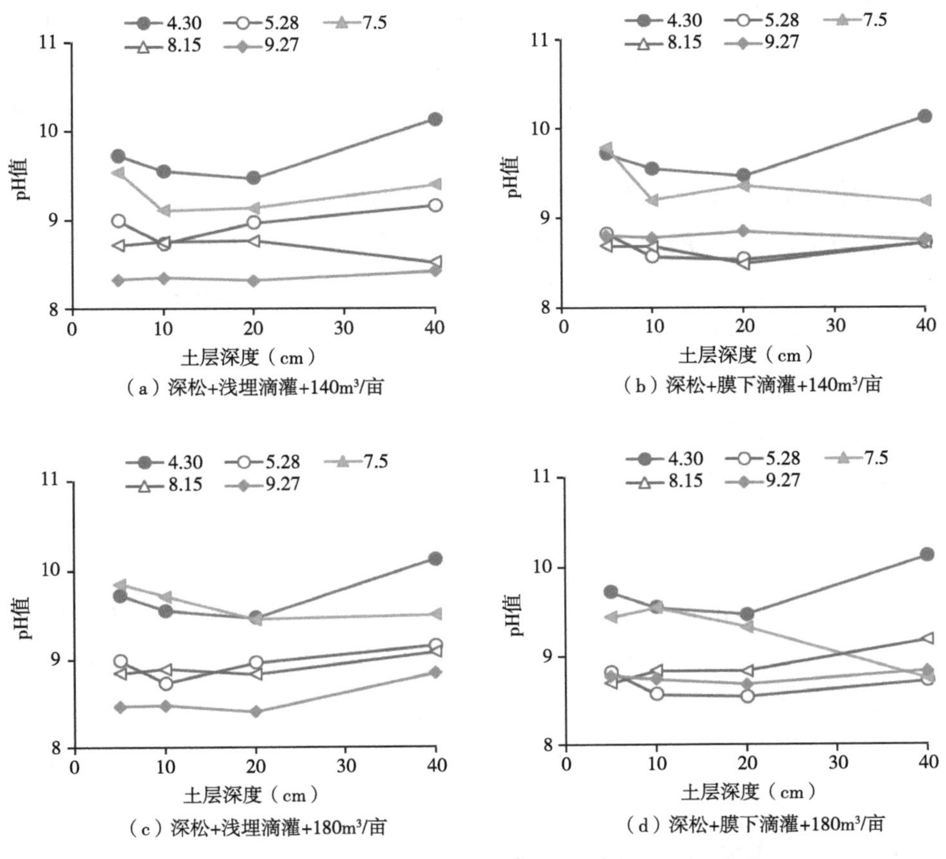

图7-12　深松处理生育期内土壤pH值变化（2021年）

由图7-12可知，灌溉定额为140m^3/亩时，深松浅埋滴灌处理，收获后较播种前0～5cm、5～10cm、10～20cm、20～40cm土壤pH值分别降低了1.4个单位、1.2个单位、1.2个单位、1.7个单位；深松膜下滴灌处理，收获后较播种前0～5cm、5～10cm、10～20cm、20～40cm土壤pH值分别降低了0.9个单位、0.8个单位、0.6个单位、1.4个单位。灌溉定额为180m^3/亩时，深松浅埋滴灌处理，收获后较播种前0～5cm、5～10cm、10～20cm、20～40cm土壤pH值分别降低了1.3个单位、1.1个单位、1.1个单位、1.3个单位；深松膜下滴灌处理，收获后较播种前0～5cm、5～10cm、10～20cm、20～40cm土壤pH值分别降低了0.9个单位、0.8个单位、0.8个单位、1.3个单位。灌溉定额140m^3/亩、180m^3/亩，浅埋滴灌较膜下滴灌更有利于降低土壤pH值。分析原因可能是，覆膜处理能显著降低土壤表层蒸发强度，减少浅水蒸发量，使得土壤水分入渗—沿毛细管至表层—入渗循环，因此土壤pH值降低幅度相对较小。而深松后，土壤透水通气性较强，浅埋滴灌处理后土壤水分入渗量大于蒸发量，因此土壤层pH值降低幅度大于膜下滴灌处理降低幅度。

由图7-13可知，粉垄耕作处理可不同程度增加了土壤pH值。随着灌溉水量的增加，土壤pH值呈降低趋势。灌溉定额为140m^3/亩时，粉垄浅埋滴灌处理，收获后较播种前0～5cm、5～10cm、10～20cm、20～40cm土壤pH值分别增加了0.3个单位、0.6个单位、0.8个单位、0.4个单位；粉垄膜下滴灌处理，收获后较播种前0～5cm、5～10cm、10～20cm、20～40cm土壤pH值分别增加了0.4个单位、0.4个单位、0.3个单位、0.3个单位。灌溉定额为180m^3/亩时，粉垄浅埋滴灌处理，收获后较播种前0～5cm、5～10cm、10～20cm、20～40cm土壤pH值分别降低了-0.1个单位、0个单位、0个单位、0.6个单位；粉垄膜下滴灌处理，收获后较播种前0～5cm、5～10cm、10～20cm、20～40cm土壤pH值分别降低了0个单位、-0.1个单位、0.2个单位、0.3个单位。粉垄耕作处理、140m^3/亩时，土壤pH值有升高趋势，分析原因可能是粉垄耕作处理打破了犁底层5～10cm，使得20cm以下碱土层与0～20cm土壤层出现了混掺，灌水量较小的情况下，蒸发量大于入渗量，不能有效淋洗耕层盐分至地下水，随蒸发向上运移，因此土壤pH值呈不同程度增加。

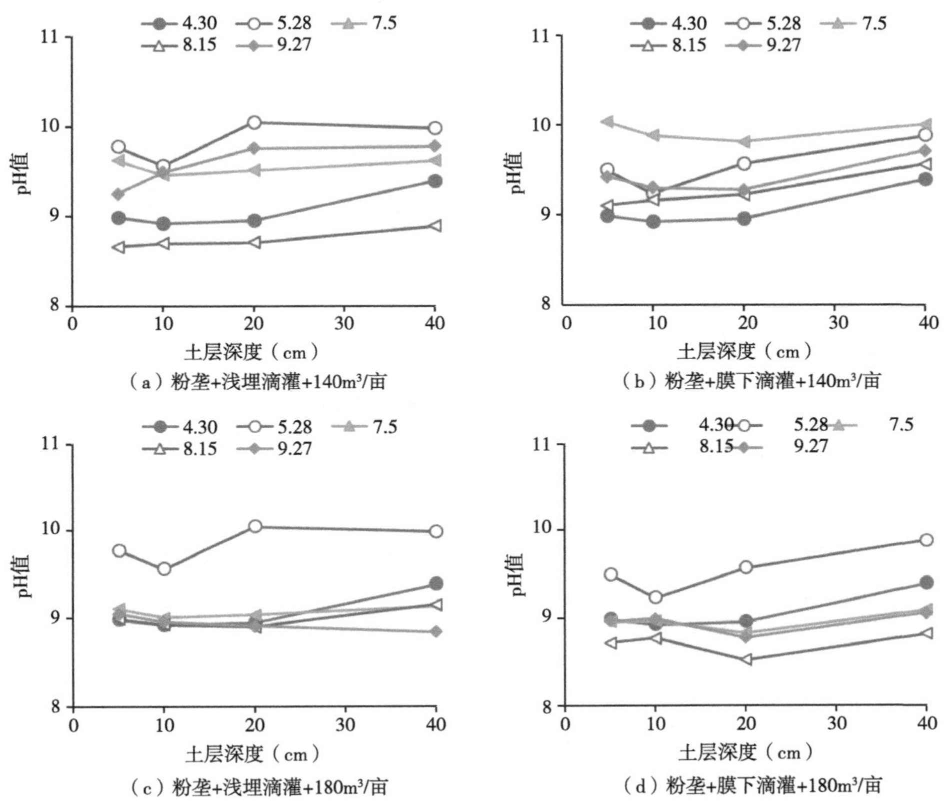

图7-13 粉垄处理生育期内土壤pH值变化

深松浅埋滴灌140m^3/亩时，0～5cm、5～10cm、10～20cm、20～40cm土壤pH值较对照分别降低了0.6个单位、0.7个单位、0.9个单位、1.3个单位；膜下滴灌140m^3/亩时，0～5cm、5～10cm、10～20cm、20～40cm土壤pH值较对照分别降低了1.3个单位、1.1个单位、1.0个单位、0.9个单位。粉垄处理膜下滴灌140m^3/亩时，0～5cm、5～10cm、10～20cm、20～40cm土壤pH值较对照分别降低了0.7个单位、0.6个单位、0.6个单位、0个单位。综合比较发现，深松、粉垄可不同程度降低土壤pH值，但深松处理优于粉垄处理。

总体上，浅埋滴灌处理粉垄140m^3/亩、180m^3/亩，深松140m^3/亩、180m^3/亩试验处理0～100cm土层pH值较对照分别降低了0.32个单位、0.36个单位，0.95个单位、0.42个单位；膜下滴灌处理粉垄140m^3/亩、180m^3/亩，深松140m^3/亩、180m^3/亩试验处理0～100cm土层pH值较对照分别降低了0.21个单位、0.57个单位，0.66个单位、0.50个单位。

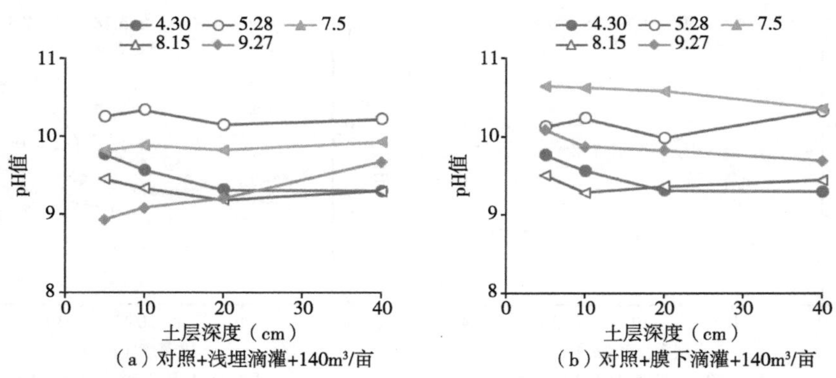

图7-14　对照处理生育期内土壤pH值变化

7.2.2.2　生育期土壤EC值变化

图7-15为改良2年（2021年）生育期内深松处理土壤EC值变化，图

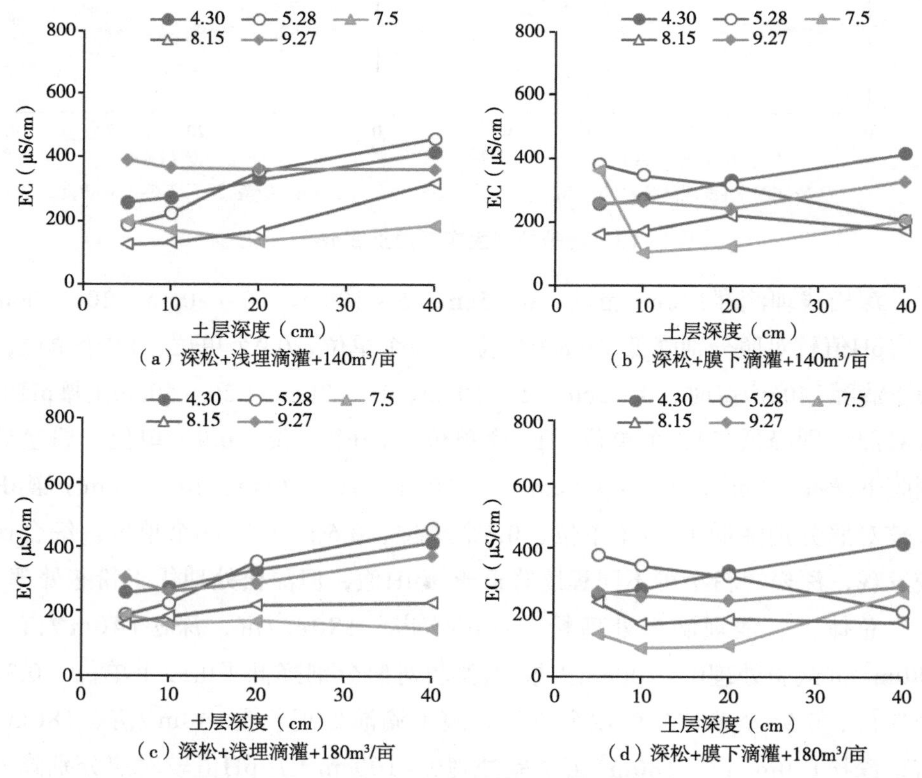

图7-15　深松处理生育期内土壤EC值变化（2021年）

7-16为生育期内粉垄处理土壤EC值变化，图7-17为对照处理。对比可知，深松、粉垄处理可不同程度降低土壤EC值。从生育期对比可知，随着灌水量的增加，土壤EC值呈不同程度降低趋势。

由图7-15可知，灌溉定额为140m³/亩时，深松+浅埋滴灌处理，收获后较播种前0～5cm、5～10cm、10～20cm、20～40cm土壤EC值分别降低-1.2%、2.2%、26.5%、20.8%。灌溉定额为180m³/亩时，深松浅埋滴灌处理，收获后较播种前0～5cm、5～10cm、10～20cm、20～40cm土壤EC值分别降低了-18.8%、3.7%、12.8%、9.7%；深松膜下滴灌处理，收获后较播种前0～5cm、5～10cm、10～20cm、20～40cm土壤EC值分别降低了-3.1%、7.4%、27.7%、32.2%。

由图7-16可知，粉垄耕作处理可不同程度降低土壤EC值。随着灌溉

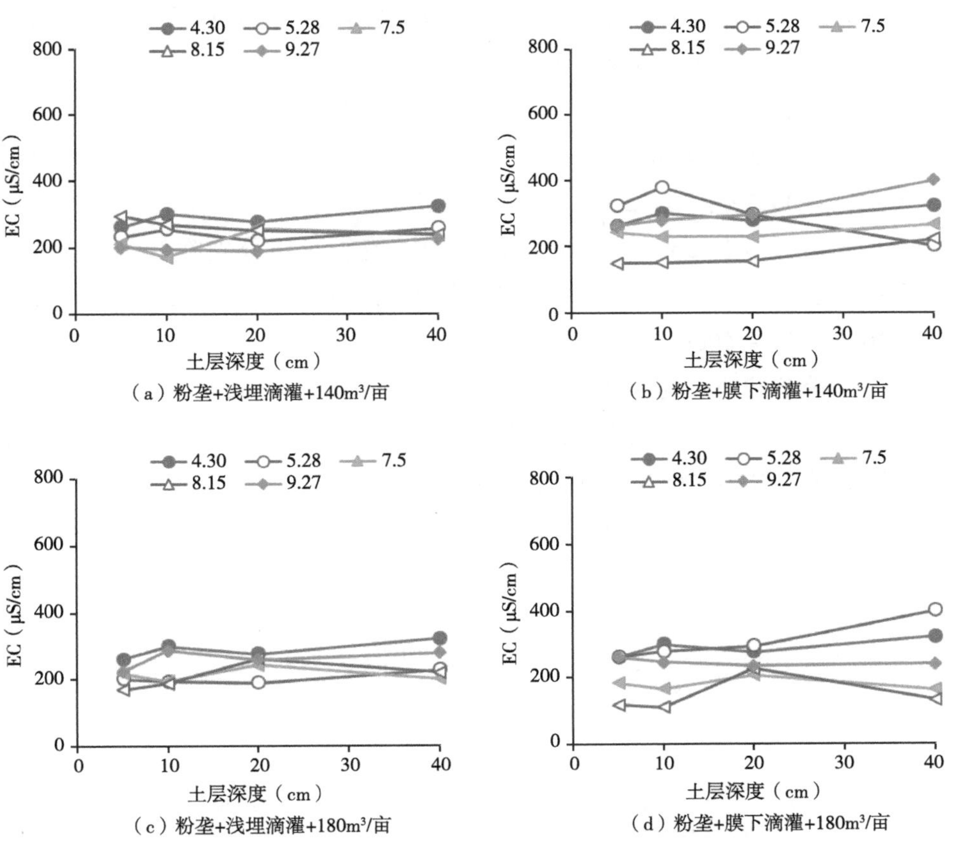

（a）粉垄+浅埋滴灌+140m³/亩

（b）粉垄+膜下滴灌+140m³/亩

（c）粉垄+浅埋滴灌+180m³/亩

（d）粉垄+膜下滴灌+180m³/亩

图7-16　粉垄处理生育期内土壤EC值变化（2021年）

水量的增加，土壤EC值呈降低趋势。灌溉定额为140m³/亩时，粉垄浅埋滴灌处理，收获后较播种前0～5cm、5～10cm、10～20cm、20～40cm土壤EC值分别降低了23.2%、35.4%、31.8%、29.8%；粉垄膜下滴灌处理土壤EC值则有所升高，收获后较播种前0～5cm、5～10cm、10～20cm、20～40cm土壤pH值分别降低了-0.4%、7.0%、-6.5%、-24.2%。灌溉定额为180m³/亩时，粉垄浅埋滴灌处理，收获后较播种前0～5cm、5～10cm、10～20cm、20～40cm土壤pH值分别降低了13.8%、4.0%、6.2%、13.4%；粉垄膜下滴灌处理，收获后较播种前0～5cm、5～10cm、10～20cm、20～40cm土壤EC值分别降低了-0.8%、17.7%、15.6%、25.5%。粉垄耕作膜下滴灌140m³/亩时，土壤EC值有升高趋势，分析原因可能是粉垄耕作处理打破了犁底层5～10cm，使得20cm以下碱土层与0～20cm土壤层出现了混掺，灌水量较小的情况下，蒸发量大于入渗量，不能有效淋洗耕层盐分至地下水，随蒸发向上运移，因此土壤EC值呈不同程度增加。

对比可知，深松、粉垄不同程度降低了土壤EC值。深松浅埋滴灌140m³/亩时，0～5cm、5～10cm、10～20cm、20～40cm土壤EC值较对照分别降低了39.0%、-39.3%、-14.2%、10.4%；深松膜下滴灌140m³/亩时，0～5cm、5～10cm、10～20cm、20～40cm土壤EC值较对照分别降低了49.9%、42.9%、53.5%、31.2%。粉垄浅埋滴灌140m³/亩时，0～5cm、5～10cm、10～20cm、20～40cm土壤EC值较对照分别降低了68.7%、26.2%、40.8%、43.9%；粉垄膜下滴灌140m³/亩时，0～5cm、5～10cm、10～20cm、20～40cm土壤EC值较对照分别降低了49.3%、39.8%、43.2%、15.8%。综合比较发现，深松、粉垄可不同程度降低土壤EC值。

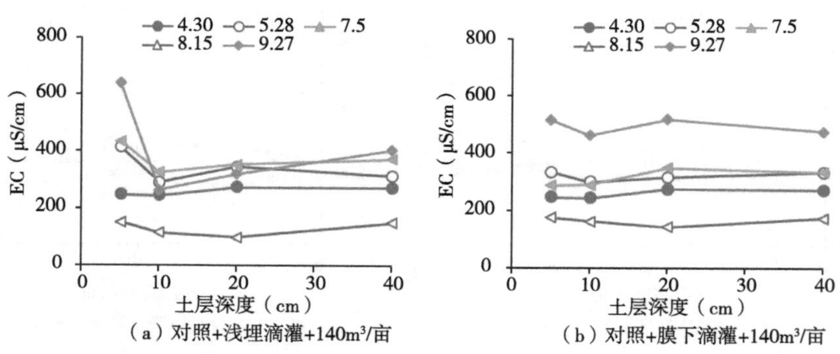

（a）对照+浅埋滴灌+140m³/亩　（b）对照+膜下滴灌+140m³/亩

图7-17　对照处理生育期内土壤EC值变化（2021年）

7.2.2.3　生育期土壤全盐变化

图7-18为改良1年（2020年）收获后深松、粉垄耕作方式土壤0～100cm土层全盐变化。由图7-18可知，深松耕作处理较对照不同程度降低了土层全盐量。由图7-18（a）可知，深松耕作方式随着灌水量的增加，盐分呈逐渐降低的趋势；灌水量为180m³/亩时，土壤全盐量在1.0g/kg以下。

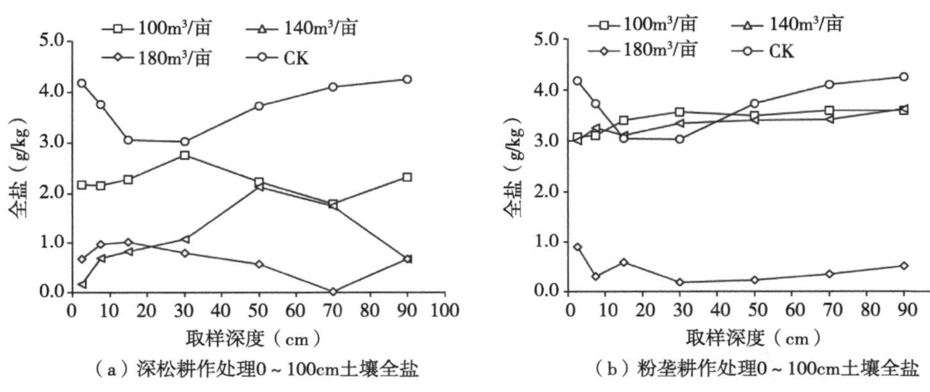

（a）深松耕作处理0～100cm土壤全盐　（b）粉垄耕作处理0～100cm土壤全盐

图7-18　收获后不同处理方式土壤全盐（2020年）

由图7-18（b）可知，粉垄耕作处理除180m³/亩外，其余灌水量下土壤全盐含量较高。180m³/亩灌水量处理，0～100cm全盐含量小于1.0g/kg，此灌溉水平下，粉垄耕作处理脱碱排碱效果优于深松耕作处理。对比两幅图可发现，灌水量为100m³/亩、140m³/亩处理下，粉垄耕作处理0～100cm范围内土壤全盐含量在3.0g/kg左右，显著高于深松处理。分析原因是粉垄耕作处理将0～40cm土层进行了充分混合，20～40cm碱化土混入了表层土中，因此，全盐含量较高。但通过粉垄+有机肥的处理措施，有效增加了耕作层深度，通过多年的粉垄耕作轮回，结合科学的灌溉制度，该改良措施即可达到脱碱排碱的目的，又可有效提高耕作层深度。因此粉垄耕作方式适宜配合大灌水量（180m³/亩）进行脱碱排碱。

收获后，0～100cm土壤全盐监测发现，灌溉定额为100m³/亩、140m³/亩、180m³/亩时，深松耕作方式各土层全盐量均值分别为2.2g/kg、1.0g/kg、0.7g/kg，粉垄各土层全盐量均值分别为3.4g/kg、3.3g/kg、0.4g/kg。对照处理灌溉定额为140m³/亩，收获后各土层全盐量均值为3.7g/kg。

图7-19为改良2年（2021年）生育期内深松处理土壤全盐变化，图7-20

为生育期内粉垄处理土壤全盐变化，图7-21为对照处理。对比可知，深松、粉垄处理可不同程度降低土壤全盐。从生育期对比可知，随着灌水量的增加，土壤全盐呈不同程度降低趋势。

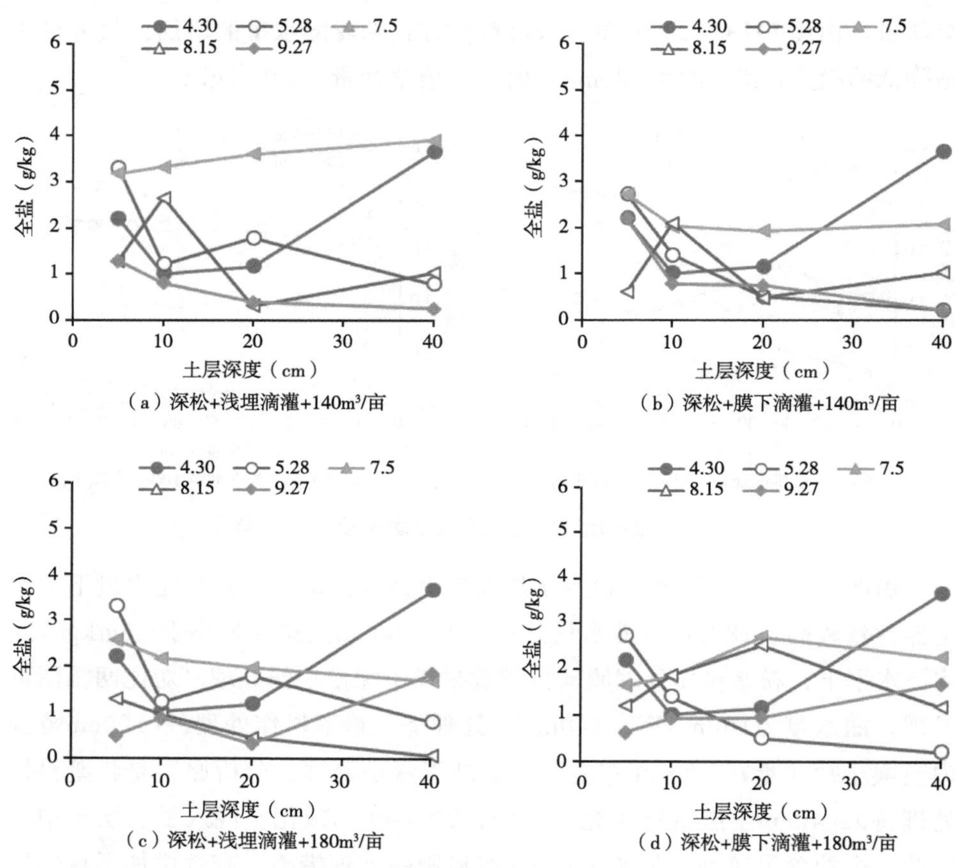

图7-19　深松处理生育期内土壤全盐变化（2021年）

由图7-19可知，灌溉定额为140m^3/亩时，深松浅埋滴灌处理，收获后较播种前0～5cm、5～10cm、10～20cm、20～40cm土壤全盐分别降低了42.0%、20.0%、67.4%、93.2%；深松膜下滴灌处理，收获后较播种前0～5cm、5～10cm、10～20cm、20～40cm土壤全盐分别降低了0、22.5%、34.8%、94.5%。灌溉定额为180m^3/亩时，深松浅埋滴灌处理，收获后较播种前0～5cm、5～10cm、10～20cm、20～40cm土壤全盐分别降低了78.4%、15.0%、73.9%、50.0%；深松膜下滴灌处理，收获后较播种前0～5cm、5～10cm、10～20cm、20～40cm土壤全盐分别降低了71.6%、7.5%、17.4%、54.1%。灌溉定额140m³/亩、180m³/亩，不同程度降低了土壤全盐，灌水定额为180m³/亩时，降低效果较好。

由图7-20可知，粉垄耕作处理可不同程度降低土壤全盐。随着灌溉水量的增加，土壤全盐呈降低趋势。灌溉定额为140m³/亩时，粉垄浅埋滴灌处理，收获后较播种前0～5cm、5～10cm、10～20cm、20～40cm土壤全盐分别降低45.0%、76.2%、-28.9%、35.3%。粉垄耕作处理土壤EC值有升高趋势，分析原因可能是粉垄耕作处理打破了犁底层5～10cm，使得20cm以下碱土层与0～20cm土壤层出现了混掺，耕作层土壤全盐有升高趋势，滴灌条件下，灌水量相对较小，淋洗作用受限，因此耕作层土壤全盐呈不同程度增加趋势。

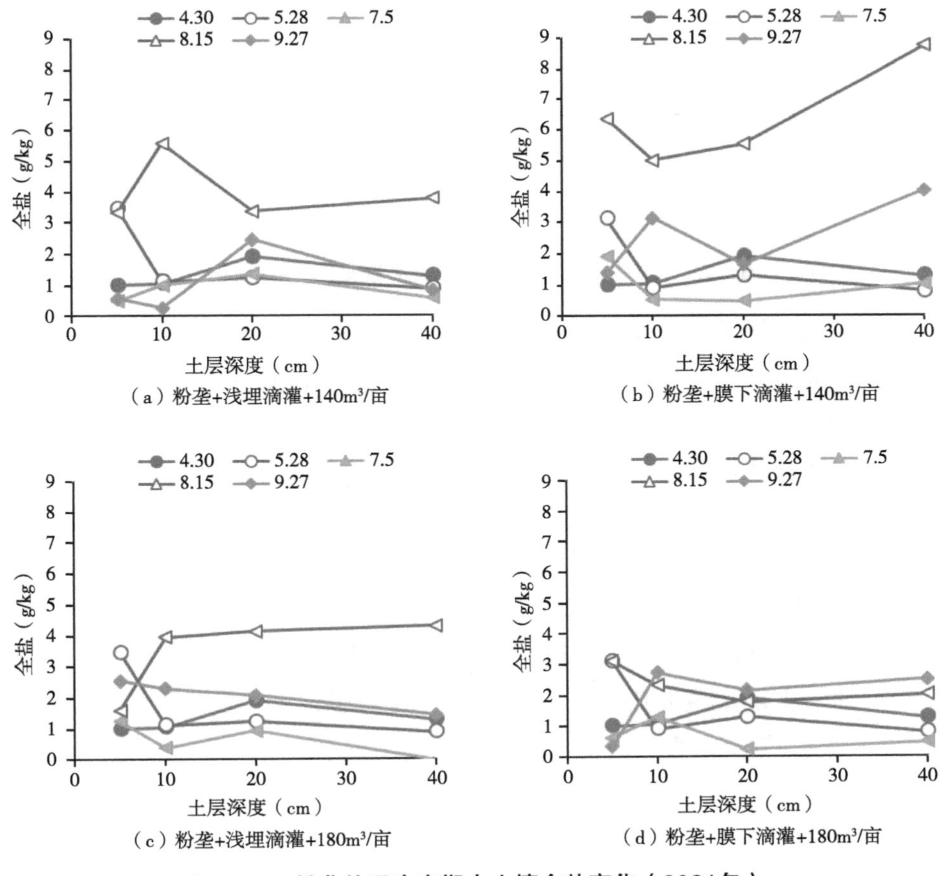

图7-20　粉垄处理生育期内土壤全盐变化（2021年）

由图7-21可知，收获后较播种前土壤全盐呈不同程度增加趋势。浅埋滴灌140m^3/亩时，收获后较播种前0～5cm、5～10cm、10～20cm、20～40cm土壤全盐分别增加了41.4%、11.1%、-68.8%、185.5%；膜下滴灌140m^3/亩时，收获后较播种前0～5cm、5～10cm、10～20cm、20～40cm土壤全盐分别增加了83.4%、107.4%、122.9%、11.0%。

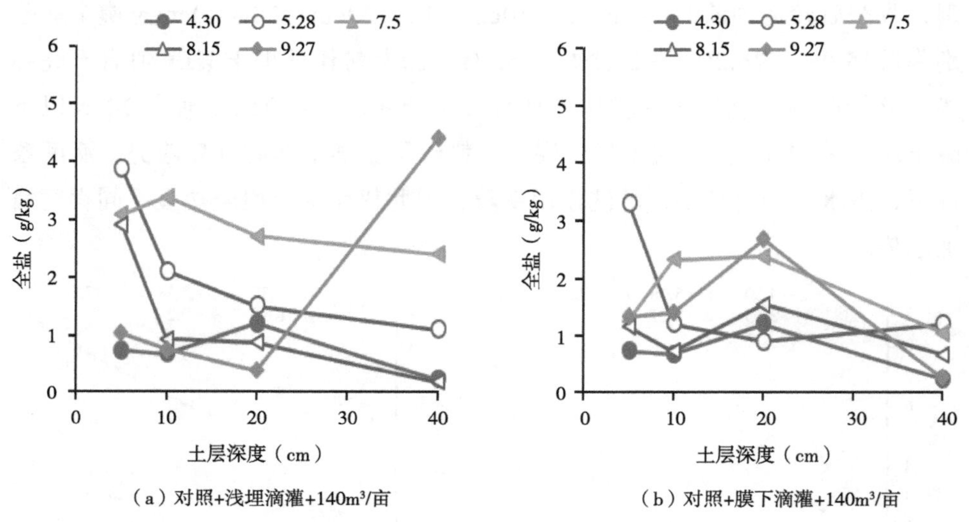

（a）对照+浅埋滴灌+140m^3/亩　（b）对照+膜下滴灌+140m^3/亩

图7-21　对照处理生育期内土壤全盐变化（2021年）

总体上，浅埋滴灌处理粉垄140m^3/亩、180m^3/亩，深松140m^3/亩、180m^3/亩试验处理0～100cm土层全盐较对照分别降低了47.6%、19.8%，71.6%、44.4%；膜下滴灌处理粉垄140m^3/亩、180m^3/亩，深松140m^3/亩、180m^3/亩试验处理0～100cm土层全盐较对照分别降低了18.4%、15.1%，47.4%、3.0%。

7.2.2.4　生育期土壤离子变化

图7-22为改良1年（2020年）播种后，不同处理土层阳离子含量。由图7-22可知，土层中主要阳离子为钙离子、镁离子，其中钙离子含量最高，约为0.5g/kg。钾离子含量较低，且随土层变化较小。

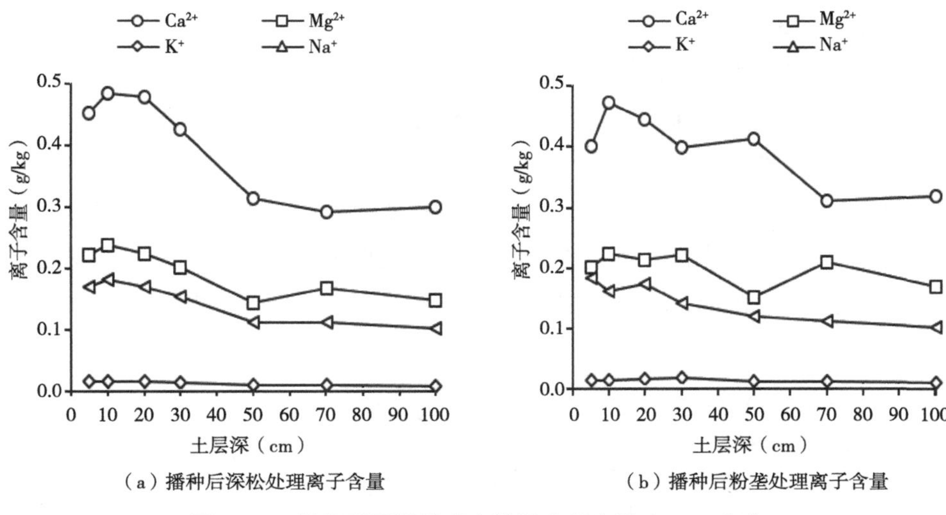

（a）播种后深松处理离子含量　　（b）播种后粉垄处理离子含量

图7-22　播种后不同处理土壤层离子含量（2020年）

7.3 不同耕作处理玉米生理指标变化分析

7.3.1 不同耕作、灌溉处理玉米保苗率变化分析

图7-23为改良1年（2020年）不同耕作处理玉米保苗率变化。由图7-23可以看出，粉垄保苗率略低于深松耕作处理保苗率，其主要制约因素为较低的出苗率。深松耕作处理100m^3/亩、140m^3/亩、180m^3/亩保苗率分别为87.6%、88.0%、89.0%，分别较对照提高了3个百分点、3.6个百分点、5个百分点。粉垄耕作处理100m^3/亩、140m^3/亩、180m^3/亩保苗率分别为84.3%、84.8%、92.9%，分别较对照提高了0.3个百分点、0.8个百分点、8.9个百分点。粉垄处理180m^3/亩有较高的保苗率，即粉垄处理将0～40cm土层进行混合，导致20～40cm碱土层部分土壤翻入0～20cm耕作表层，使耕作层深度增加，但0～20cm表层碱度有所提高。此耕作方式适宜提高灌水定额，通过冲洗使0～40cm土层盐碱排至40cm以下，达到既增加耕作层深度，又脱碱排碱的目的。

由图7-23可知，深松保苗率略高于粉垄保苗率，分析原因可能是，粉垄处理导致20～40cm部分重度碱土与表层土壤进行了充分混合，导致耕作层碱度加重，因此，保苗率降低。而深松处理则是对土壤进行了疏松，未充分混合，因此耕作层土壤碱度相对较轻，短时间内有利于保苗。对比深松、粉垄处理，两者对保苗率影响差异较小，短期内，粉垄保苗率有所降低，可能通过3～5年周期耕作处理后，粉垄耕作处理更易脱碱排碱。另外，深松、粉垄与对照对比发现，两种改良耕作方式虽然保苗率与对照相当，但实测发现，对照处理苗虽然存活，但苗细且矮，对比产量可知，产量差异显著。

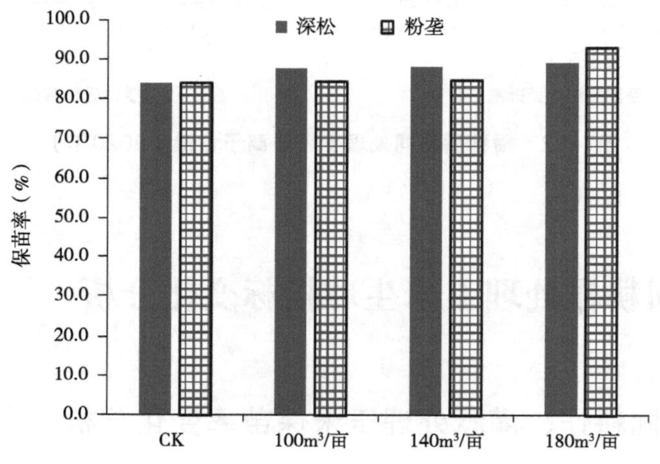

图7-23　不同耕作处理玉米保苗率（2020年）

7.3.2　苏打盐碱化耕地不同耕作、灌溉处理玉米产量变化分析

图7-24为改良1年（2020年）不同处理下10穗鲜重。由图7-24可知，随着灌水量的增加，玉米产量呈不同程度提高。深松耕作处理，灌水量为140m^3/亩时，10穗鲜重较对照增加了28.5%。灌溉处理对玉米产量有显著影响（$P<0.05$）。粉垄耕作处理不同灌水量较对照呈不同程度提高，灌水量为140m^3/亩时，10穗鲜重较对照增加了30.2%，粉垄耕作措施下灌水量对产量影响不显著。

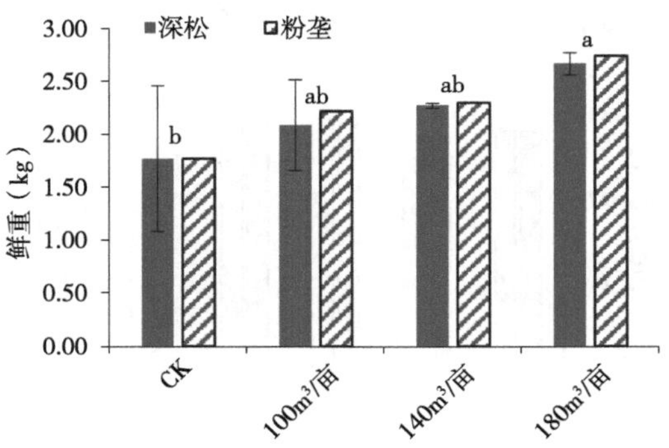

图7-24　不同处理10穗鲜重（2020年）

图7-25为改良1年（2020年）不同处理玉米穗长变化。由图7-25可知，随着灌水量的增加，穗长呈增长趋势，深松、粉垄耕作处理对其影响不显著。灌水量为140m^3/亩时，深松、粉垄穗长较对照分别增加了10.2%、14.5%。

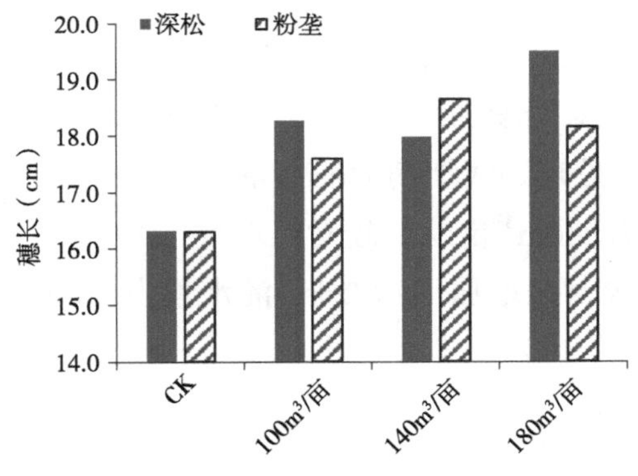

图7-25　穗长（2020年）

图7-26为改良2年（2021年）不同处理下10穗鲜重。由图7-26可知，粉垄深松处理均不同程度提高了10穗鲜重。深松耕作处理，浅埋滴灌灌水量为140m^3/亩时，10穗鲜重较对照增加了52.6%；灌水量为180m^3/亩时，较对照增加了61.9%。膜下滴灌灌水量为140m^3/亩时，10穗鲜重较对照增加了38.1%；灌水量为180m^3/亩时，较对照增加了57.1%。粉垄耕作处理，浅埋滴灌灌水量为140m^3/亩时，10穗鲜重较对照增加了55.3%；灌水量为180m^3/亩时，较对照增加了54.8%。膜下滴灌灌水量为140m^3/亩时，10穗鲜重较对照增加了38.1%；灌水量为180m^3/亩时，较对照增加了52.4%。

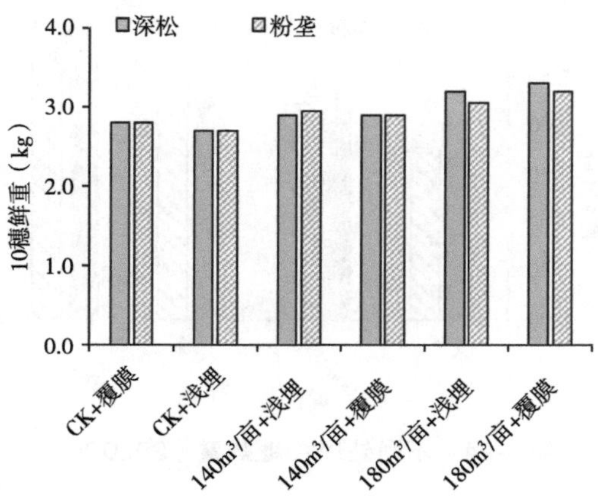

图7-26　不同处理10穗鲜重（2021年）

图7-27改良2年（2021年）不同处理玉米穗长变化。由图7-27可知，随着灌水量的增加，穗长呈增长趋势，深松、粉垄耕作处理对其影响不显著。深松耕作处理，浅埋滴灌灌水量为140m^3/亩时，穗长较对照增加了27.8%；灌水量为180m^3/亩时，较对照增加了25.6%。膜下滴灌灌水量为140m^3/亩时，穗长较对照增加了25.8%；灌水量为180m^3/亩时，较对照增加了27.1%。粉垄耕作处理，浅埋滴灌灌水量为140m^3/亩时，穗长较对照增加了33.3%；灌水量为180m^3/亩时，较对照增加了40.2%。膜下滴灌灌水量为140m^3/亩时，穗长较对照增加了29.2%；灌水量为180m^3/亩时，较对照增加了21.3%。

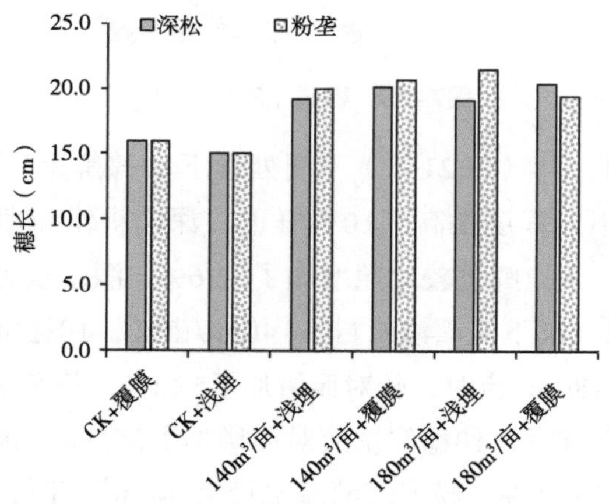

图7-27　不同处理穗长（2021年）

图7-28为改良1年（2020年）不同处理穗周长变化。由图7-28可知，穗周长随着灌水量的增加而增大，灌水量为140m³/亩时，深松、粉垄耕作处理穗周长较对照分别增加了12.0%、14.6%。

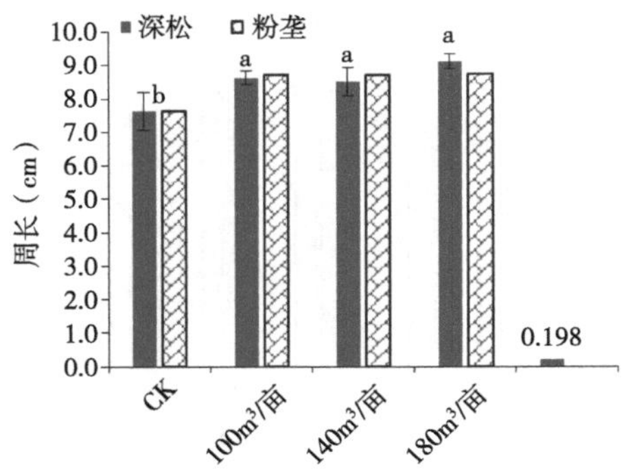

图7-28 不同处理穗周长（2020年）

图7-29为改良1年（2020年）不同处理轴重。由图7-29可以看出，轴重与灌水量呈正相关，随着灌水量的增加，轴重呈增加趋势。灌水量为140m³/亩时，深松、粉垄耕作处理玉米轴重较对照分别增加了28.0%、34.1%。深松、粉垄耕作方式第一年对产量的影响较小。

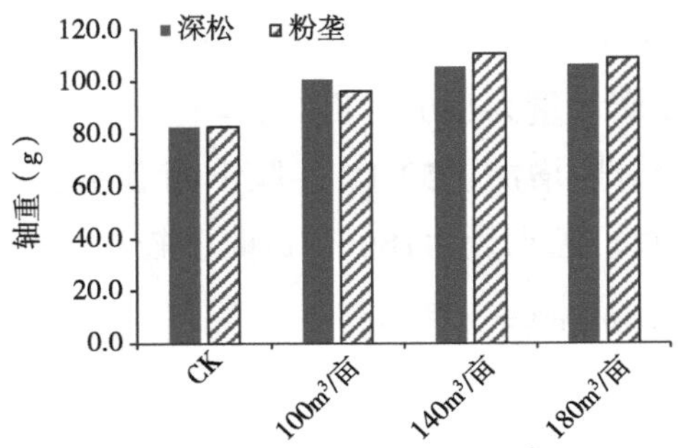

图7-29 不同处理轴重（2020年）

图7-30为改良2年（2021年）不同处理穗直径变化。由图7-30可知，穗直径与灌水量呈正相关，穗直径随着灌水量的增加而增大。深松耕作处理，浅埋滴灌灌水量为140m³/亩时，穗直径较对照增加了26.0%；灌水量为180m³/亩时，较对照增加了28.6%。膜下滴灌灌水量为140m³/亩时，穗直径较对照增加了27.0%；灌水量为180m³/亩时，较对照增加了25.4%。粉垄耕

作处理，浅埋滴灌灌水量为140m³/亩时，穗直径较对照增加了24.4%；灌水量为180m³/亩时，较对照增加了29.4%。膜下滴灌灌水量为140m³/亩时，穗直径较对照增加了18.3%；灌水量为180m³/亩时，较对照增加了19.0%。

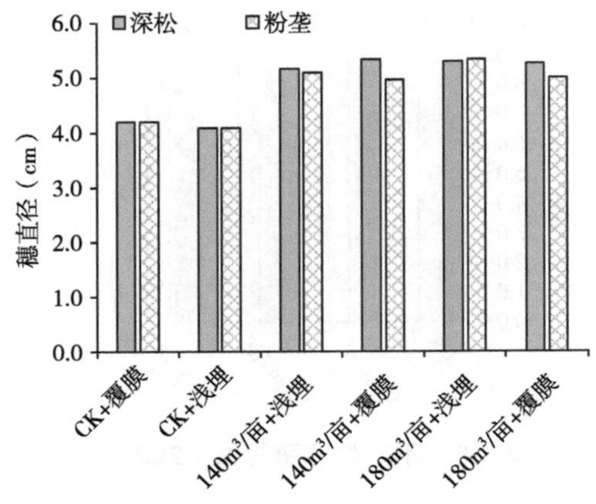

图7-30　不同处理穗直径（2021年）

图7-31为改良2年（2021年）不同处理轴重变化。由图7-31可知，深松耕作处理，浅埋滴灌灌水量为140m³/亩时，轴重较对照增加了29.2%；灌水量为180m³/亩时，较对照增加了17.2%。膜下滴灌灌水量为140m³/亩时，轴重较对照增加了36.0%；灌水量为180m³/亩时，较对照增加了27.2%。粉垄耕作处理，浅埋滴灌灌水量为140m³/亩时，轴重较对照增加了40.2%；灌水量为180m³/亩时，较对照增加了52.1%。膜下滴灌灌水量为140m³/亩时，轴重较对照增加了31.5%；灌水量为180m³/亩时，较对照增加了20.9%。

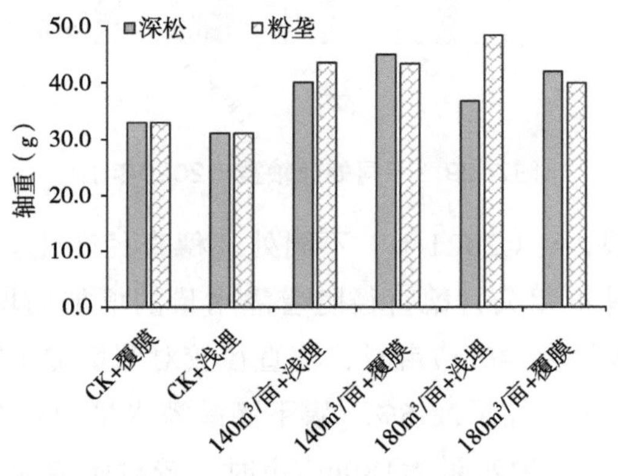

图7-31　不同处理轴重（2021年）

7.4 本章小结

苏打盐碱土耕地，播种首次灌溉后极易形成板结，0～5cm板结土壤全盐量、pH值并没有显著增加，但硬度显著增大，因此是坚硬的板结层抑制了玉米胚芽破土，因此影响出苗率。试验表明，膜下滴灌较浅埋滴灌出苗率提高6～8个百分点，保苗率提高3～8个百分点，产量增加5%～15%。中、重度苏打盐碱耕地推荐两种措施提高出苗率。膜下滴灌，可有效解决板结对出苗的影响，提高出苗率。发芽破土期采用少量多次的浅埋滴灌方式进行灌溉，首次灌水10m^3/亩；无降雨条件下，7～10d进行第二次灌溉。

粉垄、深松耕作处理，均可增加土壤通透性，有利于苏打盐碱土脱碱排碱。灌溉定额为140m^3/亩时，深松浅埋滴灌处理，收获后0～5cm、5～10cm、10～20cm、20～40cm土壤全盐较播种前分别降低了42.0%、20.0%、67.4%、93.2%；深松膜下滴灌土壤全盐分别降低了0、22.5%、34.8%、94.5%。灌溉定额为180m^3/亩时，深松浅埋滴灌处理土壤全盐分别降低了78.4%、15.0%、73.9%、50.0%；深松膜下滴灌处理分别降低了71.6%、7.5%、17.4%、54.1%。离滴灌带越近，脱碱排碱效果越好，大小垄种植更利于根系区排盐。粉垄耕作处理后滴灌湿润锋纵深方向发展速度较快；深松耕作处理滴灌湿润锋在水平方向上发展速度较快，因此粉垄耕作处理更利于脱碱排碱，脱碱排碱效果优于深松耕作处理。

灌溉定额大于140m^3/亩，可实现耕作层年际盐碱平衡，灌溉定额为140m^3/亩时，在玉米生育期的6—9月，可将耕作层盐碱冲洗至40～60cm土层处；休耕期3—5月土壤盐分又会返至土壤表层，是耕作层盐分积累的主要阶段。灌溉定额为180m^3/亩以上时，在生育期可将耕作层盐分冲洗至60～100cm，甚至更深；在休耕期仍会发生盐分积累，但总体上盐分有降低趋势，配合深松、粉垄耕作综合措施，可实现苏打盐碱耕地可持续良性发展。

粉垄、深松耕作处理可有效降低耕作层pH值，粉垄耕作浅埋滴灌处理140m^3/亩、180m^3/亩，深松140m^3/亩、180m^3/亩试验处理0～100cm土层pH值分别较对照降低了0.32个单位、0.36个单位，0.95个单位、0.42个单位；膜下滴灌处理粉垄140m^3/亩、180m^3/亩，深松140m^3/亩、180m^3/亩试验处理

0～100cm土层pH值分别较对照降低了0.21个单位、0.57个单位，0.66个单位、0.50个单位。

深松、粉垄耕作处理均可提高玉米保苗率。深松处理均值较对照提高了2.5个百分点；粉垄处理均值较对照提高了4个百分点。深松浅埋耕作处理保苗率较对照提高了4个百分点。深松膜下耕作处理保苗率较对照提高了9.3个百分点；粉垄浅埋耕作处理较对照提高了5.3个百分点；粉垄膜下耕作处理较对照提高了7.0个百分点。

综合比较，仅从高效增产角度考虑，推荐深松耕作+180m^3/亩的灌溉定额的种植模式。从兼顾盐碱地改良，耕地可持续健康发展角度，粉垄可有效增加耕层厚度，推荐粉垄耕作方式+180m^3/亩的灌溉定额的种植模式。

8 苏打盐碱化耕地暗沟排水治涝试验研究

8.1 苏打盐碱化耕地暗沟排涝试验设计

根据苏打盐碱地的碱斑分布特征和土壤特性，设计一种简易的地下排涝系统。一旦降雨后土壤饱和，地表水可以通过地表径流向周边的排涝沟流动，利用排涝沟土壤疏松的特点向下渗透；而土壤内的饱和水则可以通过侧渗的方式进入排涝沟。排涝沟内有作物秸秆，可以将水汇集并流入集水井（排涝竖井），集水井深度在1.2m以上，打破碱化层，可以让汇入的雨水快速渗入地下。此排涝系统还具有排盐碱的功效。

通过对试验田开挖的土壤剖面数据，收集了试验区周边2眼长观井常年地下水位情况的数据，可以保证土壤集水井1.2m以下的沙土层能充分接纳汛期的地表积水。当地地形是北高南低，布置成5m×5m、1m×1m和15m×15m 3种方格处理；由北向南再增加两个重复，构成本试验的3次重复。

排涝沟宽30cm、深60cm。下部回填玉米秸秆，填30cm，回填明沙至地表。玉米秸秆不用粉碎，保持秸秆原状最好，既能节省成本，又能保证渗透的地表积水顺利地通过秸秆间的空隙排到集水井中。

每个排涝沟交叉点深度为120cm，目的是加快向地下排涝。玉米秸秆不用粉碎，保持秸秆原状最好，既能节省成本，又能保证暗沟排来的积水，通过垂直的玉米秸秆空隙排到碱化层以下的土壤中，对于碱化层深度小于1m的土壤排涝效果更好。

地下水位观测井采用聚乙烯塑料管，直径为10cm，长度为130cm，其中地面以上60cm，地面以下70cm。观测井地面以下10cm不打孔，下部60cm为透水部分，要均匀打孔，孔径为1cm。孔与孔上下、左右中心距3cm，错位分布。观测井底部和成孔部位用塑料纱网3层包裹，后用金属线缠绕。

2022年暗沟排涝试验设计平面布置如图8-1所示。

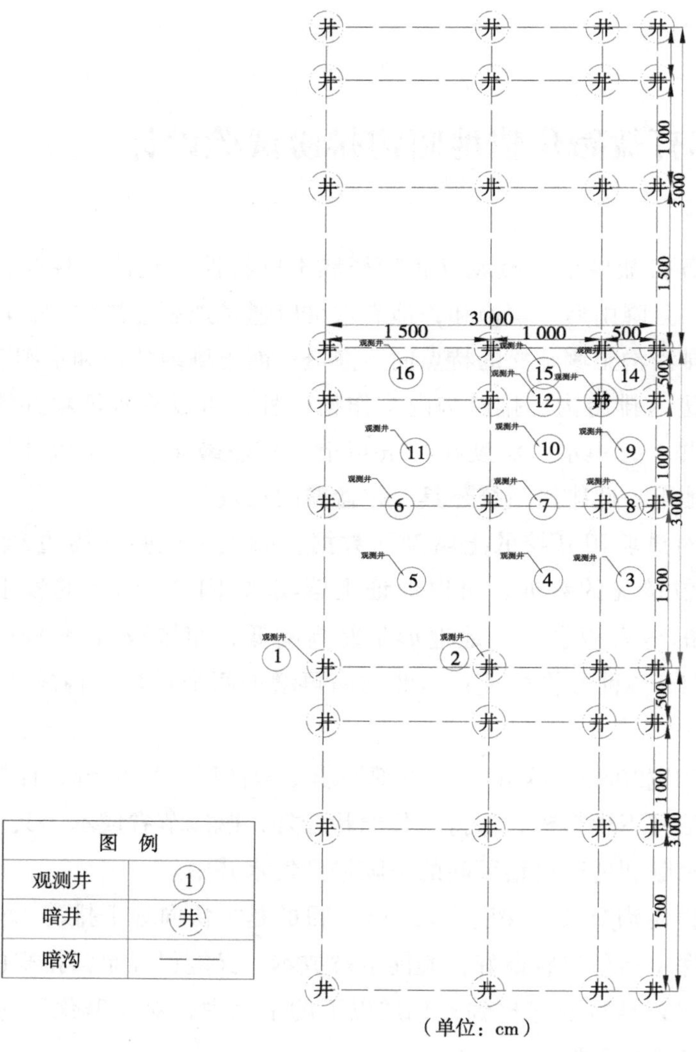

图8-1　2022年暗沟排涝试验设计平面布置

8.2 试验背景

8.2.1 试验区气象资料分析

科尔沁左翼中旗处在北温带大陆性季风气候，四季分明，雨量集中，雨热同步，多年平均气温5.2～5.9℃，最高气温40.9℃，最低气温-33.9℃。境内光能资源充足，多年平均日照时数为2 884.8～2 802.1h，日照率为63%～65%。日平均气温稳定通过10℃的始日为4月5—28日，终日为10月1—3日，间隔152～161d，大于10℃的积温3 042.8～3 152.4℃。

多年平均降水量由西北至东南呈增加趋势，在342～392mm，降水年内分配不均，年际变化大，春季4—5月降水为30～70mm，占全年的9%～16%，夏季降水集中在6—9月，多年平均降水为150～250mm，占全年的50%～70%，入秋后降水减少，10月降水量只有15～30mm，占全年的5%～10%，冬季降水极少。多年平均蒸发量为2 027mm（20cm蒸发量）。最大冻土深180cm，无霜期150～160d。大风较多，多年平均风速3.9m/s，3—4月风大，多年平均最大风速15.6m/s，最大瞬时风速达29m/s。

通辽市多年平均年生育期（4月下旬至9月中旬）气象条件为，多年平均降水量322.2mm，多年平均风速3.32m/s，多年平均气温20.2℃，多年平均日照时数3 254.1h。

8.2.2 试验区土壤资料分析

试验站位于通辽市科尔沁左翼中旗三家子村，东经123.32°，北纬44.13°。土壤容重、田间持水率均采用环刀在表层0～20cm土层内剖面取3个重复环刀点。水溶性盐含量、有机质等数据均在内蒙古农牧业科学院化验室测得（表8-1）。

表8-1 土壤理化性质

样点序号	土壤类型	pH值	土壤容重（g/kg）	田间持水量（g/kg）	水溶性盐含量（g/kg）	有机质（g/kg）	碱化度（%）
1	黏土	10.18	1.67	15.38	6.9	12.1	33.23

8.2.3 试验区现状调查资料分析

根据2020年种植过程中对100亩试验田整体出苗状况、地表土壤化验结果、实地调查，从100亩试验区中划出40亩碱斑较多的地块，其中集中连片的重度碱斑9亩。

试验区2021年8月12日至9月3日期间，100亩试验田倒伏面积近20.5亩，高丹草、向日葵、京科958、968玉米、藜麦、青贮玉米等作物大面积倒伏，倒伏面积比例20.5%。经走访调查，农牧民玉米种植品种大部分为京科968，倒伏比例达到45%，南北向种植倒伏面积较大。

8.3 地下水位观测井布设

在降雨期观测暗沟排涝试验区地下水位的变化，配合地表积水面积和积水深度的同步观测资料，以测试暗沟排涝的作用和效果。观测井主要布置在试验区南部重复区Ⅱ，目的是减少人为活动的损坏。在试验区西侧类似的土壤条件下，布设2眼观测井作为对照。在9个试验处理中，共布设16眼观测井，其中9眼布置在各处理小区的中间，有3眼布置在竖向排涝孔，也就是横向排涝沟的交叉点，另4眼布置在横向排涝沟的中间。观测井总数为18眼。

8.4 不同密度下的暗沟田间排涝效果分析

8.4.1 未施工前汛期强降雨地表积水情况

分析2021年、2022年的试验研究数据，结合2022年采用暗沟排涝工程后地表积水及地下水位观测井数据，分析结果如图8-2所示。

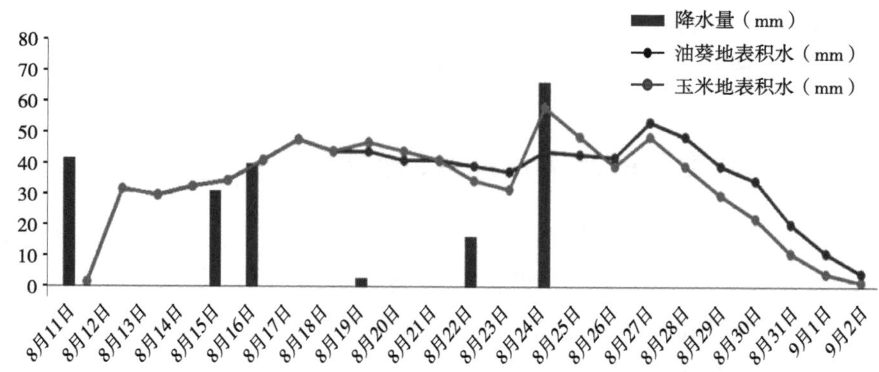

图8-2 2021—2022年降水量与地表积水对比

2021年8月11—24日，陆续7d的强降雨，降水量达到了205mm，地表积水最高保持到60cm，9d后地表才完全渗透到地下（忽略蒸发作用），平均每24h降低6.6mm（土壤水饱和状态下）。

8.4.2 施工后汛期强降雨地表积水情况

2021—2022年在该地块进行暗沟排涝工程后，连续观测8月7—25日强降雨后试验区地表积水情况，数据见图8-3。

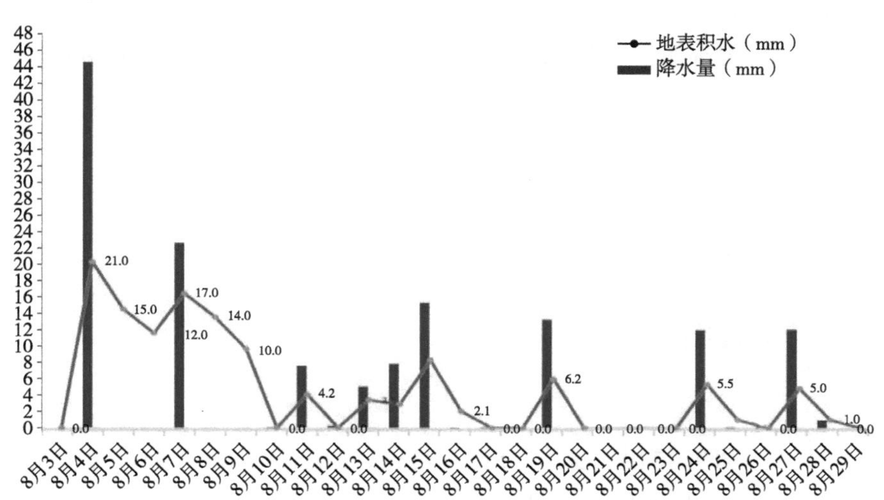

图8-3 2022年降水量、地表积水对比

2022年8月3—29日连续的阴雨天，降水量达到了102mm，地表积水最

高达到21cm，一般3d就能完全渗透到地下，平均每24h降低8cm（土壤水饱和状态下），水位下降速度最快为每24h下降10cm。

8.4.3 不同密度下的暗沟田间排涝效果分析

本试验布置在重碱斑苏打盐碱耕地，开展暗沟排涝试验，共分为3个处理，即处理一（15m×15m纵横间距暗沟排涝网格+集水井）、处理二（10m×10m纵横间距暗沟排涝网格+集水井）、处理三（5m×5m纵横间距暗沟排涝网格+集水井）。

根据观测数据可知，因为4、5、CK17、CK18号观测井布置在试验田中间，此处没有排水暗沟，所以渗入观测井的地表水没有向下排水出路，滞留在观测井底部，为了验证暗沟排涝功能是否正常，对1、2号观测井作了特殊处理，地下水观测井管底部加长20cm并将其底部封住，用来观测集水井和暗沟的排涝功能，通过观测井的数据分析得出，每次降雨后1、2号观测井均有积水记录，充分证明暗沟和集水井排涝功能正常。

通过对3、9、10、11、14、15、16号井的数据作为不同间距排涝网格的排涝效果数据组，通过数据分析，3个处理15m×15m、10m×10m、5m×5m纵横的网格排涝效果均非常明显，纵横的暗沟排涝网格越小、排涝速度越快，暗沟排涝工程地块最大积水范围占比60%左右，分别为8月4—5日，在地块局部有明显积水。其余时间地表无明显积水，反观对照区，长时间有明显地表积水情况，分别为8月4—5日地表积水面积占100%，一直到8月10日积水面积才缩小到了60%以下。

8.5 本章小结

通过试验研究得出，采用15m×15m、10m×10m、5m×5m纵横的网格排涝效果均非常明显，纵横的暗沟排涝网格越小、排涝速度越快。15m×15m纵横间距暗沟排涝网格+集水井的处理，能够满足汛期连续48h降水总量达到87.8mm的田间排涝需求。通过对比分析，无排涝工程情况下，

2021年汛期地表积水排涝速度为6.6cm/24h；有了暗沟排涝工程后，2022年汛期地表积水排涝速度为10cm/24h，排涝速度增加了2.4cm/24h。本工程技术适用于中、重度苏打盐碱地且汛期地下水位埋深大于3m的地区。

9　苏打盐碱化耕地改良利用效果综合监测与评价

9.1　试验区耕地质量提升效果分析

内蒙古自治区农牧厅2021年8月6日印发《关于持续推进盐碱化耕地改良试点工作的通知》中的2万亩项目2022年验收“双减双提”的考核指标：“示范区耕地土壤的pH值和全盐含量分别减少0.3个单位和3个百分点以上，耕地土壤有机质含量和粮食产量分别提升5%和20%以上。”根据“双减双提”的考核指标进行盐碱化耕地质量提升的分析，主要从耕地盐碱化指标和耕地养分指标两个方面进行。

根据试验区2022年4月108个取样点的化验数据，将之与2020年4月的数据对比分析，判断2万亩试验区改良前后耕地质量提升效果。

9.1.1　pH值指标改良前后变化分析

试验区108个pH值土壤化验数据按6个综合改良技术示范区进行分析，目改良前后pH值指标变化分析如表9-1所示。

表9-1　改良前后pH值指标变化分析

取样年份		综合改良技术示范区						备注
		Ⅰ	Ⅱ	Ⅲ	Ⅳ	Ⅴ	Ⅵ	
改良前	2020年	8.27	8.45	8.81	8.43	8.68	8.62	

（续表）

取样年份		综合改良技术示范区						备注
		Ⅰ	Ⅱ	Ⅲ	Ⅳ	Ⅴ	Ⅵ	
改良后	2022年	7.88	7.66	7.98	7.93	8.27	8.28	
降低幅度（%）		0.39	0.79	0.83	0.5	0.41	0.34	
化验数据个数		12	10	4	14	24	44	108

根据表9-1分析得出，2020年108个基础土壤化验数据表明，pH值化验数据范围在8.01～10.07，平均值为8.56；2022年108个定位点土壤化验数据表明，pH值化验数据范围在7.22～8.89，平均值为8.13（其中有92个点的pH值降低，占总样点的85.2%），较2020年基础数据降低0.43个单位。而且6个综合改良技术示范区pH值降低幅度也均大于0.3个单位，其中示范区Ⅲ降低幅度最大，为0.83个单位；示范区Ⅵ降低幅度最小，为0.34个单位。改良一年和两年后的效果基本一致，均超过了项目要求的指标。

9.1.2　全盐含量指标改良前后变化分析

2022年6个综合改良技术示范区108个土壤全盐含量化验数据如表9-2所示。

表9-2　改良前后全盐含量指标变化分析

取样年份		综合改良技术示范区						备注
		Ⅰ	Ⅱ	Ⅲ	Ⅳ	Ⅴ	Ⅵ	
改良前	2020年	2.23	2.75	2.38	3.33	2.93	2.99	
改良后	2022年	0.98	1.9	0.45	0.74	0.75	0.72	单位g/kg
降低幅度（%）		1.25	0.85	1.93	2.59	2.18	2.27	
化验数据个数		12	10	4	14	24	44	108

由表9-2可以看出，2020年108个基础土壤化验数据中，全盐含量化验数据范围在1.0～8.7g/kg，平均值为3g/kg；2022年108个定位点土壤化验数据中，全盐含量化验数据范围在0.66～9.9g/kg，平均值为0.85g/kg（其中有104个点全盐含量降低，占总样点的96.3%），较2020年降低2.15g/kg，降低

71.7%。因苏打盐碱化耕地土壤初始含盐量低，2020年改良前试验区平均含盐量仅为3g/kg，6个综合改良技术示范区中Ⅳ降低幅度最大为2.59g/kg。

9.1.3 有机质指标改良前后变化分析

2022年6个综合改良技术示范区108个土壤有机质化验数据如表9-3所示。

表9-3 改良前后有机质指标变化分析

取样年份		综合改良技术示范区						备注
		Ⅰ	Ⅱ	Ⅲ	Ⅳ	Ⅴ	Ⅵ	
改良前	2020年	11.85	10.63	10.97	13.47	13.32	14.43	单位g/kg
改良后	2022年	12.23	13.13	13.68	16.05	14.8	16.36	
提升幅度（%）		3.17	23.5	24.74	19.21	11.1	13.37	
化验数据个数		12	10	4	14	24	44	108

由表9-3可以看出，2020年108个基础土壤化验数据表明，有机质化验数据范围在5.02～31g/kg，平均值为13.44g/kg；2022年108个定位点土壤化验数据中，有机质化验数据范围在6.04～22g/kg，平均值为14.27g/kg（其中有94个点有机质增加，占总样点的86.1%），改良第二年比改良前增加了0.83g/kg，提升5.44%，超过了项目要求指标。

9.2 投入品安全性评价

土壤改良投入品腐熟牛粪、脱硫石膏的安全性评价参照《农用微生物菌剂》（GB 20287—2006），《生物有机肥》（NY 884—2012），《畜禽粪便还田技术规范》（GB/T25246—2010），《肥料中砷、镉、铅、铬、汞生态指标》（GB/T 23349—2009）中的相关技术指标作为参考依据，进行投入品的安全性评价。具体技术指标见表9-4、表9-5。

表9-4　生物有机物产品的技术指标

项目	技术指标
有效活菌数（cfu）（亿/g）	≥0.2
有机质（以干基计）（%）	≥45
水分（%）	≤30
pH值	5.5～8.5
粪大肠菌群数（个/g）	≤100
蛔虫卵死亡率（%）	≥95
有效期（月）	≥6

表9-5　生物有机物产品的技术指标（mg/kg）

项目	限量指标
总砷（As）（以干基计）	≤15
总镉（Cd）（以干基计）	≤3
总铅（Pb）（以干基计）	≤50
总铬（Cr）（以干基计）	≤150
总汞（Hg）（以干基计）	≤2

9.2.1　有机肥投入品安全性评价

2万亩试验区有机肥共取10个样品，按照内蒙古自治区农牧厅有机肥（腐熟牛粪）取样要求，在图布信苏木后召村、努合嘎查村共取7个样品，花吐古拉镇三家子村共取3个样品，从10个样品中进行14项指标安全性评价分析。

试验区投入品就地取材，腐熟牛粪选择从当地的牛场、农户家、养殖合作社等地购买，经过取样化验后，有机质（干基）含量较低，为了满足3年后有机质指标提升0.2个百分点的要求，加大了腐熟牛粪的施用量，其中蛔虫卵死亡率均为100%，粪大肠菌群未检出。有机质（干基）含量10个样品的平均值大于40%，线性趋势为直线，符合标准。

9.2.2 脱硫石膏投入品安全性评价

2万亩试验区投入品脱硫石膏共取3个样品，按照内蒙古自治区农牧厅投入品（脱硫石膏）的取样要求，在图布信苏木后召村、努合嘎查村共取2个样品，花吐古拉镇三家子村共取1个样品，从3个样品中进行5项指标安全性评价分析，具体数据见表9-6。

表9-6 科尔沁左翼中旗2万亩盐碱化耕地改良投入品脱硫石膏5项重金属化验值

样品名称	样品编号	砷（以As计）（mg/kg）	镉（以Cd计）（mg/kg）	铅（以Pb计）（mg/kg）	铬（以Cr计）（mg/kg）	汞（以Hg计）（mg/kg）
科尔沁左翼中旗-石膏	ZM-200237	11.5	0.4	4.0	11.4	0.12
科尔沁左翼中旗-石膏	ZM-200238	9.22	0.3	4.5	8.6	0.12
科尔沁左翼中旗-石膏	ZM-200239	8.44	0.4	4.6	9.8	0.10

通过对2万亩试验区投入品脱硫石膏取样化验结果分析可知，重金属中砷、镉、铅、铬、汞5项指标均未超标，均对土壤环境没有造成污染。通过对2万亩试验区采用的投入品腐熟牛粪和脱硫石膏取样化验分析，腐熟牛粪和脱硫石膏均满足国家标准要求，对农田土壤环境均不会造成污染和影响。

9.3 改良前后产量变化分析

9.3.1 玉米产量变化分析

9.3.1.1 不同改良区玉米亩均产量变化分析

2020—2022年不同改良区玉米亩均产量变化情况如表9-7所示。

表9-7　2020—2022年不同改良区玉米亩均产量变化

改良区	改良区	平均产量（kg/亩）	亩产增量（kg/亩）	亩产增率（%）
2020年	对照	749.75	—	—
	改良Ⅳ区	871.16	121.41	16.19
2021年	对照	659.78	—	—
	改良Ⅳ	808.41	148.63	22.53
	改良Ⅲ区	761.93	102.15	15.48
	改良Ⅱ区	749.75	89.97	13.64
	改良Ⅰ区	786.58	126.80	19.22
	改良Ⅴ区	831.07	171.29	25.96
	改良Ⅵ区	801.19	141.41	21.43
2022年	对照	783.50	—	—
	改良Ⅳ	978.03	194.57	24.84
	改良Ⅲ区	887.80	104.34	13.32
	改良Ⅱ区	851.82	68.36	8.73
	改良Ⅰ区	882.42	98.96	12.63
	改良Ⅴ区	836.92	53.46	6.82
	改良Ⅵ区	810.77	27.31	3.49

从表9-7可以看出，2020年改良Ⅳ区的玉米亩产量为871.16kg，对照区的玉米亩产量为749.75kg。改良Ⅳ区的玉米产量比对照区的玉米亩产量多121.41kg，亩产增率为16.19%。改良Ⅳ区的玉米亩产量较对照区的玉米亩产量有大幅度的增长。2021年改良Ⅳ、Ⅲ、Ⅱ、Ⅰ、Ⅴ、Ⅵ区的玉米亩产量分别为808.41kg、761.93kg、749.75kg、786.58kg、831.07kg，对照区的玉米亩产量为659.78kg。改良Ⅳ、Ⅲ、Ⅱ、Ⅰ、Ⅴ、Ⅵ区的玉米亩产量比对照区的玉米亩产量分别多148.63kg、102.15kg、89.97kg、126.80kg、171.29kg、141.41kg，亩产增率分别为22.53%、15.48%、13.64%、19.22%、25.96%、21.43%。改良区的玉米亩产量较对照区的玉米亩产量均有大幅度的增长。2022年改良Ⅳ、Ⅲ、Ⅱ、Ⅰ、Ⅴ、Ⅵ区的玉米亩产量分别为978.03kg、887.80kg、851.82kg、882.42kg、836.92kg、810.77kg，对照区的玉米亩产量为783.50kg。改良Ⅳ、Ⅲ、Ⅱ、Ⅰ、Ⅴ、Ⅵ区的玉米亩产量比对照区

的玉米亩产量分别多194.57kg、104.34kg、68.36kg、98.96kg、53.46kg、27.31kg，亩产增率分别为24.83%、13.32%、8.73%、12.63%、6.82%、3.49%。改良区的玉米亩产量较对照区的玉米亩产量均有大幅度的增长。

9.3.1.2 改良前后玉米亩均产量变化分析

对改良前2017—2019年的年平均玉米亩产量与改良后2020—2022年的玉米亩产量进行对比，如表9-8所示。

表9-8 改良前后项目区玉米亩均产量变化

年份	产量（kg/亩）	增产量（kg/亩）	增产率（%）
2017—2019年	616.00	0.00	0.00
2020年	810.46	194.46	31.57
2021年	817.40	201.40	32.69
2022年	875.00	259.00	42.04

从表9-8可以看出，2017—2019年玉米的年平均产量为616.00kg/亩，而2020年的6个综合改良技术示范区玉米平均产量为810.46kg/亩，较改良前增加了194.46kg/亩，其产量增长率为31.57%。2021年的6个综合改良技术示范区玉米平均产量为817.40kg/亩，较改良前玉米年平均产量增加了201.40kg/亩，其产量增长率为32.69%。2021年玉米产量较2017—2019年的年平均玉米产量有大幅度的提升，2021年较2020年的年平均玉米产量提升幅度不明显。因2021年受涝灾害严重，试验区减产。2022年改良的最后一年虽然春季连续一个月地温寡照、连阴雨，但是夏季、秋季降水量明显较往年减少，加上试验区针对碱斑保苗差的地块进行了针对性的处理，6个综合改良技术示范区玉米平均产量较改良前增产了259kg/亩，增产率为42.04%，完成了内蒙古自治区农牧厅要求粮食产量增加20%的指标。

9.3.2 甜菜产量变化分析

9.3.2.1 不同改良区甜菜亩均产量变化分析

2020年不同改良区甜菜产量变化情况如表9-9所示。

表9-9　2020年不同改良区甜菜亩均产量变化

改良区	产量（t/亩）	增产量（t/亩）	增产率（%）
对照	2.94	—	—
改良Ⅳ区	3.16	0.67	22.79
改良Ⅴ区	3.71	0.68	26.19
改良Ⅵ区	3.86	0.92	31.29

从表9-9可以看出，改良Ⅳ区的甜菜产量为3.16t/亩，较对照区的甜菜产量多了0.67t/亩，其产量增长率为22.79%。改良Ⅴ区的甜菜产量为3.71t/亩，较对照区的甜菜产量多了0.68t/亩，其产量增长率为26.19%。改良Ⅵ区的甜菜产量为3.86t/亩，较对照区的甜菜产量多了0.92t/亩，其产量增长率为31.29%。其中，改良Ⅵ区的甜菜产量增长量最大。改良Ⅳ区、改良Ⅴ区和改良Ⅵ区甜菜产量较对照区甜菜产量都有不同程度的增加，其中产量和增产率增加最多的是改良Ⅵ区。

9.3.2.2　改良前后甜菜亩均产量变化分析

对改良前2017—2019年的年平均甜菜亩产量与改良后2020年的甜菜亩产量进行对比，如表9-10所示。

表9-10　改良前后甜菜亩均产量变化

年份	产量（t/亩）	增产量（t/亩）	增产率（%）
2017—2019年	2.80	0.00	—
2020年	3.53	0.73	26.00

从表9-10可以看出，2017—2019年甜菜的年平均产量为3.53t/亩，而2020年的甜菜产量为2.80t/亩，2020年甜菜产量较2017—2019年甜菜年平均产量增加了0.73t/亩，增产率为26.00%。2020年甜菜产量较2017—2019年平均甜菜产量有大幅度的提升。

9.3.3 向日葵产量变化分析

9.3.3.1 不同改良区向日葵亩均产量变化分析

2020年不同改良区向日葵亩均产量变化情况如表9-11所示。

表9-11 改良前后向日葵亩均产量变化

改良区	产量（kg/亩）		增产量（kg/亩）	增产率（%）
对照	154.87	155.28	—	—
改良Ⅰ区	167.72	186.59	12.85	10.69
改良Ⅱ区	184.24	188.31	29.37	24.44
改良Ⅲ区	201.17	225.62	46.30	38.52
改良Ⅳ区	217.00	222.00	62.13	51.69
改良Ⅵ区	168.68	185.33	13.81	11.49

从表9-11可以看出，改良Ⅰ区、改良Ⅱ区、改良Ⅲ区、改良Ⅳ区和改良Ⅵ区的向日葵产量较对照区向日葵产量分别增长了12.85kg/亩、29.37kg/亩、46.30kg/亩、62.13kg/亩和13.81kg/亩，其增产率分别为10.69%、24.44%、38.52%、51.69%和11.49%。其中，改良Ⅳ区的向日葵产量增长量最大。改良Ⅰ区、改良Ⅱ区、改良Ⅲ区、改良Ⅳ区和改良Ⅵ区向日葵产量较对照区向日葵产量都有不同程度的增加，其中产量和增产率增加最多的是改良Ⅳ区。

9.3.3.2 改良前后向日葵亩均产量变化分析

对改良前2017—2019年的年平均向日葵亩产量与改良后2020年的向日葵亩产量进行对比，如表9-12所示。

表9-12 改良前后向日葵亩均产量变化

年份	产量（kg/亩）	增产量（kg/亩）	产量增产率（%）
2017—2019年	131.52	0.00	—
2020年	164.12	32.60	24.79

从表9-12可以看出，2017—2019年向日葵的年平均产量为131.52kg/亩，而2020年的向日葵产量为164.12kg/亩，2020年向日葵产量较2017—2019年向日葵年平均产量增加了32.60kg/亩，增产率为24.79%。2020年向日葵产量较2017—2019年平均向日葵产量有较大提升。

9.3.4 高粱产量变化分析

9.3.4.1 不同改良区高粱产量变化分析

2021年不同改良区高粱亩均产量变化情况如表9-13所示。

表9-13 改良前后高粱亩均产量变化

改良区	产量（kg/亩）		增产量（kg/亩）	产量增产率（%）
对照	450.00	—	0	—
改良Ⅴ区	569.63	569.81	119.63	26.5
改良Ⅵ区	565.24	521.91	115.24	25.6

从表9-13可以看出，改良Ⅴ区和改良Ⅵ区的高粱产量较对照区（2017年）高粱产量分别增长了119.63kg/亩和115.24kg/亩，其增长率分别为26.5%和25.6%。其中，改良Ⅳ区和改良Ⅵ区高粱产量较对照区高粱产量都有不同程度的增加。

9.3.4.2 改良前后高粱亩均产量变化分析

2021年不同改良区高粱产量变化情况如表9-14所示。

表9-14 改良前后高粱产量变化

年份	产量（kg/亩）	增产量（kg/亩）	产量增长率（%）
2017—2019年	420.00	0.00	—
2021年	567.44	147.44	35.10

从表9-14可以看出，2017—2019年高粱的年平均产量为420kg/亩，2021年的高粱产量为567.44kg/亩，2021年高粱产量较2017—2019年高粱年

平均产量增加了147.44kg/亩，增产率为35.1%。2021年高粱产量较2017—2019年平均高粱产量有较大幅度的提升。

9.4 试验区节水效果分析

9.4.1 试验区改良后作物灌溉定额变化分析

2021年对花吐古拉镇灌水方式为浅埋滴灌的10眼井，灌水方式为管灌的1眼井用电量进行调查，对图布信苏木10眼井用电量进行调查，2022年对花吐古拉镇灌水方式为浅埋滴灌的9眼井，管灌的1眼井用电量进行调查，用电量换算水量的方式得到花吐古拉镇和图布信苏木两地用水量。

通过分别计算2021年、2022年花吐古拉镇和2021年图布信苏木4次用电量平均值再将其转化为灌水定额，并得到其灌溉定额，花吐古拉镇玉米和图布信苏木高粱各次灌水定额如图9-1至图9-2，表9-15至表9-17所示。

表9-15　2021年改良后玉米灌水定额

地区	灌水方式	第1次（m^3/亩）	第2次（m^3/亩）	第3次（m^3/亩）	第4次（m^3/亩）	灌溉定额（m^3/亩）
花吐古拉镇	浅埋滴灌	44.52	46.25	46.36	46.55	183.68

表9-16　2022年改良后玉米灌水定额

地区	灌水方式	第1次（m^3/亩）	第2次（m^3/亩）	第3次（m^3/亩）	第4次（m^3/亩）	灌溉定额（m^3/亩）
花吐古拉镇	浅埋滴灌	47.39	22.33	22.80	17.14	109.67

表9-17　2021年改良后高粱灌水定额

地区	灌水方式	第1次（m^3/亩）	第2次（m^3/亩）	第3次（m^3/亩）	第4次（m^3/亩）	灌溉定额（m^3/亩）
图布信苏木	浅埋滴灌	36.69	32.16	90.51	18.72	178.08

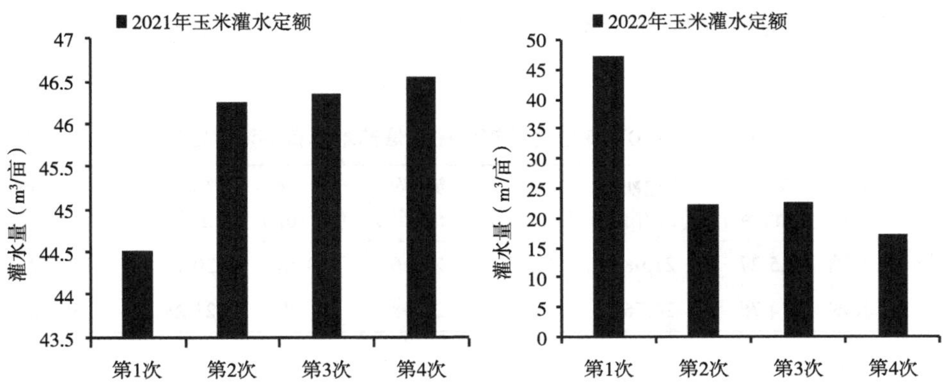

图9-1　2021年及2022年花吐古拉镇改良后玉米灌水定额

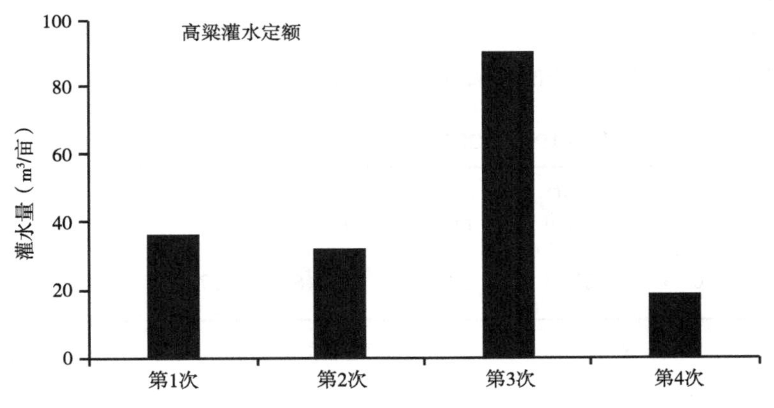

图9-2　2021年图布信苏木改良后高粱灌水定额

2021年花吐古拉镇玉米第2次、第3次和第4次灌水分别为46.25m^3/亩、46.36m^3/亩和46.55m^3/亩，这3次灌水量相差不大，第1次灌水量为44.52m^3/亩，较其他灌水稍少一些。2022年花吐古拉镇玉米灌水量分别为47.39m^3/亩、22.33m^3/亩、22.80m^3/亩和17.14m^3/亩，第1次灌水量较其他3次灌水较多一些。2021年图布信苏木第1次灌水和第2次灌水分别为36.69m^3/亩和32.16m^3/亩，第3次灌水为90.51m^3/亩，灌水量较大，第4次灌水为18.72m^3/亩，灌水量最少，这可能是高粱到成熟期需水量较小。

2020年在花吐古拉镇选择向日葵和甜菜作物进行调查，在图布信苏木选择向日葵作物进行调查。按照单井控制的面积进行统计，分别统计出典型水源井控制面积的向日葵和甜菜每次灌水定额、灌水次数。

2020年花吐古拉镇和图布信苏木向日葵每次灌水定额，如表9-18所示。

表9-18 2020年花吐古拉镇和图布信苏木向日葵灌水定额

灌水次数及灌水定额	第1次（m^3/亩）	第2次（m^3/亩）	第3次（m^3/亩）	第4次（m^3/亩）	第5次（m^3/亩）	第6次（m^3/亩）	灌溉定额（m^3/亩）
花吐古拉镇	25.27	21.98	21.98	22.16	20.88	20.1	132.37
图布信苏木	24.76	24.76	24.76	22.58	21.28	21.28	139.42

通过表9-18可以看出，2020年向日葵灌溉定额为133～140m^3/亩，灌水次数为6次，灌水定额为20～25m^3/亩。根据2020年花吐古拉镇三家子村试验基地甜菜灌溉制度试验，得出甜菜每次灌水定额及灌溉定额如表9-19所示。绘制出2020年甜菜灌水定额、灌水次数如图9-3所示。

表9-19 2020年花吐古拉镇甜菜灌水定额

项目区	第1次（m^3/亩）	第2次（m^3/亩）	第3次（m^3/亩）	第4次（m^3/亩）	第5次（m^3/亩）	第6次（m^3/亩）	灌溉定额（m^3/亩）
花吐古拉镇	30.94	27.64	30.57	31.46	27.9	30.5	179.01

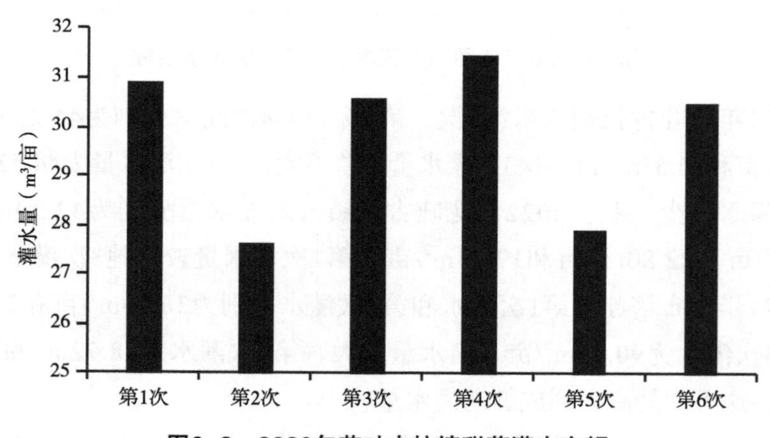

图9-3 2020年花吐古拉镇甜菜灌水定额

通过表9-19和图9-3可以看出，2020年甜菜灌溉定额为179.01m^3/亩，灌水次数为6次，灌水定额变幅较小，在27～32m^3/亩。

9.4.2 节水效果分析

2021年和2022年花吐古拉镇玉米用管灌和浅埋滴灌两种灌水方式进行灌溉，生育期内分别灌水4次，表9-20、表9-21和图9-4为该地玉米浅埋滴灌和管灌的灌溉定额。

表9-20 2021年改良后玉米灌水定额

地区	灌水方式	灌水次数	灌溉定额（m^3/亩）	节水量（m^3/亩）	节水率（%）
花吐古拉镇	浅埋滴灌	4	183.68	—	—
	管灌	4	218.83	35.15	19.14

表9-21 2022年改良后玉米灌水定额

地区	灌水方式	灌水次数	灌溉定额（m^3/亩）	节水量（m^3/亩）	节水率（%）
花吐古拉镇	浅埋滴灌	4	109.67	—	—
	管灌	4	171.49	61.82	56.37

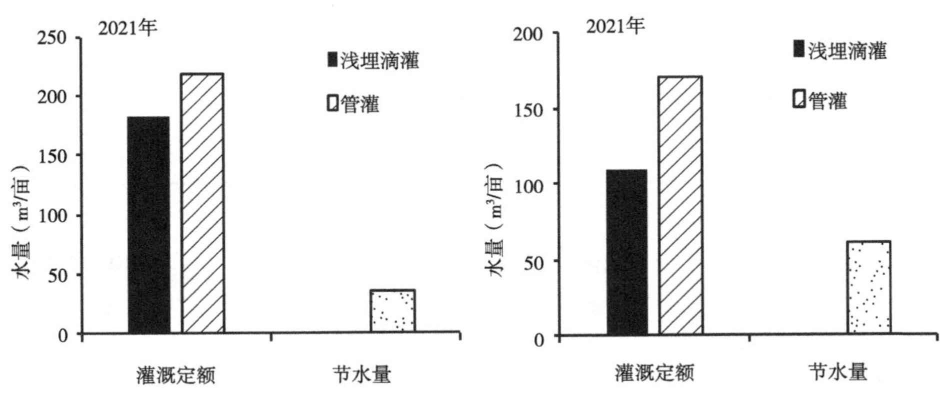

图9-4 2021年及2022年改良后玉米灌溉定额

2021年花吐古拉镇浅埋滴灌的灌溉定额为183.68m^3/亩，管灌的灌溉定额为218.83m^3/亩，浅埋滴灌较管灌节水量为35.15m^3/亩，节水率为19.14%；2022年花吐古拉镇浅埋滴灌的灌溉定额为109.67m^3/亩，管灌的灌溉定额为171.49m^3/亩，浅埋滴灌较管灌节水量为61.82m^3/亩，节水率为56.37%。

9.4.3 改良后单井年用水量变化分析

为分析同一灌溉面积同一种植作物下浅埋滴灌和低压管灌的用水量情况，在花吐古拉镇选取了控制面积均为60亩、灌水方式为浅埋滴灌和管灌的两眼单井，这两眼单井控制灌溉地区种植作物都为玉米。分析其2021年和2022年用水量变化情况，如表9-22、表9-23和图9-5所示。

表9-22 2021年单井用水量

灌水方式	控制面积（亩）	种植作物	第1次（万m^3）	第2次（万m^3）	第3次（万m^3）	第4次（万m^3）	总灌水量（万m^3）	单井节水量（万m^3）	单井节水率（%）
浅埋滴灌	60	玉米	0.203	0.263	0.195	0.281	0.943	—	—
管灌	60	玉米	0.510	0.358	0.215	0.231	1.313	0.370	39.24

表9-23 2022年单井用水量

灌水方式	控制面积（亩）	种植作物	第1次（万m^3）	第2次（万m^3）	第3次（万m^3）	第4次（万m^3）	总灌水量（万m^3）	单井节水量（万m^3）	单井节水率（%）
浅埋滴灌	60	玉米	0.284	0.134	0.137	0.103	0.658	—	—
管灌	60	玉米	0.407	0.241	0.224	0.158	1.029	0.371	56.38

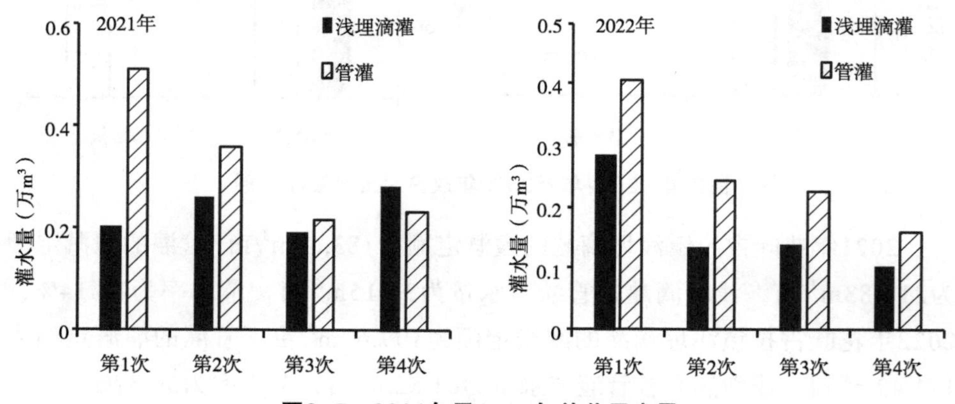

图9-5 2021年及2022年单井用水量

2021年改良前后单井年用水量浅埋滴灌除第4次灌水高于管灌，前3次灌水均低于管灌，分别低0.307万m^3、0.095万m^3、0.02万m^3。总体来看，浅埋滴灌灌水量呈逐渐升高的趋势，管灌灌水量呈逐渐降低的趋势，两者在第3次灌水时灌水量最为接近。管灌2021年总灌水量为1.313万m^3，浅埋滴灌总灌水量为0.943万m^3，管灌较浅埋滴灌多灌水39.24%。2022年改良前后单井年用水量浅埋滴灌灌水均低于管灌，分别低0.123万m^3、0.107万m^3、0.087万m^3和0.055万m^3。管灌2022年总灌水量为1.029万m^3，浅埋滴灌总灌水量为0.658万m^3，管灌较浅埋滴灌多灌水56.38%。2022年浅埋滴灌和管灌的灌水量都较2021年低。

9.4.4 改良后总用水量变化分析

为了解总用水量变化情况，统计了2021年和2022年花吐古拉镇及2021年图布信苏木两地总用水量变化情况，如表9-24、表9-25和图9-6所示。

由表9-24、表9-25和图9-6可以看出，2021年花吐古拉镇亩用水量为183.68m^3/亩，6 700亩总用水量为123.07万m^3，图布信苏木亩用水量为178.08m^3/亩，13 300亩总用水量为236.85万m^3。2021年共用水359.92万m^3。2022年花吐古拉镇亩用水量为109.67m^3/亩，6 700亩总用水量为73.48万m^3。

表9-24 2021年总用水量

年份	地区	面积（万亩）	亩用水量（m^3）	总用水量（万m^3）
2021年	花吐古拉镇	0.67	183.68	123.07
	图布信苏木	1.33	178.08	236.85
	合计	2	—	359.92

表9-25 2022年总用水量

年份	地区	面积（万亩）	亩用水量（m^3）	总用水量（万m^3）
2022年	花吐古拉镇	0.67	109.67	73.48

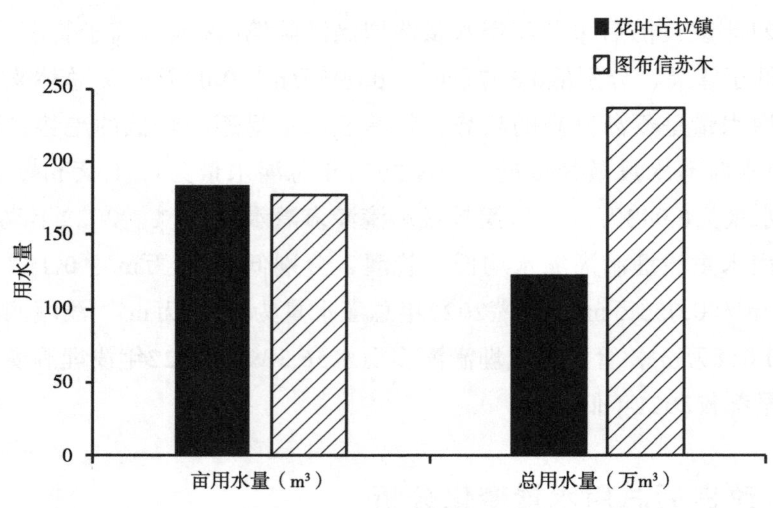

图9-6　2021年总用水量

9.5　本章小结

与改良前相比，2万亩试验区pH值平均降低了0.43个单位，有机质平均提升5.44%，水溶性盐降低了2.15g/kg。均达到了内蒙古自治区农牧厅提出的“双减双提”的要求。

试验区2万亩实施不同改良措施与改良前相比，产量均有不同幅度的提升。玉米平均产量（2020—2022年）比改良前（2017—2019年）产量增产30%以上，向日葵平均产量（2020年）比改良前（2017—2019年）产量增产24%以上，甜菜平均产量（2020年）比改良前（2017—2019年）产量增产26%以上，高粱产量（2021年）比改良前产量增产35%以上。

对腐熟牛粪和脱硫石膏中重金属指标砷、镉、铅、铬、汞检测可知，均满足国家标准，均对土壤环境没有造成污染。通过对玉米低压管灌和浅埋滴灌用水量对比来看，节水率为19.14%～56.37%，浅埋滴灌单井全年用水量比低压管灌单井用水量节水39.24%～56.38%。

参考文献

迟春明，王志春，2013. 松嫩平原苏打盐渍土钠吸附比的间接推算[J]. 干旱地区农业研究，31（6）：198-202.

段海文，2022. 不同轮作方式对西辽河平原苏打盐碱化耕地改良效果研究[D]. 呼和浩特：内蒙古农业大学.

高盼，徐莹莹，王宇先，等，2022. 深松对松嫩平原苏打盐碱地土壤理化性质和玉米产量的影响[J]. 黑龙江农业科学，337（7）：20-24.

韩润燕，陈彦云，周志红，等，2014. NaCl胁迫对草木樨种子萌发及幼苗生长的影响[J]. 干旱地区农业研究，32（5）：78-83.

李宝涵，杨恒山，范秀艳，等，2023. 浅埋滴灌条件下秸秆还田与灌溉定额对玉米光合能力及籽粒产量的影响[J]. 内蒙古民族大学学报，38（1）：56-61.

李丹丹，2022. 西辽河平原灌区玉米浅埋滴灌方式下土壤水盐运移分布特征及其对灌溉定额的响应[D]. 通辽：内蒙古民族大学.

李晓娜，2022. 西辽河平原灌溉方式对玉米产量及氮素利用效率的影响[J]. 农业科技通讯，612（12）：63-67.

马卫华，2022. 西辽河平原苏打盐碱地浅埋滴灌甜菜灌溉制度及水盐运移研究[D]. 呼和浩特：内蒙古农业大学.

聂朝阳，杨帆，王志春，等，2023. 耕作协同物料添加对苏打盐碱化耕地土壤理化性质的影响[J]. 干旱地区农业研究，41（1）：235-243.

潘洁，王立艳，肖辉，等，2015. 滨海盐碱地不同耐盐草本植物土壤养分动态变化[J]. 中国农学通报，31（18）：168-172.

潘天遵，姜梦琪，卢刚，等，2022. 不同土壤调节剂肥料组合对苏打盐碱地玉米的影响[J]. 天津农林科技，286（2）：13-15.

乔艳辉，王月海，2021. NyPa牧草对滨海盐碱地土壤改良效应研究[J]. 中国农学通报，37（24）：67-72.

宋丹，2012. 辽宁省盐碱化耕地现状及改良措施[J]. 辽宁农业科学，267

（5）：50-53.

田露，郭晓霞，苏文斌，等，2022. 不同改良材料对苏打盐碱化耕地土壤化学特性及甜菜生长的影响[J]. 水土保持通报，42（5）：8-15.

王铁，2021. 苏打盐碱地用微生物菌剂研制及应用[D]. 鞍山：辽宁科技大学.

王志春，2021. 苏打盐碱地形成机理及障碍消减机制[D]. 长春：中国科学院东北地理与农业生态研究所.

肖扬，黄立华，杨易，等，2023. 长期不同培肥对苏打盐碱地稻田土壤盐碱指标和养分含量的影响[J]. 农业资源与环境学报，40（1）：126-134.

薛新伟，杨恒山，张瑞富，2022. 不同灌溉模式对西辽河平原玉米根系形态特征和生理生化特性的影响[J]. 干旱地区农业研究，40（2）：111-118.

尤海洋，2014. 混合盐碱胁迫对几种苜蓿种子萌发的影响[J]. 现代畜牧兽医（7）：13-15.

朱晶，张巳奇，冉成，等，2021. 秸秆还田对松嫩平原西部苏打盐碱地稻田土壤养分及产量的影响[J]. 东北农业科学，46（1）：42-46，51.